普通高等教育"十三五"规划教材

21世纪面向计算思维丛书

大学计算机基础

张 威 卫春芳 主编

科学出版社

北 京

内 容 简 介

本书注重展现计算思维,对计算机基础的教学内容和知识体系进行整合、修改和补充。在内容组织上,侧重阐述计算机科学入门的基本概念和基础理论,摒弃过于专业、深入的理论知识,降低初学者的学习难度,同时保持知识体系的相对完整。

本书配套有《大学计算机基础实验指南》,侧重于 Windows 操作系统和 Office 办公软件等的实验指导,可供读者学习基本的软件技能,或供教师进行实践教学。

本书兼顾计算机基础理论的连贯性和计算机技术的实用性,深入浅出,通俗易懂,是大学计算机通识课教材,也可供有关科研和应用技术工作者及大众学习使用。

图书在版编目(CIP)数据

大学计算机基础/张威,卫春芳主编.—北京:科学出版社,2020.5
(21 世纪面向计算思维丛书)

普通高等教育"十三五"规划教材

ISBN 978-7-03-064359-9

Ⅰ.①大… Ⅱ.①张… ②卫… Ⅲ.①电子计算机-高等学校-教材
Ⅳ.①TP3

中国版本图书馆 CIP 数据核字(2020)第 021582 号

责任编辑:谭耀文 李亚佩/责任校对:高 嵘
责任印制:彭 超/封面设计:苏 波

科 学 出 版 社 出版

北京东黄城根北街 16 号
邮政编码:100717
http://www.sciencep.com

武汉市首壹印务有限公司 印刷
科学出版社发行 各地新华书店经销

*

2020 年 5 月第 一 版 开本:787×1092 1/16
2020 年 5 月第一次印刷 印张:16 3/4
字数:396 000

定价:49.50 元
(如有印装质量问题,我社负责调换)

前　言

自从计算机诞生以来，计算机技术、信息技术及通信技术都实现了飞速发展，并以不可思议的速度改造着人类社会的形态。计算机作为生产力倍增器已成为每个人必须掌握的"工具"。掌握好计算机技术可以显著地提升个人能力，可以更好地融入社会的发展进程，可以跟上时代的变化。学习计算机知识已成为很多人内在的必然要求。

"计算机基础"是计算机相关知识体系的入门课程，目前已成为众多高校的公共基础课程。由于计算机及相关科学技术发展迅速，"计算机基础"的课程目标和知识体系一直在不断地修改完善。合理地定位大学计算机教学的内容，形成科学的知识体系、稳定的知识结构，使之成为重要的通识类课程之一，是大学计算机教学改革的重要方向。

为更好地服务各专业的学生，照顾其学习的需要，"计算机基础"课程的设计可以从理论基础和软件技能两方面考虑。本书侧重于对计算机技术相关的基本概念、基础理论及基础应用的原理进行介绍，为学生揭开计算机的神秘面纱，认清今后的计算机学习方向，并打下坚实的理论基础。本书另外配套有实验指南，侧重于对 Windows 操作系统、Office 办公软件及其他基础性软件的操作技能进行介绍。

为兼顾计算机基础理论的连贯性和计算机技术的实用性，本书在内容组织上注重深入浅出、循序渐进。全书分为 6 章，主要包括：第 1 章，计算机基础知识；第 2 章，硬件基础；第 3 章，操作系统基础；第 4 章，程序设计基础；第 5 章，多媒体基础；第 6 章，计算机网络和 Internet 基础。

本书的编者都是多年从事一线教学的教师，在编写过程中，将多年教学实践积累的宝贵教学经验和体会融入本书的知识系统中。本书有 3 个特点：①侧重理论，知识完备。本书侧重基本概念、基础理论的介绍，不涉及具体的软件操作，知识覆盖二进制、硬件、操作系统、算法、多媒体和网络等内容，基本满足不同专业的学生需求。②内容新颖，贴近实用。本书在编写时对原教材中的老旧内容进行了更新，内容更贴近实际，侧重介绍学生普遍碰到且需要了解的知识，摒弃了过于专业的知识理论。同时注重从计算思维的角度来阐述知识，培养学生利用计算机解决和处理问题的思维和能力。③深入浅出，通俗易懂。本书尽量以科普的方式对内容进行叙述，避免过于专业、生硬的文字描述，以生活化、实例化和故事化的方式做到浅显易懂。

本书由张威、卫春芳任主编，朱晓钢、孙军任副主编。第 1、4 章由卫春芳编写，

第 2、5 章由张威编写，第 3 章由孙军编写，第 6 章由朱晓钢、张威、程娜娜编写，最后由张威统稿、定稿。

限于编者的水平和能力，加之时间仓促，书中难免有疏漏和不足之处，敬请广大读者批评指正。

编　者

2020 年 3 月

目　　录

第 1 章　计算机基础知识

1.1　计算机的产生与发展

1.1.1　早期的计算工具

在漫长的文明发展过程中，人类发明了许多计算工具。早期具有历史意义的计算工具有以下几种。

（1）算筹。计算工具的源头可以追溯至 2000 多年前，古代中国人发明的算筹是世界上最早的计算工具。

（2）算盘。中国唐代发明的算盘是世界上第一种手动式计算工具，一直沿用至今。许多人认为算盘是最早的数字计算机，而珠算口诀则是最早的体系化的算法。

（3）计算尺。1622 年，英国数学家 W. 奥特瑞德（W. Oughtred）根据对数表设计了计算尺，可执行加、减、乘、除、指数、三角函数等运算，一直沿用到 20 世纪 70 年代才由计算器所取代。

（4）加法器。1642 年，法国哲学家、数学家 B. 帕斯卡（B. Pascal）发明了世界上第一个加法器，它采用齿轮旋转进位方式执行运算，但只能做加法运算。

（5）计算器。1673 年，德国哲学家、数学家 G. W. 莱布尼茨（G. W. Leibniz）在帕斯卡的发明基础上设计制造了一种能演算加、减、乘、除和开方的计算器。

这些早期计算工具都是手动式的或机械式的，今天电子计算机的直系祖先是 19 世纪英国剑桥大学的 C. 巴贝奇（C. Babbage）教授设计的差分机和分析机，如图 1.1 所示。

（a）巴贝奇　　　　　　　　（b）差分机　　　　　　　　（c）分析机

图 1.1　巴贝奇及他的差分机和分析机

1.1.2　近代计算机

1. 差分机和分析机

巴贝奇研制出的差分机和分析机为现代计算机设计思想的发展奠定了基础。1812年，巴贝奇从差分计算函数表的做法中得到启发，经过 10 年的努力，设计出一种能进行加减计算并完成函数表编制的自动计算装置，他把它称为"差分机"。这台差分机可以处理 3 个不同的 5 位数，计算精度达到 6 位小数，当即就演算出好几种函数表，改进了对数表等数字表的精度。

1834 年，巴贝奇又完成了一项新计算装置的构想，巴贝奇把这种装置命名为"分析机"。巴贝奇的分析机由三部分构成。第一部分是保存数据的齿轮式寄存器，巴贝奇把它称为"堆栈"，它与差分机中的类似，但运算不在寄存器内进行，而是由新的机构来实现。第二部分是对数据进行各种运算的装置，巴贝奇把它命名为"工场"。为了加快运算速度，他改进了进位装置，使得 50 位数加 50 位数的运算可在一次转轮之中完成。巴贝奇没有为第三部分具体命名，其功能是以杰卡德穿孔卡中的"0"和"1"来控制运算操作的顺序，类似于计算机里的控制器（control unit，CU）。他甚至还考虑如何使这台机器依据条件来进行转移处理。例如，第一步运算结果若是"1"，就接着做乘法，若是"0"就进行除法运算。此外，巴贝奇也构思了送入和取出数据的机构，以及在"堆栈"和"工场"之间不断往返运输数据的部件。

分析机的结构及设计思想初步体现了现代计算机的结构及设计思想，可以说是现代通用计算机的雏形。然而，由于缺乏政府和企业的资助，直到逝世，巴贝奇也未能实现他所设计的计算机。

约 100 年后，美国哈佛大学的 H. 艾肯（H. Aiken）博士在图书馆里发现了巴贝奇的论文，并根据当时的科技水平，提出了用机电方式，而不是用纯机械方式来构造新的分析机。艾肯在国际商业机器（International Business Machines，IBM）公司的资助下，于1944 年研制成功了被称为计算机"史前史"中最后一台著名计算机 Mark I，将巴贝奇的梦想变成了现实。后来艾肯继续主持 Mark II 和 Mark III 等计算机的研制，但它们已经属于电子计算机的范畴。

2. 图灵和图灵机

A. M. 图灵（A. M. Turing），1912 年生于英国伦敦，是英国著名的数学家和逻辑学家，被称为"计算机科学之父""人工智能之父"，是计算机逻辑的奠基者，提出了"图灵机"和"图灵测试"等重要概念（图 1.2）。

图灵的基本思想是用机器来模拟人们用纸笔进行数学运算的过程，他把这样的过程看作两种简单的动作：①人在纸上写上或擦除某个符号；②把注意力从纸的一个位置移动到另一个位置。而在每个阶段，人要决定下一步的动作，这依赖于此人当前所关注的纸上某个位置的符号和此人当前思维的状态。

为了模拟人的这种运算过程，图灵构造出一台假想的机器（图灵机）：它有一条无限长的纸带，纸带分成了一个一个的小方格，每个方格有不同的颜色。有一个机器头在

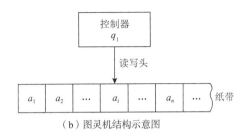

（a）图灵　　　　　　　　（b）图灵机结构示意图

图 1.2　图灵和图灵机结构示意图

纸带上移来移去。机器头有一组内部状态，还有一些固定的程序。在每个时刻，机器头都要从当前纸带上读入一个方格信息，然后结合自己的内部状态查找程序表，根据程序输出信息到纸带方格上，并转换自己的内部状态，然后进行移动。

图灵机的概念是现代可计算理论的基础。图灵证明，只有图灵机能解决的计算问题，实际计算机才能解决；图灵机不能解决的计算问题，则实际计算机也无法解决。图灵机的能力概括了数字计算机的计算能力。因此，图灵机对计算机的一般结构、可实现性和局限性都产生了深远的影响。

1950 年 10 月，图灵在哲学期刊 *Mind* 上发表了一篇著名论文 *Computing Machinery and Intelligence*（计算机器与智能）。他指出，如果一台机器对于质问的响应与人类做出的响应完全无法区别，那么这台机器就具有智能。今天人们把这个论断称为图灵测试，它奠定了人工智能的理论基础。

为纪念图灵对计算机科学的贡献，美国计算机协会（Association for Computing Machinery，ACM）于 1966 年创立了"图灵奖"，每年颁发给在计算机科学领域做出杰出贡献的研究人员，被誉为计算机界的诺贝尔奖。

1.1.3　电子计算机的问世

1. 第一台电子计算机

电子计算机的雏形应该是由美国爱荷华州立学院（Iowa State College）物理兼数学教授 J. V. 阿坦那索夫（J. V. Atanasoff）和研究助理 C. 贝利（C. Berry）发明的第一台完全采用真空管作为存储与运算元件的电子计算机。这台电子计算机从 1939 年开始到 1941 年制作成功，功能方面能计算联立方程式。由于这台电子计算机是由这两人共同完成的，被命名为阿坦那索夫贝利电子计算机（Atanasoff Berry computer，ABC）。所以，ABC 可能更应该被称为世界上第一台电子计算机。

目前，大家公认的第一台电子计算机是在 1946 年 2 月由宾夕法尼亚大学研制成功的电子数字积分计算机（electronic numerical integrator and calculator，ENIAC），如图 1.3 所示，是由 J. 莫齐利（J. Mauchly）和 P. 埃克特（P. Eckert）构思和设计的，为美国陆军的弹道研究实验室所使用，花费了近 50 万美元。它的计算速度比机电计算机提高了 1 000 倍。这台计算机从 1946 年 2 月开始投入使用，到 1955 年 10 月最后切断电源，服役 9 年多。虽然它每秒只能进行 5 000 次加减运算，但它预示了科学家将从复杂的计算中解脱出来。

图 1.3　ENIAC 计算机

除速度之外，ENIAC 最引人注目的就是它的体积和复杂性。ENIAC 包含了 17 468 个真空管、7 200 个晶体二极管、1 500 个继电器、10 000 个电容器，还有大约 500 万个手工焊接头。它的重量达 27 t，体积大约是 2.4 m × 0.9 m × 30 m，占地 167 m^2，耗电 150 kW（导致有传言说，每当这台计算机启动的时候，费城的灯都变暗了）。ENIAC 的输入采用 IBM 的卡片阅读器，打卡器用于输出。人们一致公认，ENIAC 的问世表明了电子计算机时代的到来，具有划时代的意义。但 ENIAC 存在两大缺点：一是没有存储器（memory）；二是用布线接板进行控制，严重影响了它的计算速度。

2. 冯·诺伊曼体系结构

图 1.4　冯·诺伊曼

冯·诺伊曼（John von Neumann，1903～1957 年，图 1.4）在 1945 年参与了 ENIAC 研制小组，他在小组共同讨论的基础上，以《关于 ENIAC 的报告草案》为题，起草了长达 101 页的总结报告，报告广泛而具体地介绍了制造电子计算机和程序设计的新思想。

新思想中有对 ENIAC 的两个重大的改进：①采用二进制，不仅数据采用二进制，指令也采用二进制；②建立存储程序处理，指令和数据一起放在存储器里。新思想简化了计算机的结构，大大提高了计算机的速度。

冯·诺伊曼在 1946 年又提出了一个更加完善的设计报告《电子计算机装置逻辑结构初探》，并设计出了第一台"存储程序"计算机 EDVAC，即离散变量自动电子计算机（electronic discrete variable automatic computer），这种结构的计算机为现代计算机体系结构奠定了基础，称为冯·诺伊曼体系结构。

冯·诺伊曼体系结构的主要内容如下。

（1）电子计算机由控制器、运算器（arithmetic unit）、存储器、输入设备（input device）、输出设备（output device）五大部分组成。

（2）程序和数据以二进制代码形式不加区别地存放在存储器中，存放位置由地址确定。

（3）控制器根据存放在存储器中的指令序列（程序）进行工作，并由一个程序计数器（program counter，PC）控制指令的执行。控制器具有判断能力，能根据计算结果选择不同的工作流程。

冯·诺伊曼体系结构的核心就是存储程序原理——指令和数据一起存储，计算机自动地按顺序从存储器中取出指令一条一条地执行，这个概念被誉为"计算机发展史上的一个里程碑"，它标志着电子计算机时代的真正开始，指导着以后的电子计算机设计，特别是确定了电子计算机的结构，就是采用存储程序及二进制编码等，至今仍被电子计算机设计者所遵循，所以称冯·诺伊曼为"计算机之父"。

1.1.4　计算机的发展

从 1946 年第一台电子计算机诞生以来，电子计算机已经走过了半个多世纪的历程，电子计算机的体积不断变小，但性能、速度却在不断提高。根据电子计算机采用的物理器件，一般将电子计算机的发展分成四个阶段。

1. 第一代电子计算机（1946～1956 年）

第一代电子计算机是电子管计算机时代。其特征是这一时期的电子计算机采用电子管作为基本逻辑组件，数据表示主要是定点数，运算速度达到每秒几千次。存储器早期采用水银延迟线，后期采用磁鼓或磁芯。这一时期，计算机软件尚处于初始发展时期，编程语言使用机器语言或汇编语言。第一代电子计算机由于采用电子管，体积大、耗电多、运算速度较低、故障率较高而且价格昂贵，主要用于科学研究和计算。

2. 第二代电子计算机（1957～1964 年）

第二代电子计算机是晶体管计算机时代。其特征是这一时期的电子计算机硬件采用晶体管作为逻辑组件，运算速度提高到每秒几十万次。晶体管与电子管相比，具有功耗少、体积小、质量轻、工作电压低、工作可靠性好等优点，使电子计算机体积大大缩小，运算速度及可靠性等各项性能大大提高。主存储器（也称内存）采用磁芯存储器，辅助存储器（也称外存）开始使用磁盘。这一时期，计算机软件也有很大发展，操作系统及各种早期的高级语言（FORTRAN、COBOL、ALGOL 等）相继投入使用，操作系统的雏形开始形成。这一时期，电子计算机的应用已由科学计算拓展到数据处理、过程控制等领域。

3. 第三代电子计算机（1965～1970 年）

第三代电子计算机是集成电路计算机时代。其特征是这一时期的电子计算机采用集成电路作为逻辑组件，运算速度已达每秒亿次。这一时期的中、小规模集成电路技术，可将数十个、成百个分离的电子组件集中在一块几平方毫米的硅片上。集成电路比晶体管体积更小，耗电更少，寿命更长，可靠性更高，这使得第三代电子计算机的总体性能较之第二代电子计算机有了大幅度的跃升。电子计算机的设计出现了标准化、通用化、系列化的局面。半导体存储器取代了沿用多年的磁芯存储器。软件技术也日趋完善，在程序设计技术方面形成了三个独立的系统：操作系统、编译系统和应用程序。电子计算机得到了更广泛的应用。

4. 第四代电子计算机（1971 年至今）

第四代电子计算机是大规模和超大规模集成电路计算机时代。其特征是采用大规模和超大规模集成电路作为逻辑组件，电子计算机向着微型化和巨型化两个方向发展。内存为半导体存储器；外存为磁盘、光碟和 U 盘等。这个时期计算机软件的配置也空前丰富，操作系统日臻成熟，数据管理系统普遍使用，出现了面向对象的高级语言，是电子计算机发展最快、技术成果最多、应用空前普及的时期。在运算速度、存储容量、可靠性及性能价格比等诸多方面都是前三代电子计算机所不能企及的，电子计算机的发展呈现多极化、网络化、多媒体化、智能化的发展趋势。

5. 未来新型的计算机

从采用的物理器件来说，目前计算机的发展处于第四代水平，仍然被称为冯·诺伊曼机，在体系结构方面没有较大的突破。从目前的研究情况看，未来新型计算机将可能在下列几个方面取得革命性的突破。

（1）光子计算机。它是一种由光信号进行数字运算、逻辑操作、信息存储和处理的新型计算机。以光子代替电子，光运算代替电运算。光的并行、高速，天然地决定了光子计算机的并行处理能力很强，具有超高的运算速度。光子计算机还具有与人脑相似的容错性，系统中某一元件损坏或出错时，并不影响最终的计算结果。光子在光介质中传输所造成的信息畸变和失真极小，光传输、转换时能量消耗和散发热量极低，对环境条件的要求比电子计算机低得多。

（2）生物计算机。它也称仿生计算机，它的主要原材料是生物工程技术产生的蛋白质分子，并以此作为生物芯片来替代半导体硅片，利用有机化合物存储数据。信息以波的形式传播，当波沿着蛋白质分子链传播时，会引起蛋白质分子链中单键、双键结构顺序的变化。运算速度要比当今最新一代的电子计算机快 10 万倍，它具有很强的抗电磁干扰能力，并能彻底消除电路间的干扰。能量消耗仅相当于普通计算机的十亿分之一，且具有巨大的存储能力。

（3）量子计算机。它是一类遵循量子力学规律进行高速数学和逻辑运算、存储及处理量子信息的物理装置。量子计算机用来存储数据的对象是量子比特，它使用量子算法进行数据操作。量子计算对经典计算作了极大的扩充，经典计算是一类特殊的量子计算。量子计算最本质的特征为量子叠加性和量子相干性。量子计算机对每一个叠加分量实现的变换相当于一种经典计算，所有这些经典计算同时完成量子并行计算。

1.2 数制及其运算

计算机的本质功能是计算，参与计算的对象自然是数据。例如，我们要计算"10+5"，那么"10"和"5"就是参与运算的数据。要弄清楚计算机如何求解表达式"10+5"，就得弄明白两个问题：一是数据"10"和"5"在计算机内部是如何表示的；二是加法运算"+"在计算机内部是怎么进行的。

要理解这些问题，还得从二进制说起。

1.2.1 计算机为什么采用二进制而不是十进制

我们知道，现实生活中，人们往往习惯使用十进制，只有在钟表、时间等方面采用别的进制，如十二进制、十六进制、二十四进制、六十进制等。但计算机所采用的却是二进制。那为什么不采用十进制或其他进制呢？这是很多初学者感到困惑的地方。

要弄清楚这个问题，可以从以下几个方面来讨论。

1. 组成计算机的基本元件

计算机之所以采用二进制，一个根本的原因是受制于组成计算机的基本元件。我们知道组成计算机的基本元件是晶体管（三极管），它具有一些非常重要的特点，如下所示。

（1）它具有两个完全不一样的状态（截止与导通，或者高电位与低电位），状态的区分度非常好。这两种状态分别对应二进制的 0 和 1。

（2）状态的稳定性非常好，除非有意干预，否则状态不会改变。

（3）从一种状态转换成另一种状态很容易（在基极给一个电信号就可以了），这种容易控制的特性显得非常重要。

（4）状态转换的速度非常快，也就是开关速度很快，这一点非常重要，它决定了计算机的计算速度。

（5）体积很小，几万个、几十万个、几百万个甚至更多的晶体管可以集成在一块集成电路上。这样既能把计算机做得更小一些，也能提高计算机的可靠性。

（6）工作时消耗的能量不大，也就是功耗很小。因此，整个计算机的功耗就很小，这是大家都能使用的重要原因之一。

（7）价格很低廉。价格高就很难推广应用了。

正是由于晶体管具有这么多特点，才被人们选为计算机的基本元件。如果我们能找到这么一种物质或者元件，它具有十种不同的稳定状态（可分别表示 0，1，…，9），且状态转换很容易、状态转换速度非常快、体积与功耗都很小、价钱也不贵的话，我们完全可以设计出人们所期待的十进制的计算机。但非常遗憾的是，人们目前还找不到这样的物质或元件。别说十进制，就连三进制都不容易。大家知道，水有三种状态（液态、固态和气态），可是状态转换就很不容易了（加热到 100℃以上才变成气态，降温到 0℃以下才变成固态），并且状态转换速度很慢。

2. 运算规则

二进制的运算规则很简单。就加法运算而言，只有 4 条规则，如：

$$0 + 0 = 0$$
$$1 + 0 = 1$$
$$0 + 1 = 1$$
$$1 + 1 = \boxed{1}0——方框内 1 表示进位$$

乘法运算也只有 4 条规则，如：

$$0*0 = 0$$
$$1*0 = 0$$
$$0*1 = 0$$
$$1*1 = 1$$

特别是人们利用特殊的技术，把减法、乘法、除法等运算都转换成加法运算来做，这对于简化运算器的设计非常有意义。如果采用十进制，运算器的设计就变得非常复杂，因为十进制比二进制的运算规则复杂多了。

3. 数据存储

交给计算机处理的数据及计算机处理完的结果，一般需要永久地保存起来。采用二进制的形式记录数据，物理上容易实现数据的存储。通过磁极的取向、表面的凹凸、光照有无反射等，很容易在物理上实现二进制形式的数据存储，如磁盘就是通过磁极的取向来记录数据的。

4. 逻辑运算与判断

二进制数据在逻辑运算方面也非常方便。我们知道，基本逻辑运算有"与"（and）、"或"（or）、"非"（not）三种，对应的运算规则如下：

0 and 0 = 0	0 or 0 = 0	not 0 = 1
1 and 0 = 0	1 or 0 = 1	not 1 = 0
0 and 1 = 0	0 or 1 = 1	
1 and 1 = 1	1 or 1 = 1	

另外，二进制只有两种状态（符号），便于逻辑判断（是或非）。因为二进制的两个数码正好与逻辑命题中的"真"（true）、"假"（false）或称为"是"（yes）、"否"（no）相对应。

正是由于以上原因，在计算机中采用的是二进制，而不是人们所熟知的十进制，或者其他进制。

1.2.2　常用的数制

在我们之前所学习的知识中，数值大都是用十进制表示的，而计算机内部是一个二进制的世界，它只认识 0 和 1 两个数字。所以我们对数制的学习从十进制和二进制开始。

1. 十进制

十进制计数法中，用 0，1，2，…，9 这十个数字表示数值，它们被称为数码。以 10 为基数，不同位置上的数码，权值不同。以 123.45 为例，它可以用十进制表示为

$$123.45=1 \times 10^2+2 \times 10^1+3 \times 10^0+4 \times 10^{-1}+5 \times 10^{-2}$$

可以看到，每个位上的数字代表的大小不同（位权或者权值），但有规律，恰好是基数 R 的某次幂。按照位置的不同，权值分别为

$$\cdots, \quad 10^3, \quad 10^2, \quad 10^1, \quad 10^0, \quad 10^{-1}, \quad 10^{-2}, \quad \cdots$$

如果将两个十进制数相加，则利用逢十进一的规则计算；若将两个十进制数相减，则利用借一当十的规则计算。

2. 二进制

二进制与十进制类似，具有 2 个基本数码：0，1。

以 2 为基数，每个数位具有特定的权值：

$$\cdots, \quad 2^3, \quad 2^2, \quad 2^1, \quad 2^0, \quad 2^{-1}, \quad 2^{-2}, \quad \cdots$$

进退位：逢二进一，借一当二。

通常我们在一个数值后面加上字母 B 表示它是二进制数，如 1001101B（如果不加任何标记的话，是不是也可以将其看作十进制数？）。

二进制数的位权示意图如图 1.5 所示。

2^7	2^6	2^5	2^4	2^3	2^2	2^1	2^0	2^{-1}	2^{-2}
1	1	1	1	1	1	1	1 .	1	1
128	64	32	16	8	4	2	1	0.5	0.25

图 1.5　二进制数的位权示意图

例 1.1　将二进制 110111.01B 转换成十进制。

根据二进制数的位权示意图，将相应位置的值为 1 的地方写上它的权值，值为 0 的地方写上 0，就得出等式，相加的和即对应的十进制：

$$110111.01B=32+16+0+4+2+1+0+0.25=（55.25）_{10}$$

3. 其他进制

其他的任何进制都有类似的特点，见表 1.1。

表 1.1　常用进制

进制	十进制	二进制	八进制	十六进制
规则	逢十进一	逢二进一	逢八进一	逢十六进一

进制	十进制	二进制	八进制	十六进制
基数	$R=10$	$R=2$	$R=8$	$R=16$
数码	0, 1, 2, …, 9	0, 1	0, 1, 2, …, 7	0, 1, 2, …, 9, A, B, …, F
权值	10^i	2^i	8^i	16^i
符号表示	D	B	O	H

任何一个 R 进制的数 N 都能按权展开，表示成以下的形式：

$$N = a_{n-1} \times R^{n-1} + a_{n-2} \times R^{n-2} + \cdots + a_1 \times R^1 + a_0 \times R^0 + a_{-1} \times R^{-1} + \cdots + a_{-m} \times R^{-m} \quad (1\text{-}1)$$

式中：a_i 为数码；R 为基数；R^i 为权值。

1.2.3　数制转换

计算机内部都是二进制数码，一切都数字化了。可人们习惯的却是十进制数，或者其他进制的数。这就有问题了，如果计算机只会二进制，人只会十进制，相互之间就没有办法交流了。要解决交流问题，必须经过"翻译"。

下面让我们看看，数制间的转换是怎么进行的。

1. R 进制数转换为十进制数

只要将数 N 按权展开，各位数码乘以对应位权值并累加，计算出结果，即完成转换。

$$N = \sum_{i=-m}^{n-1} a_i \times R^i \quad (1\text{-}2)$$

例 1.2　将八进制数 247 转换为十进制数。

$$(247)_8 = 2 \times 8^2 + 4 \times 8^1 + 7 \times 8^0 = (167)_{10}$$

例 1.3　将二进制数 1101.1 转换为十进制数。

$$(1101.1)_2 = 1 \times 2^3 + 1 \times 2^2 + 0 \times 2^1 + 1 \times 2^0 + 1 \times 2^{-1} = (13.5)_{10}$$

例 1.4　将十六进制数 2FA 转换为十进制数。

$$2FAH = 2 \times 16^2 + 15 \times 16^1 + 10 \times 16^0 = (762)_{10}$$

注意：十六进制中 A，B，C，D，E，F 分别代表十进制数值 10，11，12，13，14，15；2FAH 中的 H 表示这是一个十六进制的数，并不是数值的一部分。

2. 十进制转换为 R 进制

将一个十进制数分成整数和小数两部分各自转换，然后再组合起来。整数部分的转换规则为"除 R 取余"：将十进制整数反复地除以 R，记下每次的余数，直到商为 0。

然后将所记录下的余数**逆序**排列，就是整数部分的转换结果。

小数部分的转换规则为"乘以 R 取整"：将十进制小数反复乘以 R，记下每次得到的整数部分，直到小数部分为 0，或者达到所要求的精度为止。所得到的整数**顺序**排列，就是小数部分的转换结果。

例 1.5 将十进制数 123.625 转换成二进制数。

整数部分转换如图 1.6 所示。

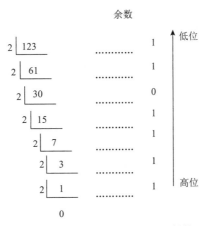

图 1.6 十进制整数转换为二进制数

整数部分转换之后的结果为 1111011B，注意低位和高位的方向。

小数部分转换如图 1.7 所示。

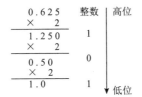

图 1.7 十进制小数转换为二进制数

小数部分转换的结果为 0.101B。最后，将整数部分和小数部分组合起来，十进制数 123.625 转换成二进制数的结果为 1111011.101B。

例 1.6 十进制数 123.625 转换为八进制数。

整数部分，除以 8 取余数；小数部分，乘以 8 取整。请大家自己试着做一下。结果为 173.5O。

例 1.7 1234.567 转换对应的二进制值。

整数部分除 2 取余，小数部分乘 2 取整，可是 0.567 乘以若干次后还不归 0，也许还是无限循环。在满足特定精度的前提下，取其前几位有效数字，只能得到一个近似的结果：

$$(1234.567)_{10} \approx (10011010010.10010001001)_2$$

现在，我们再把上述二进制数转换成十进制数：

$$(10011010010.10010001001)_2 \approx (1234.56689)_{10}$$

结果为整数部分相同，而小数部分则不同。

至此，大家应该明白了，在计算机这一特定的环境中，不是任何一个十进制数都有与其对应的二进制数。在这种特殊情况下，只能在设定精度的前提下，取一个与其近似的二进制数。也就是说，这种转换有时候是有损的，这是我们必须了解并引起重视的一个问题。

3. 二进制与八进制之间的转换

世间本没有八进制，为什么这里要讨论八进制？原因是计数方便。当一个二进制数由一长串 0 和 1 组成时，实在不便于阅读和记忆，于是，人们采取了每 3 位一分隔的计数法，如：二进制数 101100101010101 可写成"101，100，101，010，101"的形式。这跟美国人记录十进制数的道理是一样的，如"130，235，000"。由于 3 位二进制共有 8 种不同的组合，故分别用"0"～"7"这 8 个数字符号来表示，形成了八进制数。

由于 3 位二进制数对应 1 位八进制数，所以二进制数转八进制时，以小数点为界，向左右两侧按 3 位一组（不足 3 位的补 0）进行分组，然后将各组二进制数转换为相应的 1 位八进制数。八进制数转二进制数，则反之，即把每 1 位八进制数转换为相应的 3 位二进制数。

例 1.8 $(10111001010.1011011)_2 = (010\ 111\ 001\ 010.101\ 101\ 100)_2 = (2712.554)_8$

例 1.9 $(456.174)_8 = (100\ 101\ 110.001\ 111\ 100)_2 = (100101110.0011111)_2$

4. 二进制与十六进制之间的转换

类似地，如果把二进制数每 4 位一分隔，就得到了十六进制数。分别用"0"～"9"以及"A"～"F"来表示。需要特别说明的是，这里的十六进制与我国古代所使用的"十六两秤"没有什么必然的联系，只能算是一种巧合。

由于 4 位二进制数有十六种组合，每一种组合对应 1 位十六进制数，因此二进制数转十六进制数时，以小数点为界，向左右两侧按 4 位一组（不足 4 位的补 0）进行分组，然后将各组二进制数转换为相应的 1 位十六进制数。十六进制数转二进制数，则反之，即把每 1 位十六进制数转换为相应的 4 位二进制数。

例 1.10 $(10111001010.1011011)_2 = (0101\ 1100\ 1010.1011\ 0110)_2 = (5CA.B6)_{16}$

例 1.11 $(1A9F.1BD)_{16} = (0001\ 1010\ 1001\ 1111.0001\ 1011\ 1101)_2$
$$= (1101010011111.000110111101)_2$$

5. 二进制与十进制之间的转换

二进制与十进制数的转换是最根本的，转换方法都包含在 R 进制与十进制的转换方法之中了。在这里，如果转换数的范围在 255 以内（更大范围也可以，只是更麻烦了），还可以采用一种涉及位权的更便捷的方法。二进制转十进制时的方法是值为 1 的位权相加，例 1.1 采用的就是这种方法，十进制转二进制则是一个逆过程。

例 1.12 将 0101101B 二进制转十进制。

利用二进制数的位权值，把每一位二进制为"1"的对应的十进制权值相加。

$$(0101101)_2=0+32+0+8+4+0+1=32+8+4+1=45$$

例 1.13 利用二进制数的位权值，将 243D 转换为二进制数。

这是一个位权由大到小逐渐相加的过程，即

$$243=128+64+32+16+2+1=2^7+2^6+2^5+2^4+2^1+2^0=(11110011)_2$$

本题的另外一种解法是一个逆向思维过程，是一个由大到小逐项减去位权的逆过程。八位二进制全部为 1，所表示的数是 255。因此，243 与各位的位权之间的关系是

$$243=255-12=255-8-4$$

也就是说除了位权为 8 的第 3 位和位权为 4 的第 2 位为 0 外，其他位全部为 1。

1.2.4 数值型数据在计算机中的表示

数据分为两种，一种是数值型数据，另一种是非数值型数据。这里只讨论数值型数据。数值型数据由数字组成，表示数量，用于算术操作。

在计算机中，1+2 与 1.0+2.0 是完全不一样的两种运算，怎么会这样呢？要理解这个问题，必须从整数、实数在计算机中的表示方法说起。

1. 与数有关的基本概念

1）数的长度

在计算机中，最小的信息单位就是 1 个二进制位，1 个二进制位也叫 1 bit（比特）。数的长度按比特来计算，但因存储容量常以"字节"为计量单位，所以数据长度也常以字节（byte，B）为单位计算（1B=8 bit）。很显然，位数越多，能表示的数越大。

2）数的符号

数有正负之分，正负号怎么表示呢？一般用数的最高位（左边第一位）来表示数的正负号，并约定以"0"表示正，以"1"表示负。

3）小数点的表示

在计算机中表示实数时，涉及小数点的问题。计算机中没有专门设置小数点，只在特定位置默认有一个小数点，也就是说小数点及其位置总是隐含的。小数点的位置到底在哪里呢？这要取决于具体的表示方法，如定点表示法、浮点表示法。

在计算机中，数值型数据有两种表示方法，一种叫作定点数，另一种叫作浮点数。

2. 定点数的表示方法

数的定点表示：尽管计算机里面没有专门设置小数点，但我们可以默认某个地方有那么一个小数点，并将这样默认的小数点的位置看作固定不变的，由此就有了定点数的概念。根据小数点的位置不同，又分为定点整数与定点纯小数。

1）定点整数

如果小数点约定在数值的最低位之后，这时所有参加运算的数都是整数，即定点整

数。如图 1.8 所示。

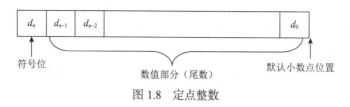

图 1.8　定点整数

2）定点纯小数

如果小数点约定在符号位和数值的最高位之间，这时，所有参加运算的数的绝对值小于 1，即定点纯小数，如图 1.9 所示。

图 1.9　定点纯小数

有了定点整数和定点纯小数的概念，我们就可以说：任何一个二进制数 N，都可写成 $t \times 2^e$ 的形式，即 $N = t \times 2^e$。这里 t 称为 N 的尾数，是一个二进制纯小数，e 称为 N 的指数，是一个二进制整数。这和十进制数的道理是一样的。例如，十进制数 3 267，可以写成 $0.326\,7 \times 10^4$，在这里 0.326 7 是尾数，是一个定点纯小数，4 是指数，是一个定点整数。

3. 浮点数的表示方法

早期的计算机只有定点数，没有浮点数。这种计算机的优点是硬件结构简单，但有三个明显的缺点。

（1）编程困难。程序设计人员必须首先确定计算机小数点的位置，并把所有参与运算的数据的小数点都对齐到这个位置上，然后计算机才能正确地进行计算。也就是说，程序设计人员首先要把参与运算的数据扩大或缩小某一个倍数后送入计算机，等运算结果出来后，再恢复到正确的数值。

（2）表示数的范围小。例如，一台 16 位字长的计算机所能表示的整数的范围只有 −32 768～32 767。从另一个角度看，为了能表示两个大小相差很大的数据，需要有很长的计算机字长。例如，太阳的质量大约是 0.2×10^{34} g，一个电子的质量大约是 0.9×10^{-27} g，两者相差 10^{61} 以上。

（3）数据存储单元的利用率很低。例如，为了把小数点的位置定在数据最高位前面，必须把所有参与运算的数据至少都除以这些数据中的最大数，只有这样才能把所有数据都化成纯小数，因而会造成很多数据有大量的前置 0，从而浪费了许多数据存储单元。

为了解决上述问题，现代计算机都提供了浮点数的表示方式。浮点数，在数学中称为实数，是指小数点在逻辑上不固定的数。电气电子工程师学会（Institute of Electrical and Electronics Engineers，IEEE）在 1985 年制定了 IEEE754 浮点标准，最常见的两类浮点数是单精度和双精度，IEEE 对它们的存储格式作了严格的规定。目前，绝大多数计算机都遵守这一标准，极大地改善了各种软件的可移植性。

计算机中的浮点数要用规格化表示，即一个数是用指数和尾数两部分来表示的。一般规定，指数是定点整数，尾数是定点纯小数。例如，一个二进制数 100100.001001 应转换为 1.00100001001×2^5，5 称为指数，1.00100001001 称为尾数。

IEEE754 浮点标准规定：

（1）若浮点数为正数，则数的符号为 0，否则为 1；

（2）要求尾数值的最高位是 1，且"1"不存储，目的是节省存储空间；

（3）存储的指数等于规格化的指数加上 127，即存储指数=指数+127。因为指数可以是负数（-126～-1），为了处理负指数的情况，IEEE 要求指数加上 127 后存储。

对于 32 位单精度的浮点数来说，数的符号占 1 位，指数的长度为 8 位，尾数的长度为 23 位，如图 1.10 所示。

图 1.10　单精度浮点数的表示法

我们来看一个具体的例子。实数 256.5 的浮点数格式（32 位），如图 1.11 所示。

图 1.11　实数 256.5 的浮点数格式

256.5 的规格化表示：$(256.5)_{10} = 100000000.1B = (1.000000001)_2 \times 2^8$

尾数部分为：1.000000001B，尾数值的最高位"1"不存储，尾数就为 000000001。

指数部分为：指数为 8，存储指数等于规格化的指数加上 127，8+127=135=10000111B，指数就为 10000111。

在浮点表示中，尾数的大小和正负决定了所表示的数的有效数字和正负，指数的大小决定了小数点的位置，因此浮点数中小数点的位置随指数的变化而浮动，这也就是"浮点"的含义。为了使运算中不丢失有效数字，提高运算精度，计算机中的浮点数表示通常采用改变指数来达到规格化数的目的。这里，规格化数要求尾数值的最高位是 1。

例 1.14　-24.375 作为单精度浮点数在计算机的表示。

规格化表示：$-(24.375)_{10} = -11000.011B = -1.1000011 \times 2^4 B$

指数：4+127=131=10000011 B

因此，-24.375 在计算机中的存储如图 1.12 所示。

图 1.12　-24.375 作为单精度浮点数的存储

例 1.15　2.0 作为单精度浮点数在计算机的表示。

规格化表示：$(2.0)_{10} = 10.0B = +1.00000000 \times 2^1 B$

指数：1+ 127 = 128 =1000 0000 B

因此，2.0 在计算机中的存储如图 1.13（a）所示。

同理，1.0 在计算机中的存储如图 1.13（b）所示。

整数 2 和整数 1 都是作为定点整数存储的，一般也用 4 字节来存放，整数 2 在计算机中的存储如图 1.13（c）所示，整数 1 在计算机中的存储如图 1.13（d）所示。

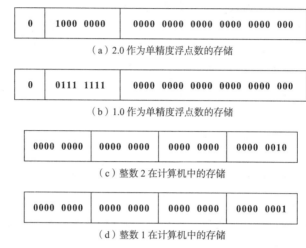

0	1000 0000	0000 0000 0000 0000 0000 000

（a）2.0 作为单精度浮点数的存储

0	0111 1111	0000 0000 0000 0000 0000 000

（b）1.0 作为单精度浮点数的存储

0000 0000	0000 0000	0000 0000	0000 0010

（c）整数 2 在计算机中的存储

0000 0000	0000 0000	0000 0000	0000 0001

（d）整数 1 在计算机中的存储

图 1.13　数 2.0、1.0、2、1 在计算机中的存储格式

由此可见，2 和 2.0 在计算机中的表示是完全不同的，1 和 1.0 在计算机中的表示也是完全不同的。所以，在计算机中，1+2 与 1.0+2.0 是完全不同的两种运算。

4. "九九归一"的加法运算

我们知道，计算机能做"加"（+）、"减"（－）、"乘"（*）、"除"（／）等算术运算，也能做"大于"（>）、"大于等于"（≥）、"小于"（<）、"小于等于"（≤）、"等于"（=）、"不等于"（≠）等关系运算，还能做"与"（and）、"或"（or）、"非"（not）等逻辑运算。除此以外，还能做很多别的事情，给初学者的感觉好像是计算机无所不能。

从设计的角度来说，如果要求计算机本能地具有算术运算、关系运算和逻辑运算的所有功能，那计算机的核心部件中央处理器（central processing unit，CPU）就太复杂了。因为仅就算术运算而言，就必须为 CPU 设计加法器、减法器、乘法器、除法器，更不用说其他运算了。事实上，CPU 不是这样设计的。

在 CPU 内部，用于运算的核心部件其实就是一个加法器，只能做加法运算。那么减法、乘法和除法运算怎么办呢？这些运算都是通过加法来实现的，我们不得不说计算机的设计者真是太聪明了。

那么，减法怎么通过加法来实现呢？

前面已介绍了数值数据有定点数和浮点数两种存储方式，计算机就以这两种形式来进行数的运算。我们以定点数表示的整数来说明数的运算过程。

1）原码

一个整数的原码是指：符号位用 0 或 1 表示，0 表示正，1 表示负，数值部分就是该整数的绝对值的二进制表示。

例 1.16 假设机器数的位数是 16，那么：$[+46]_原$=00000000 00101110；$[-46]_原$=10000000 00101110。

值得注意的是，由于$[+0]_原$=00000000 00000000，$[-0]_原$=10000000 00000000，所以数 0 的原码不唯一，有"正零"和"负零"之分。

2）反码

在反码的表示中，正数的表示方法与原码相同；负数的反码是把其原码除符号位以外的各位取反（即 0 变 1，1 变 0）。通常，用$[X]_反$表示 X 的反码。例如：

$[+46]_反$=$[+46]_原$=00000000 00101110

$[-46]_原$=100000000 00101110

$[-46]_反$=111111111 11010001

3）补码

在补码的表示中，正数的表示方法与原码相同；负数的补码在其反码的最低有效位上加 1。通常用$[X]_补$表示 X 的补码。

例 1.17 数的原码、反码、补码。

$[+46]_补$=$[+46]_反$=$[+46]_原$=00000000 00101110

$[-46]_原$=100000000 00101110

$[-46]_反$=111111111 11010001

$[-46]_补$=111111111 110101**10**

注意：数 0 的补码的表示是唯一的，即$[0]_补$=$[+0]_补$=$[-0]_补$=00000000 00000000。

现在我们来看看引进原码、反码与补码这几个概念到底有什么意义。

先看下面的例子。

例 1.18 设 X=89，Y=35，求 $X+Y$ 和 $X-Y$ 的值。

$[89]_补$=00000000 01011001

$[35]_补$=00000000 00100011

$[-35]_反$=11111111 11011100

$[-35]_补$=11111111 11011101

①89+35=124

```
    00000000 01011001
+   00000000 00100011
_____
    00000000 01111100
```

②89−35=89+（−35）=54

```
    00000000 01011001
+   11111111 11011101
_____
1 00000000 00110110
  溢出
```

从上面的算式可以看出，两个 16 位二进制数相加，得到的结果有 17 位，最高位 1 为进位。如果我们只要 16 位，不考虑最后的进位，也就是把最高位丢掉，结果就是 00000000 00110110，这个二进制数对应的十进制数是 54，正好是 89–35 的结果。

通过这个例子，我们不难体会到通过补码可以把减法运算变成加法运算来做，而乘法可以用移位和加法来做，除法可以转变成移位和减法。

下面来看一下二进制的乘法运算，乘法是向左移位和加法运算结合起来。

例 1.19　以 $9 \times 2=18$、$9 \times 4=36$、$9 \times 3=27$ 为例，看一下二进制的乘法运算。

① 　9　　00001001　　② 　9　　00001001　　③ 　9　　　00001001

　＊2　＊　　10　　　　　＊4　＊　　100　　　　＊3　＊　　　11

　18　　00010010　　　　36　00100100　　　　27　　00010010
　　　　　　　　　　　　　　　　　　　　　　　　　　＋00001001

　　　　　　　　　　　　　　　　　　　　　　　　　　　00011011

这样一来，加、减、乘、除四种运算就只需做加法和移位了，这对简化 CPU 的设计非常有意义，CPU 里面只要有一个加法器就可以做算术运算，计算机的所有运算都归到加法运算，所以称为"九九归一"的加法运算。需要特别说明的是，对于计算机来说，求一个二进制数的补码是一件非常容易的事情。

1.3　字符信息在计算机中的表示

计算机除能处理数值型数据外，还能处理非数值型数据，如字符或字符串（英文或汉字信息）。计算机内部是不可能直接存储英文字符、汉字或者那些特殊符号的，所有的数据在存储和运算时都要使用二进制数表示，对于英文字符、汉字、特殊符号等，必须统一用二进制代码来表示。而具体用哪些二进制数字表示哪个符号，当然每个人都可以约定自己的一套（这就叫编码），而大家如果要想互相通信而不造成混乱，就必须使用相同的编码规则，于是美国有关的标准化组织出台了美国信息交换标准码（American Standard Code for Information Interchange），简称 ASCII 码，统一规定了上述常用符号用哪些二进制数来表示。

1.3.1　ASCII 编码

由于现代电子计算机诞生于美国，美国人当初考虑字符编码的时候，并没有考虑非英语国家的文字和符号。美国人按照原来的机械式英文打字机的键盘结构，统计了一下常用的英文字母、数字、运算符号、标点符号等，常用字符个数一百多个，就对这些常用字符进行了统一编码，只需要用 7 位二进制表示，因为 7 位二进制有 128 种组合。对常用的英文字母、数字、运算符号、标点符号等进行编码，并且形成了事实上的标准，这就是国际上广泛采用的 ASCII 码。它已被国际标准化组织（International Standards Organization，ISO）定为国际标准，称为 ISO 646 标准。

　　ASCII 码是一种 7 位二进制编码，能表示 128 种国际上最通用的西文字符，是目前计算机中，特别是微型计算机中使用最普遍的字符编码集。每个字符用 7 位二进制数来表示，可表示 128 个字符，7 位编码的取值范围为 0000000～1111111。在计算机内，每个字符的 ASCII 码用 1 字节（8bit）来存放，字节的最高位为校验位，通常用"0"来填充，后 7 位为编码值，见表 1.2。

表 1.2　ASCII 字符编码表

二进制	十进制	字符	二进制	十进制	字符	二进制	十进制	字符	二进制	十进制	字符
00000000	0	NUL	00100000	32	SP	01000000	64	@	01100000	96	`
00000001	1	SOH	00100001	33	!	01000001	65	A	01100001	97	a
00000010	2	STX	00100010	34	"	01000010	66	B	01100010	98	b
00000011	3	ETX	00100011	35	#	01000011	67	C	01100011	99	c
00000100	4	EOT	00100100	36	$	01000100	68	D	01100100	100	d
00000101	5	ENQ	00100101	37	%	01000101	69	E	01100101	101	e
00000110	6	ACK	00100110	38	&	01000110	70	F	01100110	102	f
00000111	7	BEL	00100111	39	'	01000111	71	G	01100111	103	g
00001000	8	BS	00101000	40	(	01001000	72	H	01101000	104	h
00001001	9	HT	00101001	41	)	01001001	73	I	01101001	105	i
00001010	10	LF	00101010	42	*	01001010	74	J	01101010	106	j
00001011	11	VT	00101011	43	+	01001011	75	K	01101011	107	k
00001100	12	FF	00101100	44	,	01001100	76	L	01101100	108	l
00001101	13	CR	00101101	45	-	01001101	77	M	01101101	109	m
00001110	14	SO	00101110	46	.	01001110	78	N	01101110	110	n
00001111	15	SI	00101111	47	/	01001111	79	O	01101111	111	o
00010000	16	DLE	00110000	48	0	01010000	80	P	01110000	112	p
00010001	17	DC1	00110001	49	1	01010001	81	Q	01110001	113	q
00010010	18	DC2	00110010	50	2	01010010	82	R	01110010	114	r
00010011	19	DC3	00110011	51	3	01010011	83	S	01110011	115	s
00010100	20	DC4	00110100	52	4	01010100	84	T	01110100	116	t
00010101	21	NAK	00110101	53	5	01010101	85	U	01110101	117	u
00010110	22	SYN	00110110	54	6	01010110	86	V	01110110	118	v
00010111	23	ETB	00110111	55	7	01010111	87	W	01110111	119	w
00011000	24	CAN	00111000	56	8	01011000	88	X	01111000	120	x
00011001	25	EM	00111001	57	9	01011001	89	Y	01111001	121	y
00011010	26	SUB	00111010	58	:	01011010	90	Z	01111010	122	z
00011011	27	ESC	00111011	59	;	01011011	91	[	01111011	123	{
00011100	28	FS	00111100	60	<	01011100	92	\	01111100	124		
00011101	29	GS	00111101	61	=	01011101	93	]	01111101	125	}
00011110	30	RS	00111110	62	>	01011110	94	^	01111110	126	~
00011111	31	US	00111111	63	?	01011111	95	_	01111111	127	DEL

ASCII 码表可分为四个部分。

（1）特殊控制符号，共 33 个（表 1.2 中前 32 个和表中最后一个），都是不可见字符。这些字符没法打印出来，但是每个字符，都对应着一个特殊的控制功能，但这 33 个字符多数都是已陈旧的控制字符，剩下的几个常用控制字符的含义见表 1.3。

表 1.3 特殊控制字符的含义

十进制	0	7	8	9	10	12	13	20	27	127
字符	空字符	响铃	退格键	Tab 键	换行	换页	回车键	Caps Lock	Esc 键	删除

（2）数字符号，共 10 个，其 ASCII 码为（48）$_{10}$～（57）$_{10}$。记住了"0"的 ASCII 码为（48）$_{10}$，就可以推算出其他数字的 ASCII 码。

（3）英文字母符号，共 52 个，大写英文字母的 ASCII 码为（65）$_{10}$～（90）$_{10}$，小写英文字母的 ASCII 码为（97）$_{10}$～（122）$_{10}$。字母 ASCII 码的记忆也是非常简单的，只要记住字母"A"的 ASCII 码为（65）$_{10}$，知道相应的大小写字母之间差 32，就可以推算出其余字母的 ASCII 码。

（4）其他可视（可打印）字符。ASCII 码共有 95 个可显示的字符，除去 52 个大小写英文字母和 10 个阿拉伯数字，还有 33 个可见字符。例如："！"的 ASCII 码为（33）$_{10}$，键盘空格键所产生的空白字符也算 1 个可显示字符（显示为空白）。

例 1.20 查看常用字符的 ASCII 码。

我们来验证一下，我们所输入的字母、数字，在计算机中是否按 ASCII 码来存放。需要用到记事本和命令提示符中的 DEBUG 程序。

记事本是一个纯文本编辑工具，只存放字符，不存放格式，如字号、字体、颜色这些格式都不保存。保存文件时的编码为 ANSI，这是平台的默认编码，英文字符是 ASCII 码，中文系统是 GBK 编码。我们在记事本里输入如下字符，如图 1.14 所示，并保存为文件名为 aaa.txt 的文件。

图 1.14 记事本中输入字符

在命令提示下打开 DEBUG 程序，DEBUG 是一个 DOS 实用程序，是供程序员使用的程序调试工具，可以用它检查内存中任何地方的字节，以及修改任何地方的字节。用 DEBUG 程序打开上面保存的记事本文件，在命令窗口就可以看到图 1.15 中的信息，最左边是内存地址，中间是这些内存空间上所存放信息的 ASCII 码，以十六进制表示，最右边是对这行信息的解释。如图 1.15 所示，这些十六进制的代码与记事本中输入的字符的 ASCII 码是完全一致的。

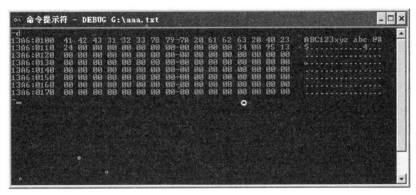

图 1.15 用 DEBUG 程序查看字符的 ASCII 码

1.3.2 汉字编码

西文是用字母和符号排列文字，采用 ASCII 码基本上就能满足西文处理的需要。ASCII 码相对简单，在计算机中，西文的输入、存储和处理都可依据 ASCII 码来进行。

汉字是象形字，计算机处理汉字，必须解决以下三个问题。

（1）汉字的输入，即如何把结构复杂的方块汉字输入计算机，这是汉字处理的关键之一。

（2）汉字在计算机内如何表示和存储，又如何与西文并存。

（3）如何将汉字的处理结果根据实际的要求从计算机的外部设备中输出。

解决上述问题的关键就是汉字的编码。每一个汉字的编码都包括输入码、交换码、机内码和字形码。在汉字信息处理系统中，要进行代码的转换：输入码、国标码（交换码）、机内码、字形码。汉字信息处理的流程图如图 1.16 所示。

图 1.16 汉字信息处理的流程图

1. 输入码

计算机的主要输入设备是键盘，在输入汉字时，只能利用键盘上的现有符号、数字和字母进行输入，由于汉字太多，每个汉字无法与键盘键一一对应，使用一个或几个键来表示汉字，即汉字的"键盘输入编码"，简称为汉字输入码。汉字输入码的编码原则为：好学好记，击键次数少，无重码或重码少。按照不同的设计思想，可把汉字输入法归纳为四大类：数字编码（如区位码）、拼音编码（如搜狗拼音）、字形编码（如五笔字型）和音形编码（如自然码）等。

这些汉字输入法是利用键盘输入汉字，除此之外，输入汉字的方法还有汉字字形识别输入法和语音输入法。汉字字形识别输入法是让计算机直接识别汉字，一种是利用扫描仪对文本进行扫描，由计算机识别；另一种是利用联机手写装置按照汉字的结构书写在特定的设备上，由计算机识别。语音识别输入法是人通过语音接受器直接对计算机讲话，计算机"听到"后，进行语音处理，将人讲的话翻译成汉字。

汉字输入码与汉字的存储码是不同范畴的概念，使用不同的汉字输入码向计算机输入的同一个汉字，它们的存储码是相同的。

2. 国标码

为了规范汉字在计算机内的编码，我国于 1980 年颁布了《信息交换用汉字编码字符集　基本集》(GB 2312—80)的国家标准，称为国标码。国标码收录了常用汉字 6763 个(其中一级汉字 3755 个，二级汉字 3008 个)，其他字母及图形符号 682 个，总计 7445 个字符。

由于汉字的字符多，一字节即 8 位二进制代码不足以表示所有的常用汉字。汉字国标码的每个汉字或符号都使用 16 位二进制代码来表示，即用两字节作为一个汉字编码。国标码每字节的最高位为"0"，使其每字节在 00000000～01111111 范围内取值，实际上只用了 21H～7EH 的 94 个数值，双字节编码容量为 94×94＝8836，满足 7445 个汉字和符号编码的需要。

其中要说明的是一级汉字，是最常用的汉字，它是按汉语拼音字母顺序排列的，共 3755 个，如"大"的国标码为 3473H，"小"的国标码为 5021H，"大"的拼音在前，编码就小些。从编码的角度看，"小"的编码要比"大"的编码大。

3. 机内码

两字节表示的国标码，不能直接在计算机内作为汉字的编码，主要是因为计算机按字节表示数据，没有标志区别某字节是汉字编码的一部分还是 ASCII 的编码，为了以示区别，将国标码两字节的最高位都置为"1"，作为汉字在计算机内的编码，来对汉字进行识别、存储、处理和传输，这种编码称为汉字的机内码。

例 1.21　查看常用汉字的编码。

与例 1.20 相似，我们在记事本里输入如下汉字，如图 1.17 所示。

图 1.17　记事本中输入汉字

用 DEBUG 程序打开上面的记事本文件，在命令窗口就可以看到如图 1.18 所示的信息，这些十六进制的代码与记事本中输入的汉字的机内码是完全一致的。每个汉字在内存中占两字节，比如汉字"大"的国标码为 3473H，转换成二进制就是 00110100 01110011，机内码是在国标码两字节的最高位转换为 1，这样机内码就为 10110100 11110011，转换成十六进制为 B4F3。从图 1.18 中也可看出前两字节为 B4F3，是"大"的机内码，D0A1

是汉字"小"的机内码。

```
cx 命令提示符 - debug g:\aaa.txt                          _ □ ×
-d
13B6:0100  B4 F3 D0 A1 20 BC C6 CB-E3 BB FA B9 B4 A1 00  ................
13B6:0110  00 00 00 00 00 00 00 00-00 00 00 34 00 A5 13  ...........4....
13B6:0120  00 00 00 00 00 00 00 00-00 00 00 00 00 00 00  ................
13B6:0130  00 00 00 00 00 00 00 00-00 00 00 00 00 00 00  ................
13B6:0140  00 00 00 00 00 00 00 00-00 00 00 00 00 00 00  ................
13B6:0150  00 00 00 00 00 00 00 00-00 00 00 00 00 00 00  ................
13B6:0160  00 00 00 00 00 00 00 00-00 00 00 00 00 00 00  ................
13B6:0170  00 00 00 00 00 00 00 00-00 00 00 00 00 00 00  ................
-
```

图 1.18　用 DEBUG 程序查看汉字机内码

《信息交换用汉字编码字符集基本集》（GB 2312—80）支持的汉字太少，1995 年制定的《汉字内码扩展规范》（GBK1.0）收录了 21 003 个汉字和图形符号，2000 年发布的《信息技术　信息交换用汉字编码字符集基本集的扩充》（GB 18030—2000），解决了汉字、日文假名、朝鲜语和中国少数民族文字组成的大字符集计算机编码问题。该标准的字符总编码空间超过 150 万个编码位，字符集采用单字节、双字节和四字节三种方式对字符编码，收录了 27 484 个汉字，兼容《汉字内码扩展规范》（GBK1.0）和《信息交换用汉字编码字符集基本集》（GB 2312—80）。

4. 字形码

字形码是表示汉字字形信息的编码，主要表示汉字的结构、形状、笔画等，又称为汉字字模，用来实现计算机对汉字的输出（显示、打印）。汉字的字形码通常有两种方式：点阵方式和矢量方式。

由于汉字是方块字，字形码最常用的表示方式是点阵方式，有 16×16 点阵、24×24 点阵、32×32 点阵、64×64 点阵等。例如，16×16 点阵的含义为：用 256（16×16=256）个点来表示一个汉字的字形信息。每个点有"亮"或"灭"两种状态，用一个二进制位的"1"或"0"来对应表示，如图 1.19 所示为"大"的 16×16 点阵字形及编码。

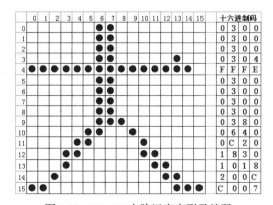

图 1.19　16×16 点阵汉字字形及编码

汉字字形编码是指汉字点阵中每个点的信息用一位二进制码来表示。对于 16×16 点阵的汉字字形码，需要用 32 字节（16×16÷8＝32）表示；64×64 点阵的汉字字形码，需要用 512 字节表示（64×64÷8＝512）。

例 1.22 计算存储 10 000 个汉字，需要多少内存空间。

如果是 16×16 点阵，需要 32B×10 000÷1 024＝312.5 KB。

如果是 64×64 点阵，需要 512B×10 000÷1 024÷1 024≈4.88 MB。

汉字的点阵字形还是需要占用一定的存储空间的，在早期的微型机中，由于内存小，通常将其以字库的形式存放在计算机的外存中，需要时才检索字库，输出相应汉字的字形。

我们一般可根据汉字输出的需要选择不同的点阵字库，字库的点数越多，输出的汉字就越精确、美观，如图 1.20 所示，是"大"的 64×64 点阵的汉字字形。

矢量字形码是记录汉字字形的轮廓特征，不同的字体记录在不同的字库中。当要输出汉字时，计算机通过计算，由汉字的轮廓特征生成所需的相应大小的汉字点阵，再由输出设备输出。矢量字形与设备的分辨率、输出的大小无关，因此，可以产生高质量的汉字输出。

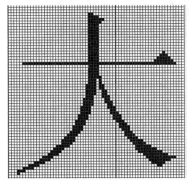

图 1.20　64×64 点阵汉字

点阵字形码存储方式简单，无须转换就直接输出，但其存储开销大，字形放大后的效果差。矢量字形码存储开销小，字形放大后的效果比较好，但输出时需要进行转换，计算量大。现今操作系统用于屏幕显示时，默认字号的字还是采用点阵字，它能够提供较快的显示效果；当使用者设定的字体尺寸没有点阵字时，字体便会以矢量字形方式显示；而当打印时，印刷字体无论大小都会采用矢量字形打印。图 1.21 显示了点阵字和矢量字放大后的效果。

Brown　　　　**Brown**

（a）点阵字　　　　　　　　　（b）矢量字

图 1.21　点阵字和矢量字放大后效果图

1.3.3　其他字符编码

1. 扩展 ASCII 码

标准 ASCII 码字符数目有限，7 位编码的字符集只能支持 128 个字符，为了表示更多的欧洲常用字符，人们对 ASCII 码进行了扩展，ASCII 扩展字符集使用 8 位（bit）表示一个字符，共 256 字符。国际标准化组织制定的 ISO 2022 标准，规定了在保持与 ISO 646 兼容的前提下将 ASCII 字符集扩充为 8 位代码的统一方法。

扩展 ASCII 码扩充出来的符号包括表格框线、音标、希腊字母和其他欧洲非英语系的字母。这对于有些国家也许已经够用了，但却没有充分考虑其自身的扩充和其他语言的字符集。这就导致了各种各样的编码方案的出现，如我国的 GB 2312 码、日本的 JIS 码等。但所有的这些编码系统，没有哪一个拥有足够的字符，可以适用于多种语言文本。

可见，这种编码标准设计上的局限性导致了许多问题。

（1）没有统一的编码表示多国文字，使得国际文本数据交换很不方便。

（2）不能解决多语言文本同平台共存的问题。

（3）不能真正解决现有软件的国际化问题。因为各种编码相互之间都不兼容，一个软件不可能同时使用两种不同的编码。由于编码不统一，这些编码系统之间经常相互冲突。数据在不同的编码系统或平台之间转换时，往往不能正确地表达，如出现乱码等。

（4）对于程序员来说，当软件产品贯穿多个平台、语言和国家时，需要对软件做很大的改动、重建工作。例如，ASCII 使用 7 位编码单元，EBCDIC 使用 8 位编码单元，而 GBK 使用 16 位编码单元。

2. ANSI 编码

为了使计算机支持更多语言，通常使用两字节来表示 1 个字符。例如，汉字"中"在中文操作系统中，编码为 D6D0H，用两字节存储。不同的国家和地区制定了不同的标准，由此产生了 GB 2312、BIG5、JIS 等各自的编码标准。这些使用两字节来代表一个字符的各种汉字延伸编码方式，称为 ANSI 编码。在简体中文系统下，ANSI 编码代表 GB 2312 编码，在日文操作系统下，ANSI 编码代表 JIS 编码。

不同 ANSI 编码之间互不兼容，当信息在国际交流时，无法将属于两种语言的文字，存储在同一段 ANSI 编码的文本中。因此，要想打开一个文本文件，就必须知道它的编码方式，否则用错误的编码方式解读，就会出现乱码，这也促使了 Unicode 码的诞生。

3. Unicode 编码

Unicode 是为整合全世界的所有语言文字而诞生的。任何文字在 Unicode 中都对应一个值，这个值称为代码点（code point）。代码点的值通常写成 U+ABCD 的格式，U+4E25 是汉字"严"的 Unicode 编码。UCS-2（universal character set coded in 2 octets）用两字节来表示文字和代码点之间的对应关系，它的取值范围为 U+0000～U+FFFF。为了能表示更多的文字，人们又提出了 UCS-4，即用四字节表示代码点。它的范围为 U+00000000～U+7FFFFFFF，其中 U+00000000～U+0000FFFF 和 UCS-2 是一样的。

要注意，UCS-2 和 UCS-4 只规定了代码点和文字之间的对应关系，并没有规定代码点在计算机中如何存储。例如，汉字"严"的 Unicode 编码是十六进制数 4E25，转换成二进制数足足有 15 位（100111000100101），也就是说这个符号的表示至少需要两字节。表示其他更大的符号，可能需要三字节或者四字节，甚至更多。

这里就有两个严重的问题，第一个问题是，如何区别 Unicode 编码和 ASCII 编码；计算机怎么知道三字节表示一个符号，而不是分别表示三个符号呢？第二个问题是，我们已经知道，英文字母只用一字节表示就够了，如果 Unicode 统一规定，每个符号用三字节或四字节表示，那么每个英文字母前都必然有二到三字节是 0，这对于存储来说是极大的浪费，文本文件的大小会因此大出二三倍，这是无法接受的。

它们造成的结果一是出现了 Unicode 的多种存储方式，也就是说有许多种不同的二进制格式，可以用来表示 Unicode 编码；二是 Unicode 在很长一段时间内无法推广，直到互联网的出现。

4. Unicode big endian

Unicode big endian 是把 Unicode 的 UCS-2 格式编码直接存储格式，以汉字"严"为例，Unicode 码是 4E25，需要用两字节存储，一字节是 4E，另一字节是 25。存储的时候，4E 在前，25 在后，就是 Unicode big endian 方式；25 在前，4E 在后，就是 Unicode little endian 方式。

这两个古怪的名称来自英国作家斯威夫特的《格列佛游记》。在该书中，小人国里爆发了内战，战争起因是人们争论，吃鸡蛋时究竟是从大头敲开还是从小头敲开。为了这件事情，前后爆发了六次战争，一个国王送了命，另一个国王丢了王位。因此，第一字节在前，就是"大头方式"（big endian），第二字节在前就是"小头方式"（little endian）。那么很自然的，会出现一个问题：计算机怎么知道某一个文件到底采用哪一种方式编码呢？

Unicode 规范中定义，每一个文件的最前面分别加入一个表示编码顺序的字符，这个字符的名字为零宽度非换行空格（zero width no-break space），用 FEFF 表示。这正好是两字节，而且 FF 比 FE 大 1。如果一个文本文件的头两字节是 FE FF，就表示该文件采用大头方式；如果头两字节是 FF FE，就表示该文件采用小头方式。

目前个人计算机上的 Windows 系统和 Linux 系统编码默认使用 Unicode big endian 方式，在 Mac OS 系统编码默认使用 Unicode little endian 方式。在 Windows 系统中可用 Word 程序直接查看汉字的 Unicode 编码，在 Word 中输入汉字，将光标定位在你所要查看的汉字右边，按下 Alt+X 复合键，该汉字即被它对应的 Unicode 编码所代替。Unicode 的缺点是每个 ASCII 字符串都将占用两倍的存储空间。为了兼容原来的 ASCII 码，系统在处理 Unicode 字符串时，还必须编写一个处理 ASCII 字符串的程序。

5. UTF-8 编码

互联网的普及，强烈要求出现一种统一的编码方式。UTF-8 就是在互联网上使用最广的一种 Unicode 的实现方式。UTF-8 最大的一个特点是，它可以使用 1～4 字节表示一个符号，根据不同的符号而变化字节长度。它是一种变长的编码方式。UTF-8 的编码规则很简单，只有两条。

（1）对于单字节的符号，字节的第一位设为 0，后面 7 位为这个符号的 Unicode 码。因此对于英语字母，UTF-8 编码和 ASCII 码是相同的。

（2）对于 n（$n>1$）字节的符号，第一字节的前 n 位都设为 1，第 $n+1$ 位设为 0，后面字节的前两位一律设为 10。剩下的二进制位，全部为这个符号的 Unicode 码。

表 1.4 是 UTF-8 编码的编码规则，字母 X 表示可用编码的位。

表 1.4 UTF-8 编码规则

Unicode 符号范围（十六进制）	比特数	字节数	UTF-8 编码方式（二进制）
0000 0000～0000 007F	0～7	1	0XXXXXXX
0000 0080～0000 07FF	8～11	2	110XXXXX 10XXXXXX
0000 0800～0000 FFFF	12～16	3	1110XXXX 10XXXXXX 10XXXXXX
0001 0000～0010 FFFF	17～21	4	11110XXX 10XXXXXX 10XXXXXX 10XXXXXX

从表 1.4 可以看出，UTF-8 编码非常简单。如果一字节的第一位是 0，则这个字节单独就是一个字符；如果第一位是 1，则连续有多少个 1，就表示当前字符占用多少字节。还是以汉字"严"为例，已知"严"的 Unicode 码是 4E25（100111000100101），根据表 1.4，可以发现 4E25 处在第三行的范围内（0000 0800～0000 FFFF），因此"严"的 UTF-8 编码需要三字节，即格式是"1110XXXX 10XXXXXX 10XXXXXX"。然后，从"严"的最后一个二进制位开始，依次从后向前填入格式中的 X，多出的位补 0。这样就得到"严"的 UTF-8 编码是 11100100 10111000 10100101，转换成十六进制就是 E4B8A5。

我们再顺便说一个很著名的奇怪现象：当你在 Windows 的记事本里新建一个文件，输入"联通"两个字之后，保存，关闭，然后再次打开，你会发现这两个字已经消失了，代之的是几个乱码！这是因为"联通"两个字的 GB 2312 编码为 C1 AA CD A8，转换成二进制机内码为 11000001 10101010 11001101 10101000，这非常像 UTF-8 编码，再次打开记事本时，记事本就误认为这是一个 UTF-8 编码的文件，GB 2312 编码与 UTF-8 编码产生了编码冲撞。

6. 各种编码之间的转换

当某个软件打开一个文本文件时，它要做的第一件事是决定这个文本文件究竟是使用哪种字符集的哪种编码保存的。软件一般可以采用三种方式来决定文本的字符集和编码：一是检测文件头标识，二是提示用户选择，三是根据一定的规则猜测。最标准的途径是检测文本最开头的几字节，这几字节与编码之间有一定关联，在此就不详细介绍了。

在 Windows 系统平台下，有一个最简单的转化方法，就是使用内置的记事本小程序 Notepad.exe。打开文件后，执行"文件"菜单中的"另存为"命令，会跳出一个对话框，在最底部有一个"编码"的下拉框，里面有四个选项：ANSI、Unicode、Unicode big endian 和 UTF-8，如图 1.22 所示。

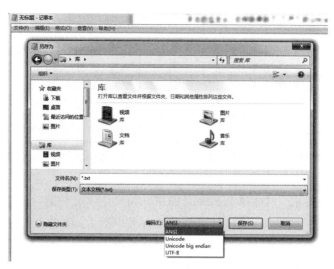

图 1.22　Windows 记事本编码

（1）ANSI 是默认的编码方式。对于英文文件是 ASCII 编码，对于简体中文文件是 GB 2312 编码（只针对 Windows 简体中文版，如果是繁体中文版会采用 Big5 码）。

（2）Unicode 编码指的是 UCS-2 编码方式，即直接用两字节存入字符的 Unicode 码。这个选项用的是 Unicode little endian 格式，文件头为"FF FE"。

（3）Unicode big endian 编码，文件头为"FE FF"。

（4）UTF-8 编码，它是一种变长编码，是互联网上使用最广的一种 Unicode 的实现方式。

选择完"编码方式"后，单击"保存"按钮，文件的编码方式就立刻转换好了。

7. 编码实例

例 1.23　打开"记事本"程序 Notepad.exe，新建一个文本文件，内容就是一个"严"字，依次采用 ANSI、Unicode、Unicode big endian 和 UTF-8 编码方式保存。然后，用文本编辑软件 UltraEdit 中的"十六进制功能"，观察该文件的内部编码方式。

（1）ANSI：编码是两字节"D1 CF"，这正是"严"的 GB 2312 编码。

（2）Unicode：编码是四字节"FF FE 25 4E"，其中"FF FE"表明是小头方式存储，真正的编码是"4E 25"。

（3）Unicode big endian：编码是四字节"FE FF 4E 25"，其中"FE FF"表明是大头方式存储。

（4）UTF-8：编码是六字节"EF BB BF E4 B8 A5"，前三字节"EF BB BF"表示这是 UTF-8 编码，后三字节"E4 B8 A5"是"严"的具体编码，它的存储顺序与编码顺序是一致的。

用记事本编辑的时候，从文件读取的 UTF-8 字符被转换为 Unicode 字符到内存里，编辑完成后，保存的时候再把 Unicode 转换为 UTF-8 保存到文件。

习　题　1

一、单选题

1. 电子计算机的发展已经历了四代，四代计算机的主要元器件分别是（　　　）。

A. 电子管，晶体管，中、小规模集成电路，激光器件

B. 电子管，晶体管，中、小规模集成电路，大规模或超大规模集成电路

C. 晶体管，中、小规模集成电路，激光器件，光介质

D. 电子管，数码管，中、小规模集成电路，激光器件

2. 计算机内部采用（　　　）数字进行运算。

A. 二进制　　　　　　　B. 十进制　　　　　　C. 八进制　　　　　　D. 十六进制

3. 世界上第一台电子计算机采用的主要逻辑部件是（　　　）。

A. 电子管　　　　　　　B. 晶体管　　　　　　C. 继电器　　　　　　D. 光电管

4. 在十六进制的某一位上，表示"十二"的数码符号是（　　　）。

A. F　　　　　　　　　B. E　　　　　　　　C. B　　　　　　　　D. C

5. 用 8 位二进制位能表示的最大无符号整数等于十进制整数（　　　）。

A. 255　　　　　　　　B. 256　　　　　　　C. 128　　　　　　　D. 127

6. 将二进制数 10010001.11 转换成十六进制数为（　　　）。

A. 91.3　　　　　　　　B. 91.2　　　　　　　C. 91.C　　　　　　　D. 91.75

7. 将十进制数 117.345 转换为等值二进制数（　　　）。

A. 1110100.1011　　　　　　　　　　B. 1110101.01011

C. 1010111.1011　　　　　　　　　　D. 1010111.01011

8. 在下列各不同进制的无符号数中，最小的数是（　　　）。

A. （32.25）$_{16}$　　　B. （50.25）$_{10}$　　　C. （110101.01）$_2$　　D. （65.32）$_8$

9. 运算式（2008）$_{10}$−（3723）$_8$ 的结果是（　　　）。

A. （−1715）$_{10}$　　　B. （5）$_{16}$　　　　C. （6）$_{10}$　　　　D. （3263）$_8$

10. 与十进制数 28.5625 相等的十六进制数是（　　　）。

A. 1C.9　　　　　　　　B. 1C.1001　　　　　C. 28.9　　　　　　　D. 34.44

11. 若二进制数为 010111.101，则该数的十进制表示为（　　　）。

A. 23.5　　　　　　　　B. 23.625　　　　　　C. 23.75　　　　　　D. 23.5125

12. 与十六进制数 3E5.7 相等的十进制数是（　　　）。

A. 997.7　　　　　　　　B. 997.4375　　　　　C. 443.3125　　　　　D. 345.7

13. 单精度浮点数在计算机中用 4 字节来存放，它的存储形式如下：

1位	8位	23位
符号	指数	尾数

数值 3.0 按 IEEE 754 标准，在计算机中的表示形式为（　　　）。

A. 0　10000000　1100000　00000000　00000000

B. 0　00000001　1000000　0000 0000　00000000

C. 0　10000000　1000000　0000 0000　00000000

D. 0　00000000　0000000　0000 0000　00000011

14. 整数 3 在计算机中用 4 字节来存放，它的存储形式为（   ）。

A. 0000 0011   0000 0000   0000 0000   0000 0000

B. 1000 0000   0000 0010   0000 0000   0000 0011

C. 0000 0000   0000 0000   0000 0000   0000 0011

D. 1100 0000   0000 0000   0000 0000   0000 0000

15. 下列有关计算机中数据表示的说法正确的是（   ）。

A. 正数的原码没有补码

B. 补码是负数在计算机中的表示形式

C. 补码等于原码加一

D. 补码是对原码的补充

16. 基本字符的 ASCII 码在机器中的表示方法准确的描述应是（   ）。

A. 使用 8 位二进制代码，最右边一位为 1

B. 使用 8 位二进制代码，最左边一位为 0

C. 使用 8 位二进制代码，最右边一位为 0

D. 使用 8 位二进制代码，最左边一位为 1

17. 字符 A 的 ASCII 码为 65，则字符 D 的 ASCII 码为（   ）。

A. 十进制 67   B. 二进制 01000100

C. 十六进制 43   D. 八进制 105

18. 以下字符中，ASCII 码最大的是（   ）。

A. 字符 9   B. 字符 A   C. 空格   D. 字符 m

19. 已知英文字母 m 的 ASCII 码值为 109，那么英文字母 p 的 ASCII 码值为（   ）。

A. 102   B. 113   C. 112   D. 111

20. 某计算机系统中，西文使用标准 ASCII 码、汉字采用 GB 2312 编码。设有一段纯文本，其机内码为 CB F5 D0 B4 50 43 CA C7 D6 B8，则在这段文本中含有（   ）。

A. 2 个汉字和 1 个西文字符

B. 4 个汉字和 2 个西文字符

C. 8 个汉字和 2 个西文字符

D. 4 个汉字和 1 个西文字符

21. 汉字的机内码是用来解决汉字的（   ）问题。

A. 输入   B. 存储   C. 输出   D. 转换

22. 在 24×24 点阵的字库中，存储一个汉字的点阵需占用（   ）。

A. 4 字节   B. 72 字节   C. 16 字节   D. 32 字节

23. 汉字的字形码是用来解决汉字的（   ）问题。

A. 输入   B. 存储   C. 输出   D. 计算

24. 存储一个汉字的内码所需的字节数是（   ）。

A. 1   B. 8   C. 4   D. 2

25. 下列叙述中，正确的是（   ）。

A. 汉字的计算机内码就是国际码

B. 存储器具有记忆功能，其中的信息任何时候都不会丢失

C. 所有十进制小数都能准确地转换为有限位二进制小数

D. 二进制正数的反码、补码和原码一致

二、填空题

1. 组成计算机的五大部分是输入设备、控制器、运算器、_____和输出设备。

2. 我们现在使用的计算机都是基于_____体系结构设计的。

3. （37.125）$_{10}$ =（_____）$_2$ =（_____）$_8$ =（_____）$_{16}$

4. （57.24）$_8$ =（_____）$_2$ =（_____）$_{16}$ =（_____）$_{10}$

5. （1010101.011）$_2$ =（_____）$_8$ =（_____）$_{16}$ =（_____）$_{10}$

6. 在计算机中，负数是按_____进行存储和参与运算的。

7. 十进制计算式 9–7，在计算机内部用十六位二进制计算，9 为正数，它的补码等于原码，即 00000000 00001001，写出–7 补码_____，及两者相加的结果_____。

8. 计算机处理汉字必须解决的三个问题，分别是汉字的输入、_____和汉字的输出。

9. 16 个二进制位可表示无符号整数的范围是从_____到_____。

10. 汉字的机内码是将汉字国标码的每字节的最高位置为_____转换而来的。

三、简答题

1. 简述计算机内二进制编码的优点。

2. 简述常用进制的相互转换规则。

3. 有一个二进制数，有没有简便的方法快速判断其等值的十进制数是奇数还是偶数？

4. 浮点数在计算机内是如何表示的？

5. 假定机器字长为 16 位，试写出十进制数–15 的原码、反码和补码。

6. 8 位二进制数表示有符号数，为什么是最大值为 127，而不是 128？

7. 英文字符和汉字在计算机中分别如何表示？

8. 下列计算机内码中包含几个汉字和几个字符。

B5 E7 BB B0 BA C5 C2 EB 49 74 27 73 20 30 39 37 35 34

第2章 硬件基础

现代计算机的功能十分强大，几乎无所不能，但这些功能的实现都要依赖于其"物质基础"，即组成计算机的各种硬件。与计算机硬件相关的半导体技术发展十分迅速，最直观的体现就是如今的计算机在外观上与第一台电子计算机已是天壤之别。现今的计算机不仅体积小巧，而且性能强大，就计算机短短几十年的发展历史而言，这种发展速度真是令人难以置信。

组成计算机的各种硬件可以说是高科技产品，一般人难窥其究竟。而计算机作为生产力工具已渗透当今社会的方方面面，每个人或多或少都使用着各种形式的计算机。计算机究竟是如何工作的，碰到硬件问题该如何解决，如何挑选适合自己的计算机，这些问题大多数人都会碰到，且想要了解的。本章将就计算机的基本组成和基本原理进行介绍，以帮助初学者更好地理解计算机是如何工作的，为以后更深入地学习掌握计算机打下基础。

2.1 冯·诺伊曼机的组成

冯·诺伊曼被称为"计算机之父"。1946 年 6 月，冯·诺伊曼发表了《电子计算机装置逻辑结构初探》的论文，并设计出了第一台"存储程序"计算机 EDVAC。

EDVAC 是第一台现代意义的通用计算机，它由五个基本部分组成：运算器、控制器、存储器、输入设备和输出设备。其基本工作原理是存储程序和程序控制。这种结构的计算机为现代计算机体系结构奠定了基础，被称为冯·诺伊曼体系结构，如图 2.1 所示。

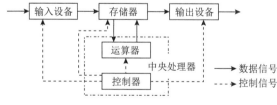

图 2.1 冯·诺伊曼体系结构

1. 运算器

运算器又称为算术逻辑部件，它包括若干寄存器、执行部件和控制电路三部分。运算器是计算机中进行数据处理的核心部件，它的主要功能是进行各种算术运算和逻辑运算。

运算器的基本操作包括：加、减、乘、除四则运算，与、或、非、异或等逻辑运算，以及移位、比较和传送等。复杂的计算都要通过这些基本操作一步步实现。运算器中用到的数据来自内存，处理后的结果数据仍写回内存。

2. 控制器

控制器是计算机的指挥中枢，负责协调和指挥整个计算机系统的操作。控制器由程序计数器、指令寄存器（instruction register，IR）、指令译码器（instruction decoder，ID）、时序产生器和操作控制器组成。控制器的功能是决定执行程序的顺序，发出指令执行时各部件所需要的操作控制命令，其操作一般有：①从内存中取出一条指令，并指出下一条指令在内存中的位置；②对指令进行译码或测试，并产生相应的操作控制信号，以便启动规定的动作；③指挥并控制 CPU、内存和输入输出设备（input/output device）之间数据流动的方向。

通常，运算器和控制器合并为 CPU。

3. 存储器

存储器是计算机中的记忆部件，用来存放程序和数据。存储器主要有两个操作：读和写。从存储器中取出信息称为读操作；将信息存放到存储器称为写操作。存储器的读写操作由控制器控制执行。

存储器按用途可大致分为内存和外存。计算机的运算器只能和内存交换数据，不能直接访问外存。

内存的容量一般比较小，存取速度快。内存又可分为随机存储器（random access memory，RAM）和只读存储器（read-only memory，ROM）。随机存储器的主要形式为主板（mainboard）上的内存条，用来存放当前正在执行的数据和程序，其特点是断电后数据就会丢失。只读存储器中的信息可永久保存，信息只能读出而不能写入，一般是厂家在制造时用特殊方法写入的，常见的只读存储器形式如主板上的基本输入输出系统（basic input/output system，BIOS）芯片。

BIOS 是一组固化在只读存储器芯片上的程序，它保存着计算机中最重要的基本输入输出程序、开机后自检程序和系统自启动程序。当计算机刚启动加电时，一开始随机存储器中是没有程序数据的，CPU 首先执行 BIOS 程序，此时 BIOS 担负着初始化硬件、检测硬件功能，以及引导操作系统的责任。因此，存储 BIOS 的只读存储器也可以理解为内存的范畴。

外存不能和运算器直接交换数据，而是与内存进行数据交换，用来存放内存中难以容纳但又是程序执行所需要的数据信息。外存的容量一般较大、存储成本低、存取速度较慢。常见的外存有硬盘（hard disk）、U 盘、光碟等。

存储器的主要指标是容量，描述存储容量的单位主要有以下几种。

（1）位又称比特（bit），用来存放 1 位二进制信息的单位称为 1 位，1 位可以存放一个 0 或一个 1。位是二进制信息的最小单位。

（2）字节（Byte），8 位二进制信息称为一字节，用 B 来表示，它是存储器中存储信息的基本单位。1B=8 bit。

（3）千字节（KB），1KB = 1024 B = 2^{10} B。

（4）兆字节（MB），1MB = 1024 KB = 2^{20} B。

（5）吉字节（GB），1GB = 1024 MB = 2^{30} B。

（6）太字节（TB），1TB = 1024 GB = 2^{40} B。

（7）拍字节（PB），1PB = 1024 TB = 2^{50} B。

4．输入设备

输入设备用来将数据和程序等用户信息变换为计算机能识别和处理的二进制形式存放到内存中。常用的输入设备有键盘、鼠标、触摸屏、摄像头、麦克风、扫描仪、数码相机等。

5．输出设备

输出设备的功能是进行数据的输出，将各种计算结果数据或信息以数字、字符、声音和图像等形式表示出来。常见的输出设备有显示器、打印机、音箱（耳机）、绘图仪等。

以上五大部件密切配合，相互协调，计算机执行程序的工作流程可大致描述如下。

（1）控制器将数据和程序从输入设备输入存储器（内存）。

（2）从存储器（内存）取出指令送入控制器。

（3）控制器解析指令，发出控制信号给运算器和内存，以执行对应的指令动作。

（4）运算结果送回存储器（内存）保存或送给输出设备输出。

（5）回到第（2）步，继续取下一条指令执行，如此往复，直至程序结束。

2.2　计算机系统的基本组成

计算机发展到今天已形成了一整套成熟的系统。一个完整的计算机系统由硬件系统和软件系统两部分组成。计算机硬件系统是指构成计算机的所有实体部件的集合，它是构成计算机系统的物质基础。计算机软件系统是指在硬件设备上运行的各种程序、数据和相关文件的集合。

通常，人们把不安装任何软件系统的计算机称为裸机。裸机只能运行机器语言，无法有效发挥计算机的强大功能。软件系统在计算机和计算机用户之间架起了桥梁，通过各种功能各异的软件，计算机得以完成各种不同的任务，从而实现了计算机在各领域的广泛应用。

硬件系统的重要性不言而喻，没有硬件系统一切都是空中楼阁，计算机应用无从谈起。相对于硬件系统的有形实体，软件系统是一种逻辑产品，它是脑力劳动的结晶，看不见，摸不着，它必须在硬件系统的基础上运行、生存，但并不是说软件系统就不重要了。现如今，软件系统的重要性一点也不亚于硬件系统，甚至更重要。软件刚出来时，它只是销售硬件的附属品。而现在一套大型的高端产品设计软件，售价可以高达几百万美元，为此附送几台个人计算机或者图形工作站也是很寻常的。

计算机硬件系统和软件系统相辅相成，缺一不可，共同构成了计算机系统。计算机系统的基本组成如图 2.2 所示。

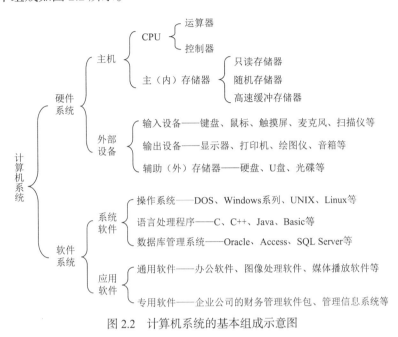

图 2.2　计算机系统的基本组成示意图

2.2.1　计算机的分类

按照 1989 年由 IEEE 科学巨型机委员会提出的运算速度分类法，计算机可分为巨型机、大型机、小型机、工作站和微型计算机。随着计算机技术的发展，计算机的性能越来越强，这种分类的界限也越来越模糊。目前主要按用途对计算机分类，计算机可分为超级计算机（supercomputers）、工业控制计算机（industrial control computer）、网络计算机（network computer，NC）、个人计算机（personal computer，PC）和嵌入式计算机（embedded computer）五类。

1. 超级计算机

超级计算机通常是指由数百、数千甚至更多的处理器组成的、能实现普通个人计算机无法处理的大资料量与高速运算的计算机。超级计算机的基本组成与个人计算机并无太大差别，但其规格与性能则要高出许多倍，其配备有多种外部和外围设备及多功能的软件系统，具备很强的计算和数据处理能力，表现出高速度和大容量的特点。超级计算机的计算速度一般以每秒钟运行的浮点运算次数（FLOPS）作为量度单位，现有的超级计算机运算速度大都可以达到每秒一太（Trillion，10^{12}）次以上。

以我国的超级计算机"天河二号"为例，其峰值计算速度为每秒 5.49 亿亿（10^{16}）次，持续计算速度为每秒 3.39 亿亿次双精度浮点运算。"天河二号"由 16000 个运算结点组成，每结点配备两个 Xeon E5 12 核心中央处理器，三个 Xeon Phi 57 核心协处理器，累计 32 000 个 Xeon E5 主处理器和 48 000 个 Xeon Phi 协处理器,总计 312 万个计算核心。"天河二号"在内存方面,每个结点拥有 64 GB 内存,而每个 Xeon Phi 协处理器板载 8 GB 内存,故每结点共 88 GB 内存,整体总计内存 1.408 PB,此外还有 12.4 PB 的硬盘阵列。"天河二号"的外形也相当庞大,共有 125 个机柜,每个机柜容纳 4 个机架,每个机架容纳 16 块主板,每个主板设置有两个计算结点。"天河二号"整机功耗 17 808 kW,在搭载水冷散热系统以后,功耗达 24 MW(1 MW=10^3 kW),仅每年的电费就要约 1 亿元。

超级计算机是计算机中功能最强、运算速度最快、存储容量最大的一类计算机,其价格昂贵,功耗巨大,多用于国家高科技领域和尖端技术研究,可应用于生物医药、新材料、工程设计、仿真分析、天气预报、智慧城市、电子商务、云计算、大数据、人工智能、数字媒体、国防科技等领域,是一个国家科技发展水平和综合国力的重要标志。

我国的高性能计算机研制水平经过几十年不懈的努力已有显著提高,在国际 TOP500 组织发布的世界超级计算机 500 强排名榜上,我国的超级计算机多次入围并实现了成倍的增长。2018 年 11 月 12 日,在美国达拉斯发布的世界超级计算机 500 强榜单上,中国拿到了 227 席,份额占比第一,达到 45% 以上,美国拿到了 109 席,排名第二。在速度排行上,美国超级计算机"顶点"蝉联冠军,中国超级计算机"神威·太湖之光"(图 2.3)和"天河二号"分别位列第三、四名,中美两国处于你追我赶的局面。在此前的世界超级计算机 500 强排名榜上,"天河二号"曾连续 6 次位居榜首,而"神威·太湖之光"也曾 4 连冠。值得一提的是,美国在 2015 年宣布对中国禁售高性能处理器,"神威·太湖之光"超级计算机安装了 40 960 个中国自主研发的"神威 26010"众核处理器,是国内第一台全部采用国产处理器构建的超级计算机。

图 2.3　中国"神威·太湖之光"超级计算机系统

2. 工业控制计算机

工业控制计算机简称工控机,是用于实现工业生产过程控制和管理的计算机,是工业自动化设备和信息产业基础设备的核心。

工业控制计算机一般采用总线结构,对生产过程及其机电设备、工艺装备进行检测与控制。它具有计算机系统的软硬件特征,其硬件有 CPU、内存、硬盘、外设及接口等;软件有操作系统、控制网络和协议等。工业控制计算机的主要种类有:工业 PC 总线计算机(industrial PC bus computer,IPC)、可编程逻辑控制器(programmable logic controller,PLC)、分散型控制系统(distributed control system,DCS)、现场总线控制系统(field bus control system, FCS)及计算机数控(computer numerical control, CNC)系统。某品牌工业控制计算机主机如图 2.4 所示。

图 2.4 某品牌工业控制计算机主机

工业控制计算机应用在国民经济发展和国防建设的各个领域,根据工业生产的特点和要求而设计,能适应恶劣环境并长期稳定工作。工业控制计算机与个人计算机相比主要具有以下特点。

(1)可靠性高。工业控制计算机通常用于控制不间断的生产过程,在运行期间不允许停机检修,一旦发生故障将会导致质量事故,因此要求工业控制计算机具有很高的可靠性,平均无故障工作时间达到几万小时,同时故障修复时间要尽可能短。

(2)实时性好。工业控制计算机对生产过程进行实时控制与监测,因此要求它必须实时地响应控制对象各种参数的变化。

(3)环境适应性强。工业现场一般环境恶劣,因此要求工业控制计算机具有很强的环境适应能力,如对温度、湿度变化范围要求高,要有防尘、防腐蚀、防振动冲击的能力,要具有较好的电磁兼容性,电源有较强的抗干扰能力。

(4)系统扩展性好。随着工业现场环境的自动化水平的提高,控制规模的扩大,要求工业控制计算机具有灵活的扩展性。

(5)系统具有开放性。为实现各种系统的互联、兼容,要求工业控制计算机具有开放性体系结构,要求在主机接口、网络通信、软件兼容及升级等方面遵守开放性原则。

基于这些特点,同档次的工业控制计算机在价格上要比普通个人计算机偏高。除此之外,工业控制计算机的配件基本上是与个人计算机兼容的,并支持各种操作系统,多种编程语言,以方便利用个人计算机的各种软硬件资源。

3. 网络计算机

随着计算机网络的出现,以及各行业信息化的要求,计算机越来越多地应用于网络环境。网络中计算机主要分为服务器(server)和工作站(workstation)两类。

1)服务器

服务器通常专指网络环境中的高性能计算机,通过侦听网络上的服务请求,为网络中的客户端(client)计算机提供相应的服务。服务器必须具有承担服务并且保障服务的能力,因此相比于个人计算机,对稳定性、安全性和性能等方面的要求更高。

服务器的硬件构成与个人计算机有众多的相似之处，主要构成仍然为 CPU、内存、芯片组、I/O 总线、I/O 设备、电源、机箱和相关软件等。在一般的信息系统中，服务器主要应用于数据库和 Web 服务，而个人计算机主要应用于桌面计算和作为网络终端使用。设计的差异决定了服务器应具备比个人计算机更可靠的持续运行能力、更强大的存储能力和网络通信能力、更快捷的故障恢复功能和更广阔的扩展空间。而个人计算机则更加重视人机接口的易用性、图像和 3D 处理能力及其他多媒体性能。

服务器按其提供的服务常见的有：网络服务器（如 DNS、DHCP）、文件服务器、邮件服务器、打印服务器、数据库服务器和应用程序服务器等。服务器按外形结构不同则可分为台式服务器（也称塔式服务器）、机架式服务器、刀片式服务器和机柜式服务器。典型的机柜式服务器如图 2.5 所示。

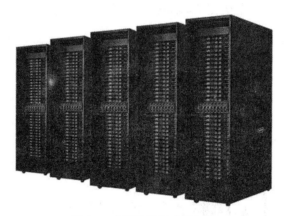

图 2.5　典型的机柜式服务器

2）工作站

工作站是一种以个人计算机和分布式网络计算为基础，主要面向专业应用领域，具备强大的数据运算与图形图像处理能力，为满足工程设计、动画制作、科学研究、软件开发、金融管理、信息服务、模拟仿真等专业领域而设计开发的高性能计算机。有时，连接到服务器的终端机也被称为工作站。

专业的工作站通常是高档计算机，一般配备大屏幕显示器和大容量的内存和硬盘，具备较强的信息处理功能和高性能的图形图像处理功能及联网功能。常见的工作站有计算机辅助设计（computer-aided design，CAD）工作站、办公自动化（office automation，OA）工作站和图形工作站等。

工作站的基本硬件构成与个人计算机相似，另外根据任务的不同，工作站还会有不同硬件配置和软件配置。例如，一个小型 CAD 工作站的硬件配置为性能较好的计算机、显示终端、光笔、平面绘图仪、数字化仪、打印机等；软件配置除操作系统外，还会有编译程序、相应的数据库和数据库管理系统、二维和三维的绘图软件及成套的计算、分析软件包。一个常见的 OA 工作站的主要硬件配置为普通计算机、办公用终端设备（如电传打字机、交互式终端、传真机、激光打印机、智能复印机等）、通信设施（如局部区域网）、程控交换机、公用数据网、综合业务数字网等。OA 工作站的软件配置为操作系统、编译程序、各种服务程序、通信软件、数据库管理系统、电子邮件、文字处理软件、表格处理软件、各种编辑软件及专门业务活动的软件包（如人事管理、财务管理、行政事务管理等软件，并配备相应的数据库）。某品牌的图形工作站如图 2.6 所示。

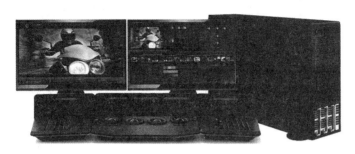

图 2.6　某品牌的图形工作站

4. 个人计算机

个人计算机是指能独立运行、完成特定功能的计算机。个人计算机又称 PC，PC 一词源自于 1981 年 IBM 的第一部桌上型计算机型号 PC。个人计算机是面向普通人群的应用需求而设计的计算机，除基本的性能外，如今的消费者对个人计算机的便携性、移动性也提出越来越高的要求。如今的个人计算机种类繁多，主要有台式计算机（desktop computer）、笔记本电脑（notebook computer）、电脑一体机（computer integrated machine）和平板电脑（tablet personal computer）等。

1）台式计算机

台式计算机的主机和显示器、鼠标、键盘等外部设备都是相对独立的硬件，由于体积大、移动不方便，一般放置在桌子上，故又称为桌面机（图 2.7）。台式计算机具有性价比高、散热性好、扩展性强等优点。

图 2.7　某品牌台式计算机

台式计算机主要有品牌机和组装机两种。

组装机就是自主选择配件（CPU、主板、内存、硬盘、显卡、光驱、机箱、电源、键盘鼠标、显示器等）并组装到一起的计算机。品牌机是有明确品牌标识的计算机，它是由工厂组装，并且经过兼容性测试，对外出售的整套计算机。对于组装机和品牌机，可以从以下几个方面作比较。

（1）稳定性：品牌机的配件采用大批量采购的方式，有自己独立的组装车间和测试车间，配件兼容性好。组装机没有良好的组装环境和测试环境，容易出现兼容性方面的问题。

（2）灵活性：品牌机的配置一般情况下不能更改或挑选余地小，组装机完全可以根据用户的需要和经济条件来进行配置。

（3）价格：品牌机的价格包含了品牌价值和售后服务，所以比相同配置的组装机价格要高。

（4）售后服务：品牌机的售后服务完善，如主要硬件3年、软件1年免费的质保。组装机的售后服务较差，质保期限不一，时间较短。

（5）外观：品牌机的外观时尚美观，容易吸引消费者的眼球，而组装机就只能做到中规中矩。

总结以上，品牌机的优势在于：性能稳定、兼容性好、产品质量有保证、售后服务好、时尚美观。而组装机的优势在于：配置自由、升级性好、性价比高、改造方便。

2）笔记本电脑

图 2.8　某品牌笔记本电脑

笔记本电脑也称手提计算机或膝上型计算机，是一种小型、可携带的个人计算机。笔记本电脑跟台式计算机有着类似的结构组成，其主要优点是体积小、重量轻、携带方便（图2.8）。笔记本电脑的这些优势，使移动办公成为可能。

超轻超薄是目前笔记本电脑的主要发展方向。但要注意，受限于体积，笔记本电脑的性能受到制约，对制造工艺的要求也较高。例如，困扰笔记本电脑发展的一个主要问题是硬件的发热问题，为此笔记本电脑的CPU频率大都是经过降频处理的型号，而显卡也多是集成显卡或核芯显卡。

3）电脑一体机

电脑一体机是介于台式计算机和笔记本电脑之间的一个市场产物，它是将主机和显示器整合到一起的新形态计算机（图2.9）。

电脑一体机平衡了台式计算机和笔记本电脑的优缺点。相比笔记本电脑，其屏幕大，可大大减轻视觉疲劳。相比台式计算机，其体积小，功耗低，便携性好。电脑一体机的键盘、鼠标多采用无线连接方式，机器只有一根电源线，解决了一直为人诟病的台式计算机线缆多而杂的问题。为增强市场竞争力，电脑一体机越来越多地采用多点触摸式技术，使用户能够以直观的手指操作（拖

图 2.9　某品牌电脑一体机

拉、撑开、合拢、旋转）来实现图片的切换、移位、放大、缩小和旋转，实现文档、网页的翻页及文字缩放。

4）平板电脑

平板电脑是一种小型、方便携带的个人计算机，以触摸屏作为基本的输入设备。平板电脑的概念是由比尔·盖茨提出的。从微软（Microsoft）提出的平板电脑概念上看，平板电脑是一款无须翻盖、没有键盘、小到可以放入女士手袋，但功能完整的个人计算机。2002 年 12 月 8 日，微软在纽约正式发布了 Tablet PC 及其专用操作系统 Windows XP Tablet PC Edition。但由于当时的硬件技术水平还未成熟，而且所使用的 Windows XP 操作系统并不适合平板电脑的操作方式，平板电脑并未流行。

2010 年，随着 Apple 公司发售 iPad，在全世界掀起了平板电脑的热潮。iPad 重新定义了平板电脑的概念和设计思想，取得了巨大的成功，从而使平板电脑真正成为一种带动巨大市场需求的产品。这个平板电脑（iPad）的概念和微软那时（Tablet PC）的已不一样了。

需要说明的是，Apple 公司的 iPad 产品属于消费级的产品，主要用于上网、娱乐和简单的办公应用，并不能真正取代个人计算机。如今，市场上各种品牌的平板电脑都是与 Apple 公司的 iPad 类似的产品，由于用户对此类平板电脑的升级需求不高，目前发展趋缓。为了增强平板电脑的生产工具属性，为其配备了外接键盘，并扩展了其接口，在平板电脑的基础上集成了更多笔记本电脑的功能，就演化出了平板笔记本（图 2.10）。

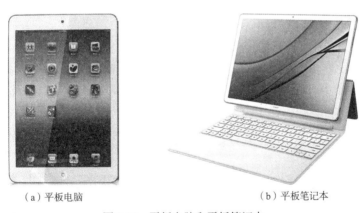

（a）平板电脑　　　　　　　　　　　　（b）平板笔记本

图 2.10　平板电脑和平板笔记本

5. 嵌入式计算机

嵌入式计算机是一种以应用为中心，以微处理器为基础，软硬件可裁剪的，适应于应用系统对功能、可靠性、成本、体积、功耗等综合性严格要求的专用计算机系统。它一般由嵌入式微处理器、外围硬件设备、嵌入式操作系统及用户的应用程序四个部分组成。

嵌入式计算机是计算机市场中增长最快的领域，几乎涵盖了生活中的所有电器设备，如电视机机顶盒、手机、数字电视、多媒体播放器、计算器、汽车、微波炉、数码相机、家庭自动化系统、电梯、空调、安全系统、自动售货机、消费电子设备、工业自动化仪表和医疗仪器等。

图 2.11　智能手机

现在人们使用的智能手机也是从嵌入式计算机系统发展而来的。大多数智能手机处理器都是基于 ARM 架构的，与个人计算机的微处理器有着明显的区别。ARM 架构是 ARM 公司面向市场设计的低成本精简指令集计算机（reduced instruction set computer，RISC）微处理器，具有极高的性价比、代码密度，及时的实时中断响应和极低的功耗，占用硅片的面积极少，是嵌入式系统的理想选择。随着手机从功能手机向智能手机的转变，智能手机与个人计算机的界限越来越模糊，普通人越来越多地使用智能手机来完成以前在个人计算机上完成的任务，如购物、收发邮件、即时通信等，而且这种趋势越来越明显，今后的智能手机将有可能取代个人计算机成为人们最重要的生产生活工具（图 2.11）。

2.2.2　个人计算机的硬件组成

计算机硬件的基本功能是接受计算机程序的控制来实现数据的输入、运算、输出等一系列的操作。计算机发展到今天已经发生了翻天覆地的变化，虽然硬件的基本结构一直沿袭着冯·诺伊曼体系结构（即运算器、控制器、存储器、输入设备和输出设备），但也不断有新的发展和改进。

以个人计算机为例，一般我们看到的个人计算机由主机箱、显示器、键盘和鼠标等部分组成。其中，显示器是输出设备，键盘和鼠标则属于输入设备，那主机箱里是否就是由运算器、控制器和存储器组成的呢？

如果打开主机箱，我们可能会看到很多的组件：主板、CPU、内存、硬盘、显卡、声卡、网卡、光驱、电源等。其中，CPU 是运算器和控制器的集合体，内存则对应着存储器。剩下的设备中，硬盘和光驱是外存设备；显卡、声卡和网卡是与外部设备连接时用到的接口部件；主板则相当于一个工作台，用来连接所有的设备。可以看到，与冯·诺伊曼体系结构相比，计算机硬件组成已经有了不小的变化。下面就对这些部件做个简单的介绍。

1. 主板

主板是计算机系统中最大的一块电路板，主板又叫主机板、系统板、母板。主板由各种接口、扩展槽、插座及芯片组组成，它是计算机各部件相互连接的纽带和桥梁，是计算机最重要的部件之一（图 2.12）。

2. CPU

CPU 是计算机最重要的部件之一，是计算机系统的核心，它的作用相当于人的大脑，其内部结构

图 2.12　某品牌主板

可分为控制单元、逻辑单元和存储单元三部分。

　　个人计算机 CPU 的类型繁多，主要生产厂商有 Intel 和 AMD 两家，其 CPU 产品都有低端、中端和高端等类型（图 2.13）。不管是哪家的 CPU 产品，衡量 CPU 性能的主要指标都是相似的，主要有主频、缓存、内存访问带宽、核心数、线程数等。

图 2.13　Intel i7-8700K

3. 内存

　　广义上的内存泛指计算机系统中存放数据与指令的半导体存储单元，包括随机存储器、只读存储器及高速缓冲存储器（cache）。狭义的内存是指主板上的内存条这个部件，它是随机存储器类型的存储器（图 2.14）。

图 2.14　DDR4 内存条

4. 硬盘

　　硬盘是计算机最主要的外存之一，其容量相对内存来说十分巨大，适合存储海量的数据。目前，个人计算机中常使用机械硬盘和固态硬盘两种类型的硬盘（图 2.15）。

（a）机械硬盘　　　　　　　　　　　　　　　（b）固态硬盘

图 2.15　机械硬盘和固态硬盘的内部构造对比

机械硬盘里面有一个或者多个覆盖有铁磁性材料的盘片，硬盘的磁头用来读取或者修改盘片上磁性物质的状态。硬盘中的数据可以永久保存，不因掉电而消失，但其工作环境要求苛刻，所以通常密封使用。

固态硬盘是采用固态电子存储芯片阵列制成的硬盘，由控制单元和存储单元组成。与机械硬盘相比，其读写速度快、功耗低、无噪声、抗振动、低热量、体积小、工作温度范围大，但价格较高。固态硬盘在接口的规范和定义、功能及使用方法上与机械硬盘完全相同。

5. 显卡

显卡即显示接口卡（又称显示适配器），其用途是将计算机系统所需要的显示信息进行转换驱动，并向显示器提供行扫描信号，控制显示器的正确显示，是连接显示器和个人计算机主板的重要元件。显卡性能的好坏直接影响计算机的图形图像处理能力，对于从事专业图形设计的人来说显卡非常重要。显卡有板卡式（图 2.16）、集成式和核芯显卡三种。

图 2.16　某品牌板卡式独立显卡

6. 声卡

声卡又称音频卡，是计算机进行声音处理的适配器，也是多媒体技术中最基本的组成部分。声卡是用来实现声波和数字信号相互转换的一种硬件，它可以把来自麦克风的原始声音信号转换为数字文件保存在计算机中，也可以把计算机中的数字声音文件输出到耳机、扬声器等声响设备上。声卡有板卡式（图 2.17）和集成式两种。

图 2.17　板卡式声卡

7. 网卡

网卡又称网络接口卡，是局域网中连接计算机和网络传输介质的接口，也是局域网最基本的组成部分之一。网卡的作用是向网络发送数据、控制数据、接收并转换数据。网卡也分为板卡式和集成式两种。

随着无线网络技术的发展，无线上网逐渐流行起来，各种无线网卡产品也纷纷出现。除有板卡式的无线网卡外，还有更加小巧的 USB 接口的无线网卡，携带十分方便，适合无固定网线接口的使用环境（图 2.18）。

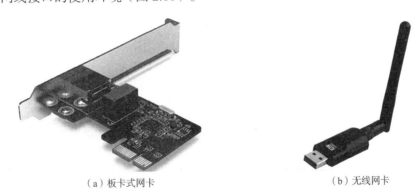

（a）板卡式网卡　　　　　　　　　　　　（b）无线网卡

图 2.18　板卡式网卡和无线网卡

8. 光碟驱动器

光碟驱动器简称光驱，是读取光碟信息的设备，也是多媒体技术中不可缺少的组成部件。光碟存储容量大，价格便宜，保存时间长，适宜保存大量的数据，如声音、图像、动画、视频信息、电影等多媒体信息。

9. 机箱

机箱可以容纳众多的计算机配件，它为这些配件提供安装支架，同时由于机箱多为金属材料，可以有效屏蔽电子器件的电磁辐射，也起到保护用户健康的作用。

10. 电源

电源是计算机的心脏，它把交流 220 V 的电源转换为计算机内部使用的直流 5 V、12 V、24 V 的电源，为计算机中的所有部件提供所需的电能。

随着计算机部件性能的提高，计算机的耗电量也变得越来越大。例如，目前的主流 CPU 和显卡的额定功率都达到了 100 W 的水平，峰值功率就更高了。此外，考虑以后会扩展或更换的设备，电源功率还要留有一定的余量。

11. 显示器

显示器又称监视器，是计算机主要的输出设备，它将计算机内的数据转换为各种直观信息，如字符和图像等。显示器是计算机用户长期面对的设备，是影响用户健康的主要因素，所以挑选质量好的显示器对用户来说很重要。

计算机显示器主要分为阴极射线管（cathode-ray tube，CRT）显示器和液晶显示器（liquid crystal displayer，LCD）两种。CRT 显示器的主要部件是显像管（电子枪），在显示管的屏幕上涂有一层荧光粉，电子枪发射出的电子击打在屏幕上，使被击打位置的荧光粉发光，从而产生图像。LCD 的主要工作原理是以电流刺激液晶分子产生点、线、面，配合背部灯管形成画面。

12. 键盘

键盘是最主要的输入设备之一，通过键盘可以将英文字母、数字、标点符号等输入计算机，实现向计算机发出命令和输入数据等。

13. 鼠标

鼠标因形似老鼠而得名，它使得计算机的操作更加简便，是使用最频繁的输入设备。随着图形界面的 Windows 操作系统的流行，鼠标成为必备的输入设备，很多软件的图形界面都需要由鼠标来操作。

以上是对个人计算机的基本组成硬件的简单介绍。下面就其中最核心的组成部件的工作原理和主要性能指标进行详细介绍。

2.3　CPU

2.3.1　CPU 的组成及工作原理

1. CPU 的组成

CPU 是计算机系统的核心部件，它负责处理、运算计算机内部的所有数据，作用相当于人的大脑。一般来说，CPU 主要由运算器、控制器、寄存器及内部总线构成。随着集成电路技术的发展，新型的 CPU 中纷纷集成了各种功能部件，如高速缓冲存储器、浮点处理器等。

运算器是计算机中对数据进行加工处理的中心，它主要由算术逻辑单元（arithmetic and logic unit，ALU）、累加寄存器（accumulator register，AC）、数据寄存器（data register，DR）和程序状态字（program status word，PSW）寄存器组成。运算器的基本操作包括加、减、乘、除四则运算，与、或、非、异或等逻辑运算，以及移位、比较和传送等操作。一般来说，一些 CPU 无法执行或执行效率低的处理工作会由协处理器辅助完成，而有些协处理器已建于 CPU 中。

控制器是计算机的控制中心，主要负责指令译码，其功能是从内存中读取二进制形式的指令，分析并发出为完成该指令所需要的各种微操作控制的电子信号，它决定了计算机运行过程的自动化。控制器一般由程序计数器、指令寄存器、指令译码器、时序发生器和操作控制器组成。

一般来说，CPU 中至少有 6 类寄存器，其功能如下。

（1）程序计数器：用来存放将要执行的指令地址。计算机执行的程序是一组相关指令的集合。根据冯·诺伊曼机的设计思想，构成程序的指令集合通常会按其执行的顺序存储在地址连续的内存单元中。执行程序时，首先将第一条指令的地址送入程序计数器。执行指令时，程序计数器的值自动递增，始终保持要执行的下一条指令的地址。若为单字长指令，程序计数器的值加 1，若为双字长指令，程序计数器的值加 2，以此类推。当遇到转移指令时，下一条指令的地址由指令中的操作数（其值是地址）指定。

（2）指令寄存器：用来存放即将执行的指令代码。执行指令时，首先把指令读取到数据寄存器，然后再送至指令寄存器。

（3）累加寄存器：简称累加器，当算术逻辑单元执行算术或逻辑运算时，为其提供一个工作区暂时保存一个操作数或者结果。累加器至少要有一个。

（4）数据寄存器：存放由内存中读取的数据或要写入内存的数据，是传输信息的中转站，用来弥补 CPU 与内存之间的速度差异。在单累加器结构的 CPU 中，数据寄存器可兼作操作数寄存器。

（5）地址寄存器：用来存放 CPU 所访问的内存单元的地址。指令中的操作数通常表示为其所在存储单元的地址，即数据的访问也是靠地址实现的。当 CPU 读取或者写入数据或指令时，都要使用地址寄存器和数据寄存器，以弥补 CPU 和内存间的速度差异。

（6）程序状态字寄存器：用于记录当前运算的状态及程序的工作方式。各种的状态标志位为借/进位标志（C）、溢出标志（V）、结果为零标志（Z）、结果为负标志（N）、结果符号标志（S）等。此外，程序状态字寄存器还用来保存中断和系统工作状态等信息。

典型的 CPU 的内部组成结构简图如图 2.19 所示。

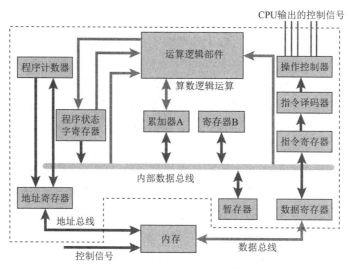

图 2.19　CPU 的内部组成结构简图

2. CPU 的工作原理

CPU 的基本工作就是执行存储在内存中的指令序列（即程序），CPU 每一次操作以指令为单位来执行。CPU 执行指令的操作过程可描述如下。

（1）将程序计数器标识地址的内容送往数据寄存器。

（2）程序计数器内容加 1（或其他值），为取下一条指令准备好地址。

（3）把读出的数据寄存器中的内容送到指令寄存器。

（4）指令译码器对指令寄存器中的内容进行译码。

（5）指令译码器将控制信号送入微操作控制部件，在时序信号配合下，由微操作控制部件向相关的功能部件发送执行指令所需的一切微操作控制信号。

（6）指令执行完毕，回到步骤（1）循环往复地执行一条指令。

简单地说，CPU 取出一条指令，之后译码并执行这条指令，保存执行结果，接着取下一条指令，如此循环直到遇到停机指令，整个过程如图 2.20 所示。

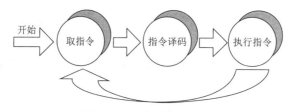

图 2.20　程序的执行过程

2.3.2　指令和指令系统

1. 指令

指令是计算机设计者赋予计算机实现某种基本操作的命令。指令能被计算机硬件理解并执行，是程序设计的最小语言单位。

一条计算机指令是用一串二进制代码表示的，通常包括两方面的信息：操作码和操作数。操作码指明指令要完成的操作的类型或性质，如取数、加法或输出数据等。操作数是指参与运算的数据或其所在的存储单元地址。操作数可以没有，也可以有多个。图 2.21 是各种字长的指令结构。

图 2.21　各种字长的指令结构

指令按其功能可以分为数据传送类指令、运算类指令、程序控制类指令、输入输出类指令、CPU 控制和调试指令。

2. 指令系统

一台计算机所能执行的全部指令的集合，称为计算机的指令系统。指令系统是根据计算机使用要求设计的，不同种类的计算机的指令系统包含的指令种类和数目也不同。指令系统是表征一台计算机性能的重要因素，它的格式与功能不仅直接影响计算机的硬件结构，而且直接影响系统软件。

复杂指令集计算机（complex instruction set computer，CISC）和精简指令集计算机（reduced instruction set computer，RISC）是当前设计和制造微处理器的两种典型技术。

1）CISC

早期的计算机计算能力不强，为了软件编程方便和提高程序的运行速度，人们不断地将越来越多的复杂指令加入 CPU 指令系统中，以提高计算机的处理效率，最终逐步形成 CISC。CISC 的指令系统拥有 300～500 条指令，甚至更多。

然而物极必反，日益庞杂的指令系统不但不易实现，还可能降低系统性能。研究结果表明，CISC 存在明显缺点，各种指令的使用率相差悬殊。分析统计指出：只有 20% 的指令集会在 80% 的场合用到，而 80% 的指令集只有 20% 的场合需要使用。另外，复杂的指令系统导致了结构复杂性，增加了设计的时间和成本，也容易造成设计失误。

2）RISC

针对 CISC 的弊病，人们提出了精简指令的设计思想：指令系统应当只包含那些使用频率很高、功能简单、能在一个节拍内执行完成的指令，并提供一些必要的指令以支持操作系统和高级语言。按照这个原则设计而成的计算机称为 RISC。

RISC 的设计原则使系统设计变得高效，它将那些能有效提升系统性能的指令功能用硬件实现，其余大部分都用软件实现。对于那些实现复杂功能的复杂指令，只保留那些经验证明的确能提高计算机性能的指令。指令经过精简后，计算机体系结构自然趋于简单，运算速度更快，程序运行时间缩短。

事实上，CISC 和 RISC 的产品同时存在于市场上，CISC 专注于桌面、高性能和民用市场，而 RISC 专注于高性能、高性能功耗比、小体积及移动设备领域。以 Intel 公司 X86 为核心的 PC 系列是基于 CISC 的体系结构，而 Apple 公司的 Macintosh 则是基于 RISC 的体系结构产品，手机 CPU 的 ARM 架构也是基于 RISC 的。目前，CISC 和 RISC 正在逐步走向融合。很多 CPU 产品，其内核是基于 RISC 的体系结构，当它们接受 CISC 指令后会将其分解成 RISC 指令。

2.3.3　CPU 的主要技术指标

1. 主频

计算机中各种电子器件的工作依赖于电信号，相互间要协同工作，那么怎样协调呢？就像大学生在军训时一样，为了走出整齐的步伐，通常会喊一二三四的口号来协调每个人的动作。电子器件的工作也有这样的节拍信号，这就是时钟信号，其形式是按一定电压幅度、一定时间间隔连续发出的脉冲信号。

CPU 的主频就是 CPU 内核工作的时钟信号的频率，其单位为 MHz（或 GHz）。通常说某个 CPU 是多少兆赫兹的，指的就是 CPU 的主频。主频是影响 CPU 性能的一个重要因素，提高主频对于提高 CPU 运算速度至关重要。但 CPU 的主频并不代表 CPU 的运算速度，CPU 的运算速度还要看 CPU 的核心数、线程数、总线等各方面的性能指标。CPU 的主频有如下的计算公式：

$$CPU 的主频 = 外频 \times 倍频$$

频率单位换算：$1\,kHz = 10^3\,Hz$，　$1\,MHz = 10^3\,kHz$，　$1\,GHz = 10^3\,MHz$。

例如，Intel 酷睿 i3 3220 CPU 的外频为 100 MHz，倍频为 33 倍，则主频为 100 MHz × 33 = 3.3 GHz。

1）外频

在计算机的主板上会连接各种硬件设备，以 CPU 为主，内存和各种外围设备为辅。这么多的设备要一起工作，它们之间的联络和数据交换，都必须正确无误，分秒不差。因此，需要一个固定的时钟来做时间上的校正、协调或者参考。这个时钟由主板上的时钟发生器产生，就是所谓的外频。

外频是 CPU 乃至整个计算机系统的基准频率，即系统总线的工作频率。计算机系统中大多数部件的工作频率都是在外频的基础上乘以系数来实现，这个系数可以大于1（倍频），也可以小于1（分频）。

2）倍频

倍频是指 CPU 主频与外频之间的相对比例关系。在相同的外频下，倍频越高，CPU 的主频也越高。一般的 CPU 产品都是锁了倍频的，而有些黑盒版或编号后面带 K 的 CPU 是不锁倍频的版本，用户可以自由调节倍频。

3）超频和睿频

CPU 超频（over clock）就是将 CPU 的工作频率提高，让其在高于额定频率的状态下稳定工作，以提高计算机的工作速度。根据 CPU 的主频计算公式：主频=外频×倍频，提高外频或倍频都可以提高 CPU 的工作频率。

CPU 超频会让其以超过额定工作频率的状态工作，有时还需要调高电压，所以会导致硬件的发热量增加，从而加速硬件的老化，以致不能稳定工作，甚至损毁硬件。因此，超频需要较强的动手能力，一点一点地提升，以保证 CPU 能稳定工作为前提。

与超频类似，现在的很多 CPU 产品使用一种叫作睿频的技术。睿频可以理解为自动超频，当开启睿频加速之后，CPU 会根据当前的任务量自动调整 CPU 主频，重任务时发挥最大的性能，轻任务时发挥最大的节能优势。睿频加速无须用户干预，自动实现，且处理器运行在技术规范内，安全可靠。这类 CPU 在笔记本电脑等需要节能场景的计算机中十分常见。

4）百万条指令每秒

百万条指令每秒（million instructions per second，MIPS），即每秒钟执行的百万指令数，是衡量计算机运算速度的指标。随着 CPU 技术的发展，出现了流水线、超标量计算、多核、多线程等新技术，主频已不足以衡量计算机的速度，这时用 MIPS 来衡量比较合理。MIPS 的计算公式：MIPS=主频÷（CPI×10^6），（CPI：平均一条指令所需的时钟周期数）。为方便估算，实际中会将 MIPS 按 1 MHz 进行折算。例如，某 ARM Cortex A9 CPU 的 MIPS 约 0.9 每兆赫兹，其主频为 66 MHz，则最大运算速度大约为 0.9×66 MHz=59.4 MIPS。

2. 内存访问速度

前端总线（front-side bus，FSB）是处理器与主板北桥芯片或内存控制集线器之间的数据通道，其频率高低直接影响 CPU 访问内存的速度。这样，CPU 访问内存的带宽计算公式为

$$数据传输最大带宽=（FSB 频率×数据位宽）÷8$$

例如，某 64 位的 Xeon Nocona 处理器，FSB 是 800MHz，则它的数据传输最大带宽是 800 MHz×64 bit÷8=6.4 GB/s。

（注意：带宽单位换算按 1000 的倍数转换，1 GB/s=10^3 MB/s，1 MB/s=10^3 KB/s，1 KB/s=10^3 B/s。）

因为 CPU 的运算速度普遍很快，所以其访问内存的速度就显得十分重要了，否则会造成"瓶颈"效应——CPU 从系统中得到数据的速度不能满足 CPU 运算的速度。快速通道互联（quick path interconnect，QPI）是 Intel 用来取代 FSB 的新一代高速总线，QPI 的传输速率比 FSB 的传输速率快一倍，其实际的数据传输频率是实际的总线时钟频率的两倍，所以使用每秒传输次数（GT/s）这个单位来表示总线实际的数据传输频率。

QPI 在每次传输的 20bit 数据中，有 16bit 是真实有效的数据，其余 4bit 用于循环冗余校验，且由于 QPI 是双向的：在发送的同时也可以接收另一端传输的数据。这样：

$$QPI\ 总线带宽=每秒传输次数 \times 每次传输的有效数据 \times 双向$$

例如：QPI 频率为 6.4 GT/s，其总线带宽=6.4 GT/s $\times$ 2 B $\times$ 2=25.6 GB/s。

AMD 公司的 CPU 采用的是超传输（hyper transport，HT）总线技术，从 HT1.0 发展到 HT3.0，其工作频率从 800 MHz 提高 2.6 GHz，结合 DDR 内存的双倍数据速率特性，在最高双向 32 位通道下，HT 3.0 总线最高带宽=（2.6 GHz $\times$ 2）$\times$（32 bit $\div$ 8 $\times$ 2）= 41.6 GB/s。

3. 缓存

CPU 缓存（高速缓冲存储器）是位于 CPU 与内存之间的临时存储器，它的容量比内存小但速度快。缓存大小也是 CPU 的重要指标之一。设计缓存的目的是解决 CPU 速度和内存速度的速度差异问题——内存的速度跟不上 CPU 的速度。高速缓冲存储器的速度比内存快，但成本高，而且 CPU 内部不能集成太多集成电路，所以高速缓冲存储器一般比较小。后来，CPU 制造商为了进一步提高 CPU 读取数据的速度，又增加了二级高速缓冲存储器，甚至三级高速缓冲存储器。

CPU 在实际工作时往往需要重复读取同样的数据块。缓存的工作原理是当 CPU 要读取一个数据时，首先从缓存中查找，如果找到就立即读取并送给 CPU 处理；如果没有找到，就从相对要慢的内存中读取并送给 CPU 处理，同时把这个数据所在的数据块调入缓存中，这样以后对整块数据的读取都从缓存中进行，不必再调用内存。替换缓存数据的常用算法有：最近最少使用（least recently used，LRU）算法、先进先出（first in first out，FIFO）算法和随机（rand）算法等。

CPU 读取缓存的命中率非常高（大多数 CPU 可达 90%左右），也就是说 CPU 下一次要读取的数据 90%都在缓存中，只有大约 10%需要从内存中读取，这样大大节省了 CPU 直接读取内存的时间。在 CPU 中加入缓存是一种高效的解决方案，整个内存（缓存+内存）变成了既有缓存的高速度，又有内存的大容量的存储系统。

4. CPU 的其他指标

1）核心数和线程数

核心又称为内核，是 CPU 最重要的组成部分，CPU 所有的计算、接收/存储命令、处理数据都由核心执行。多核处理器是指在一个处理器中集成多个完整的计算核心。通过在多个执行核心之间划分任务，多核处理器可在特定的时钟周期内执行更多任务。

应用多核技术还能够使服务器并行处理任务。以前的服务器通常使用多个处理器，相较而言，多核系统更易于扩充，并且能够在更纤巧的外形中融入更强大的处理性能，使得功耗更低、产生的热量更少。

线程是程序执行流的最小单元，是进程中的一个实体，是被系统独立调度和分派的基本单位。线程可以与同属一个进程的其他线程共享进程所拥有的全部资源。同一进程中的多个线程之间可以并发执行。在多核架构中，不同线程可以同时在不同的核心上运行。采用并行编程的软件，在多核处理器上的运行速度会大大提高。

计算机使用的操作系统大多支持并行处理，运行程序时操作系统会把多个程序的指令分别发送给多个核心，从而使得同时完成多个程序的速度大大加快。例如，使用浏览器上网，看似简单的一个操作，实际上浏览器进程会调用代码解析、Flash 播放、多媒体播放、Java、脚本解析等一系列线程，这些线程可以并行地被多核处理器处理，运行速度大大加快。

采用多核心多线程技术是 CPU 今后发展的必然趋势。目前，Intel 和 AMD 的 CPU 产品几乎都是多核心多线程的。例如，Intel 酷睿 i7 8700K 是六核心十二线程的 CPU，AMD 的 r7 2700x 是八核心十六线程的 CPU。

2）核芯显卡

核芯显卡（简称核显）是新一代的智能图形核心，它整合在智能处理器当中，依托处理器强大的运算能力和智能能效调节设计，在更低功耗下实现同样出色的图形处理性能和流畅的应用体验。这种设计上的整合大大缩减了处理核心、图形核心、内存及内存控制器间的数据周转时间，有效提升处理效能并大幅降低芯片组的整体功耗，有助于缩小核心组件的尺寸。

拥有核显的 CPU 可以不用单独配置显卡，所以在笔记本电脑、电脑一体机等对体积、功耗要求很高的计算机产品中使用带核显的 CPU 十分普遍，台式计算机也可以通过选择带核显的 CPU 来降低成本。

3）字长

CPU 在同一时间内能一次处理的二进制数的位数叫字长。在其他条件相同的情况下，字长越长，CPU 处理数据的速度就越快。通常称字长为 8 位的 CPU 叫 8 位 CPU。32 位 CPU 能在同一时间内处理 32 位的二进制数据。

目前，个人计算机的 CPU 字长已达到 64 位，但是很多旧的操作系统和应用软件还是 32 位的，在 32 位软件系统中 64 位字长的 CPU 只作 32 位使用，从而限制了其性能的发挥。因此，64 位 CPU 与 64 位软件（如 64 位的操作系统等）相辅相成才能发挥其性能。

4）制造工艺

微电子技术的发展与进步，在很大程度上是靠工艺技术的不断改进。CPU 的制造工艺是指在生产 CPU 过程中采用的加工各种电路和电子元件，制造导线连接各个元件的制程。通常其生产的精度以纳米（以前用微米）来表示，精度越高，生产工艺越先进，同样的材料可以制造更多的电子元件，连接线也越细，从而提高 CPU 的集成度，CPU 的功耗也越小。

制造工艺的趋势是密集度越来越高，纳米值（IC 内电路与电路之间的距离）也越来越小。1995 年，CPU 的制造工艺是 0.5 μm。目前，Intel 第八代酷睿 CPU 的制造工艺已达到 14 nm，而国产手机 CPU 麒麟 980 的制造工艺更是达到了 7 nm。

2.4 存　储　器

2.4.1 存储器的分类

存储器是计算机系统中用来存放程序和数据的记忆部件。存储器使计算机有了记忆功能，保证了计算机的正常工作。计算机中的全部信息，包括输入的原始数据、计算机程序、中间运行结果和最终运行结果都保存在存储器中，根据控制器指定的位置进行存取操作。

存储器中的存储元可以存放一个二进制代码（0 或 1），即 1 bit。存储元根据存储介质的不同可以是一个双稳态半导体电路或一个 CMOS 晶体管或一个磁性材料的存储元。许多的存储元一起构成了存储器。为了操作方便，存储器通常以字节为单位进行存取操作。而 CPU 向存储器读写数据时，采用字（Word）为单位，一个字由若干字节组成。例如，64 位 CPU，1 Word=8B=64 bit。

根据存储材料的性能及使用方法的不同，存储器有着不同的分类方法。

1. 按存储介质分类

1）半导体存储器

半导体存储器是存储元件由半导体器件组成的存储器，优点是体积小、功耗低、存取时间短；缺点是当电源消失时，所存信息也随之丢失。半导体存储器按其材料的不同，又分为双极型半导体（bipolar semiconductor，BS）存储器和金属氧化物半导体（metal-oxide-semiconductor，MOS）存储器两种。前者具有高速的特点，后者具有高集成度的特点。

2）磁表面存储器

磁表面存储器是在金属或塑料基体的表面涂一层磁性材料作为记录介质，工作时随着载磁体高速运转，通过磁头在磁层上进行读写操作。按照载磁体的形状可分为磁盘和磁带。磁表面存储器用具有矩形磁滞回线特性的材料作磁表面物质，按其剩磁状态的不同而区分“0”或“1”，故这类存储器电源消失后信息不会丢失。

3）光碟存储器

光碟存储器是通过激光在介质盘（磁光材料）表面烧灼非常小的凹点，利用光碟表面对激光束的不同反射程度来存储信息的存储器。光碟存储器具有非易失性、数据记录密度高、可靠性高、耐用性好等特点。

2. 按存储方式分类

1）随机存储器

如果存储器中任何存储单元的内容都能被随机存取（按地址访问），且存取时间和存储单元的物理位置无关，这种存储器称为随机存储器。半导体存储器都是随机存储器。

2）顺序存储器

如果存储器只能按某种顺序来存取，这种存储器称为顺序存储器。例如，磁带存储器就是顺序存储器。

3）直接存储器

磁盘是典型的直接存储器，它的寻道过程可看作随机方式，而在一圈磁道上又是按顺序存取数据的，是介于前两类存储器之间的一类存储器，称为直接存储器。

3. 按存储器的读写功能分类

1）随机读写存储器

随机读写存储器（即随机存储器）是既能读出又能写入的存储器。计算机中的内存部件主要采用的就是这种随机存储器。随机存储器一般采用半导体存储器，信息不能永久保存，一旦断电，保存的数据就会丢失。

2）只读存储器

只读存储器存储的内容是固定不变的，只能读出而不能写入，即使断电，数据也不会丢失。它与随机存储器可共同作为内存的一部分。只读存储器分为掩模型只读存储器（mask read-only memory，MROM）、可编程只读存储器（programmable read-only memory，PROM）、可擦可编程只读存储器（erasable programmable read-only memory，EPROM）（用紫外光擦除）、电擦除可编程只读存储器（electrically-erasable programmable read-only memory，EEPROM），以及近年来出现的闪存（flash memory）。

通常所说的只读存储器和随机存储器都是指半导体介质的存储器，如果只考虑只读存储器的只读属性，则只读性光碟也可看作只读存储器的一种，CD-ROM 即光碟只读存储器。作为半导体介质的只读存储器常见形式如计算机启动用的 BIOS 芯片，以及用来存放一些硬件驱动程序的固件等。

存储器技术的成熟使得随机存储器和只读存储器之间的界限变得模糊，如有一些类型的存储器（如电擦除可编程只读存储器和闪存）结合了两者的特性，这些器件可以像随机存储器一样进行读写，并像只读存储器一样在断电时保持数据。

4. 按信息的可保存性分类

（1）非永久记忆存储器：断电后信息即消失的存储器。
（2）永久记忆性存储器：断电后仍能保存信息的存储器。

5. 按存储器用途分类

1）内存

内存用来存放计算机运行期间要执行的程序与数据，是 CPU 可以直接访问的存储器。内存一般是半导体介质的集成电路，包括随机存储器和只读存储器两种形式。

2）控制存储器

控制存储器是存放控制信息（即微程序）的存储器，它由高速只读存储器构成，是控制器的一部分，在结构上从属于 CPU。

3）高速缓冲存储器

高速缓冲存储器是位于 CPU 与内存之间的临时存储器，其容量比内存要小，但速度快，用于解决 CPU 与内存速度不匹配的问题。高速缓冲存储器和内存都是 CPU 能直接访问的存储器。

4）外存

外存用来存放当前不参与运行的大量信息。当需要访问这些信息时，需要先调入内存才能使用。外存的容量比内存大，价格低，但速度也慢。磁盘、光碟和 U 盘是常用的外存。

2.4.2　存储器的分级结构

按照冯·诺伊曼机的工作原理，程序和数据都放在内存中，CPU 要不断地跟内存打交道，每一条指令都要从内存中读取，被处理的数据也要从内存中读取，计算后的结果还要存放到内存中。

这样的工作方式存在三个主要问题：一是 CPU 的工作频率比内存高得多，两者的速度不匹配；二是内存通常价格昂贵，容量有限；三是内存中的程序和数据不能永久保存。

针对第一个问题，设计者通过在 CPU 和内存之间增设高速缓冲存储器较好地解决了这个问题。而对于第二个和第三个问题，解决的办法是增设外存。外存成本低，容量大，且能永久保存数据。这样，内存中只存放当前正在运行的程序和正处理的数据，暂时不用的程序和数据都放在外存中。这样，计算机的存储结构就呈现了明显的层次结构。

存储器的分级结构是一种兼顾成本和效率的方法，能较好地平衡速度、容量、价格这三个存储器主要指标。一般来说，存储器速度越快，价格越高，也越难做到大容量。通常计算机存储器的分级结构可简单划分为高速缓冲存储器、内存和外存三级。而一套完整的存储器分级结构的层次更多，如图 2.22 所示。

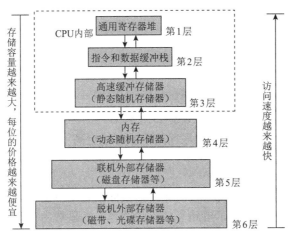

图 2.22 存储器的分级结构

2.4.3 内存

内存用来存放程序和数据,是 CPU 直接与之打交道的存储器,是冯·诺伊曼体系结构中非常重要的组成部分。从硬件组成上看,内存包括高速缓冲存储器(CPU 内部)、内存条(随机存储器)及主板上的 BIOS 芯片(只读存储器)。习惯上人们直接把内存条称呼为内存,它是内存最主要的组成部分。

1. 内存的地址空间

内存条是随机存储器形式的内存,CPU 按地址访问其中的存储单元,地址是一组二进制形式的数字编码。每一个物理存储单元(大小为 1 B)分配一个号码,以方便找到它来完成数据的读写,这就是所谓的寻址。内存的地址空间也叫寻址空间,是指对内存编码的范围,取决于 CPU 的地址总线大小,地址空间的大小和存储器的物理大小并不一定相等。例如,32 位 CPU 的地址总线为 32 位,其编码范围为 2^{32},总共可以表达 2^{32} B= 4 GB 的存储空间,即使安装 8 GB 的内存,也只能按 4 GB 使用。所以,64 位 CPU 配合 64 位操作系统,才能识别支持 4 GB 以上的大容量内存。

2. 内存的主要技术指标

1)存储容量

内存的存储容量是指存储器中可以容纳的存储单元总数,通常以字节为单位。内存容量是多多益善,但要受到 CPU 和操作系统所支持的寻址空间的限制。目前计算机的内存容量普遍达到吉字节规模。

2)存储速度

内存的存储速度用存取一次数据的时间来表示,单位为纳秒,1 s=10^9 ns。存取时间越短,速度就越快。存取速度有时也用频率表示,换算关系为 1 ns=1 GHz。通常对内存的型号也用频率称标。例如,DDR3 1600 的内存,其主频为 1600 MHz。

由于 CPU 的时钟频率远远高于其他部件，所以内存的存储速度是越快越好，以便最大限度地提升计算机运算的速度。

3）内存位宽

内存的位宽就是指在一个读或者写时钟的作用下，一次可以往内存读或者写多少位数据。内存的位宽有 32 位、64 位、128 位、256 位等，位宽越大，数据传输越快。内存条的位宽一般为 64 bit，用于显卡的显存的位宽可能更高。

4）内存带宽

内存带宽是用来衡量内存传输数据能力的指标，它用单位时间内传输的数据量来表示。内存带宽越大，通往 CPU "道路"的流量就越大，显然内存带宽对于计算机的性能有直接影响。内存带宽的计算公式为

$$内存带宽 = 内存频率 \times 内存位宽 \div 8$$

例如，某计算机使用型号为 DDR3 1600 的内存，内存位宽为 64 位，计算其内存带宽为 1600 MHz × 64 bit ÷ 8=12800 MB/s，即 12.8 GB/s（1 GB/s=1000 MB/s）。

5）内存双通道技术

由于内存带宽跟不上 CPU 访问内存的速度（CPU 访问内存的带宽>内存带宽），设计者发明了内存双通道技术来提升内存带宽。内存双通道就是设计两个内存控制器，这两个内存控制器可相互独立工作，每个控制器控制一个内存通道。在这两个内存通道内，CPU 可分别寻址、读取数据，可让有效等待时间缩减 50%，从而使内存的带宽增加一倍。

例如，某 CPU 的 QPI 总线频率为 6.4 GT/s，其总线带宽=6.4 GT/s × 2 B × 2=25.6 GB/s。单独使用 DDR3 1600 的内存，其内存带宽为 12.8 GB/s 只有 CPU 访问速度的一半，采用内存双通道技术后，带宽提升为 12.8 GB/S × 2=25.6 GB/s，正好与 CPU 的带宽匹配，防止了性能瓶颈的出现。

内存双通道技术要求相同容量相同品牌型号的内存条成对使用，一根内存条是无法组建双通道的。它与内存条的具体型号关系不大，能否采用双通道取决于主板是否支持，可以通过 BIOS 设置实现。随着对计算机性能的极致追求，甚至出现了内存三通道、四通道技术。

3. 内存条的种类

前面在描述内存的型号时出现了一个名词 DDR3，它是一种计算机内存的规格。内存在其不断的发展过程中出现了不同的种类形式，主要有以下几种。

1）EDO DRAM

EDO DRAM 是 20 世纪 90 年代初盛行一时的内存条，主要应用在当时的 486 及早期的 Pentium 电子计算机上。

2）SDRAM

SDRAM 将 CPU 与随机存储器通过一个相同的时钟锁在一起，使 CPU 和随机存储器能够共享一个时钟周期，以相同的速度同步工作，每一个时钟脉冲的上升沿便开始传递数据，速度比 EDO DRAM 内存提高 50%，是 Pentium 及以上机型使用的内存条。

3）DDR RAM（双倍速率 SDRAM 存储器）

随着 SDRAM 的带宽到达瓶颈，无法适应 CPU 的高速，DDR RAM 出现了。DDR RAM 是 SDRAM 的更新换代产品，它允许在时钟脉冲的上升沿和下降沿传输数据，这样不需要提高时钟的频率就能加倍提高 SDRAM 的速度。

4）DDR2

相较于 DDR RAM 内存，DDR2 内存却拥有其两倍的内存预读取能力。即 DDR2 内存每个时钟能够以四倍外部总线的速度读/写数据，并且能够以内部控制总线四倍的速度运行。

DDR 内存的频率可以用工作频率和等效频率两种方式表示。工作频率是内存颗粒实际的工作频率，等效频率是工作频率的两倍。DDR2 的等效频率是工作频率的四倍。例如，DDR 400 的工作频率是 200 MHz，而等效频率是 400 MHz；DDR2 800 的工作频率是 200 MHz，而等效频率是 800 MHz。

5）DDR3

新一代的 DDR3 比 DDR2 有更低的工作电压，从 1.8 V 降到 1.5 V，性能更好、更省电。DDR3 的预读从 DDR2 的 4 bit 升级为 8 bit，速度再提高一倍。DDR3 内存的等效频率是工作频率的八倍。DDR3 内存的等效频率从 1 066 MHz 起跳，最高可达 2 400 MHz。

6）DDR4

DDR4 的工作电压降为 1.2 V，比 DDR3 更节能，预读升级为 16 bit，速度比 DDR3 再提高一倍。DDR4 内存将会拥有两种规格：使用单端信号的 DDR4 内存，其传输速率已经被确认为 1.6～3.2 Gbit/s；而基于差分信号技术的 DDR4 内存，其传输速率则将可以达到 6.4 Gbit/s。

2.4.4 外存

计算机存储器按其用途可分为内存和外存。CPU 可以直接访问内存，外存中的数据则必须先导入内存才可以被使用。外存存储容量大，并且不依赖于电源来保存信息，信息可长期保存，但是多由机械部件带动，速度比 CPU 慢得多。外存目前主要使用硬盘、光碟和闪存等。

1. 硬盘

1956 年，IBM 公司生产的 IBM 350 RAM AC 是现代硬盘的雏形，其体积相当于两个冰箱，但储存容量只有 5 MB。1973 年，IBM 3340 问世，它拥有两个 30 MB 的储存单元，这个数值恰好与当时出名的"温彻斯特来复枪"的口径和填弹量相同，所以有了"温彻斯特"这个绰号，并从此确立了硬盘的基本架构。

硬盘在早期也叫作"fixed disk"或者"Winchester"（IBM 产品流行的代码名称）。后来，为了把硬盘与"floppy disk"（软盘，现已淘汰，也是一种利用电磁技术的存储器）区分开来，它的名称就变成了"hard disk"。

1）硬盘的物理结构

硬盘设备通常包括磁盘驱动器、适配器及盘片，它既可以作为输入设备（读取数据），也可作为输出设备（写入数据）。硬盘是利用电磁效应，在磁性材料上记录数据，就像录音带可通过录放机反复地录音一样，记录在磁盘上的数据也可以反复地被改写。硬盘内部结构如图 2.23 所示。

图 2.23　硬盘内部结构

磁头是硬盘中最昂贵的部件，其技术水平的高低直接影响硬盘的容量和读写速度，是硬盘技术中最重要和最关键的一环。早期硬盘磁头是读写合一的电磁感应式磁头，盘片密度可达 20 MB/in^2[①]。磁阻（magneto resistive，MR）磁头采用分离式的磁头结构——写入磁头仍采用传统的磁感应磁头，读取磁头则采用新型的 MR 磁头，即所谓的感应写、磁阻读。采用 MR 磁头，磁道可以做得更窄，盘片密度可达 200 MB/in^2。巨磁阻（giant magneto resistive，GMR）磁头采用多层结构和磁阻效应更好的材料制作，磁头灵敏度更高，盘片密度可达 5 GB/in^2 以上。GMR 磁头是目前较流行的磁头技术。而更新的 CPP-GMR（电流正交平面垂直巨磁阻）磁头从根本上改变了硬盘读写头的架构，将平行于盘片的磁场方向改为垂直（90°），读写数据的紧凑程度是 GMR 磁头的三倍，记录密度可高达 300 GB/in^2。

为实现大容量存储，硬盘大多使用多盘片的设计，在每个盘片的每个面都有一个磁头。磁头靠近主轴接触的表面、线速度最小的地方（即靠近圆心的位置），是一个特殊的区域，它不存放任何数据，称为启停区或着陆区。启停区外是数据区，离主轴最远的地方（最外圈）是"0"磁道，硬盘数据的存放从最外圈开始。

硬盘不工作时，磁头停留在启停区，当需要从硬盘读写数据时，磁盘开始旋转。旋

---

① 1 in=2.54 cm。

转速度达到额定的高速时，磁头就会因盘片旋转产生的气流而抬起，这时磁头才向盘片存放数据的区域移动。盘片旋转产生的气流足以使磁头托起，并与盘面保持一个微小的距离，目前已达到 0.005～0.01 μm，这是人类头发直径的千分之一。磁头的寻道伺服电机多采用音圈式旋转或直线运动步进电机，在伺服跟踪的调节下精确地跟踪盘片的磁道。

由于硬盘磁头的飞行悬浮高度低、速度快，硬盘内部是无尘的密封腔，一旦有微小的尘埃进入，或者磁头与盘体发生碰撞，就可能造成数据丢失，甚至造成磁头和盘体的损坏。硬盘在工作时要避免突然断电、冲击碰撞，以及避免高磁场、高温环境。

2）硬盘逻辑结构

为了方便管理存储的数据，硬盘在逻辑上可以划分为磁道、扇区和柱面。单张磁盘片的逻辑结构如图 2.24 所示。

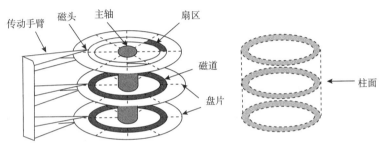

图 2.24　单张磁盘片的逻辑结构

（1）磁道。当磁盘旋转时，磁头若保持在一个位置上，则每个磁头都会在磁盘表面划出一个圆形轨迹，这些圆形轨迹就叫作磁道。磁道用肉眼是无法看到的，它们仅是盘面上以特殊方式磁化了的一些磁化区，磁盘上的信息便是沿着这样的轨道存放的。相邻磁道之间并不是紧挨着的，因为磁化单元相隔太近磁性会相互产生影响，同时也为磁头的读写带来困难。通常，硬盘的一面有成千上万个磁道。

（2）扇区。磁盘上的每个磁道会进一步被等分成若干个弧段，这些弧段便是磁盘的扇区，每个扇区可以存放 512 B（也可能是其他值）的信息。向磁盘读取和写入数据时，要以扇区为单位。

（3）柱面。硬盘通常由重叠的一组盘片构成，每个盘面都被划分为数目相等的磁道，并从外缘的"0"开始编号，具有相同编号的磁道形成一个圆柱，称为磁盘的柱面。显然，磁盘的柱面数与一个盘面上的磁道数是相等的，而磁头数等于盘面数。

所谓硬盘的 3D 参数，即柱面数（cylinders）、磁头数（heads）、扇区数（sectors），也叫 CHS。只要知道了硬盘的 CHS，便可以确定硬盘的容量，其计算公式为

$$硬盘的容量 = 每扇区字节数 \times 扇区数 \times 柱面数 \times 磁头数$$

旧式硬盘的磁头数最大为 255，柱面数最大为 1023，扇区数最大为 63，每个扇区一般是 512B，则其存储容量最大为

$$512 \times 63 \times 1023 \times 255 \div （1\,024 \times 1\,024 \times 1\,024）\approx 7.837\,\text{GB}$$

需要注意的是：硬盘厂商在标称硬盘容量时通常按 1000 倍换算存储容量，即 1 GB= 10^3 MB、1 MB=10^3 KB、1 KB=10^3 B，则计算出的标称容量为

$$512 \times 63 \times 1023 \times 255 \div（1\,000 \times 1\,000 \times 1\,000）\approx 8.414\,GB$$

老式硬盘采用 CHS 寻址方式，最大时能访问 8 GB 左右的硬盘。由于每个磁道的扇区数相等，外圈磁道的记录密度要远低于内圈磁道，会浪费很多磁盘空间。为了解决这一问题，可提高硬盘容量，改用等密度结构来生产硬盘。这样，外圈磁道的扇区比内圈磁道多，采用这种结构后，硬盘不再具有实际的 3D 参数，而以扇区为单位进行寻址，寻址方式变为线性寻址。为了与使用 CHS 寻址的老式软件兼容，在新式硬盘控制器内部安装了一个地址翻译器，它负责将老式 3D 参数翻译成新的线性参数。

（4）簇。扇区是磁盘最小的物理存储单元，但是操作系统无法对数目众多的扇区进行寻址，所以操作系统就将相邻的扇区组合在一起，形成一个簇，然后再对簇进行管理。每个簇可以包括 2 个、4 个、8 个、16 个、32 个、64 个扇区。簇是操作系统所使用的逻辑概念，而非磁盘的物理特性。

操作系统规定一个簇中只能放置一个文件的内容，因此文件所占用的空间，只能是簇的整数倍。如果文件实际大小小于一个簇，它也要占一个簇的空间。在 FAT32 文件系统中使用的簇默认为 4 KB；而在 NTFS 文件系统中，当分区的大小在 2 GB 以下时，簇的大小应该比相应的 FAT32 簇小，即小于 4 KB；当分区的大小在 2 GB 以上时（2 GB～2 TB），簇的大小应该都为 4 KB。

3）硬盘的主要技术指标

（1）容量是硬盘最主要的参数。目前，硬盘的容量以吉字节或太字节为单位，1 TB=1024 GB。但硬盘厂商在标称硬盘容量时按 1000 倍换算存储容量，因此我们在 BIOS 中或在操作系统中看到的硬盘容量会比厂家的标称值要小。硬盘作为主要的外存储器，其成本比内存要低很多。

（2）转速是指硬盘内电机主轴的旋转速度，表示硬盘盘片在 1 min 内所能完成的最大转数，单位为转每分钟（r/min）。转速是标示硬盘性能的重要参数之一，它是决定硬盘内部传输率的关键因素之一，在很大程度上直接影响硬盘的速度。硬盘的转速越快，硬盘寻找文件的速度也就越快，硬盘的传输速率也就得到了提高。

台式计算机硬盘的转速一般有 5 400 r/min 和 7 200 r/min 两种；而对于笔记本电脑则是以 5 400 r/min 为主，更高转速的笔记本电脑硬盘较为少见。服务器对硬盘性能要求最高，服务器中使用的 SCSI 硬盘转速基本都采用 10 000 r/min，甚至达到 15 000 r/min，性能要超出个人计算机产品很多。

较高的转速可缩短硬盘的平均寻道时间和实际读写时间，但也带来了温度升高、电机主轴磨损加大、工作噪声增大等负面影响。笔记本电脑内部空间狭小，对散热性能和降低噪声有更高的要求，所以笔记本电脑硬盘转速要低于台式计算机硬盘。同时转速的提高，意味着电机的功耗将增大，电池的工作时间缩短，所以笔记本电脑硬盘一般都采用较低转速的 5 400 r/min 硬盘。

（3）平均访问时间是指磁头从起始位置到达目标磁道位置，并从目标磁道上找到要读写的数据扇区所需的时间。平均访问时间体现了硬盘的读写速度，平均访问时间=平均寻道时间+平均等待时间，一般以毫秒为单位。

硬盘的平均寻道时间是指硬盘的磁头移动到盘面指定磁道所需的时间。硬盘的等待时间是指磁头已处于要访问的磁道，等待所要访问的扇区旋转至磁头下方的时间。平均等待时间为盘片旋转一周所需的时间的一半。

（4）硬盘的数据传输率是指硬盘读写数据的速度，单位为 MB/s。硬盘的数据传输率是影响硬盘性能的重要参数之一，分为内部传输率和外部传输率。

内部传输率反映了硬盘缓冲区未用时的性能，主要依赖于硬盘的数据传输率。外部传输率是系统总线与硬盘缓冲区之间的数据传输率，它与硬盘接口类型和硬盘缓存的大小有关。

目前硬盘多使用 SATA 接口，又叫串口硬盘。老式硬盘采用并行接口 ATA，最快的 ATA/133 的外部传输率为 133 MB/s。而 SATA 1.0 定义的数据传输率就可达 150 MB/s，SATA 2.0 的数据传输率为 300 MB/s，而最新的 SATA 3.0 的数据传输率则达到了 600 MB/s。

（5）与 CPU 的高速缓冲存储器一样，硬盘缓存的目的是解决系统前后级读写速度不匹配的问题，以提高硬盘的读写速度。硬盘缓存容量也是越大越好。目前，硬盘的缓存已达 16 MB 以上，甚至 64 MB。

4）硬盘的发展趋势

硬盘的数据传输率远远落后于内存，而目前的硬盘技术也逐渐达到极限。所以，采用新技术提升硬盘的性能就显得十分迫切了。目前，除机械硬盘外，还出现了固态硬盘和固态混合硬盘（solid state hybrid drive，SSHD）两种新式硬盘产品。

固态硬盘采用 FLASH 芯片（闪存）作为存储介质，其优点是读写速度快。固态硬盘不用磁头，采用随机读写模式，寻道时间几乎为 0，采用闪存作为存储介质，存取时间极低。此外固态硬盘还具有低功耗、无噪声、抗振动、低热量、体积小、工作温度范围大等优点。固态硬盘的主要缺点是价格较高、具有擦写次数的限制。

固态混合硬盘是把磁性硬盘和闪存集成到一起的一种硬盘。通过增加高速闪存来进行资料预读取，以减少从硬盘读取资料的次数，从而提高性能。固态混合硬盘是处于机械硬盘和固态硬盘中间的一种解决方案。固态混合硬盘如图 2.25 所示。

图 2.25　固态混合硬盘

2. 光碟（CD、DVD）

1）光碟的工作原理

光碟即小型光碟（compact disc，CD）是在光学存储介质上，用聚焦的氢离子激光束存储和读取信息的一种存储器件。

计算机中的数据都是用二进制的"0"和"1"表示的。光碟的读取过程是基于物理上的"光的反射"原理。在光碟的生产过程中，压盘机通过激光在空盘上以环绕方式刻出无数条轨道，轨道上有高低不同的凹进和凸起。当把带有凹、凸那一面向下对着激光头时，激光透过盘片表面透明基片照射到凹凸面上，然后聚焦在反射层的凹进和凸起上。凸起面将激光按原路程反射回去，同时不会减弱光的强度，凹进面则将光线向四面发射出去，通过光的"反射和发散"来识别数据。检测器所得到的信息是光碟上凹凸点的排列方式，通过驱动器中专门的部件进行转换校验后，就得到了实际数据。光碟在光驱中高速的转动，激光头在伺服电机的控制下前后移动读取数据。在实际使用中，激光头透镜沾有污垢或是激光头老化，都会导致读盘困难甚至读不出盘。

2）光碟的结构

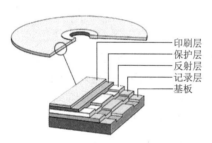

图 2.26　光碟结构图

常见的光碟非常薄，它只有 1.2 mm 厚，却可以存放非常多的信息。光碟主要分为五层，包括基板、记录层、反射层、保护层、印刷层，如图 2.26 所示。

基板一般是无色透明的聚碳酸酯板，具有冲击韧性好、使用温度范围大、尺寸稳定性好、耐候性、无毒性等特点。光碟的厚度为 1.2 mm，直径为 120 mm，中间有孔，呈圆形。光碟数据一面的最表面就是基板。

记录层是光碟最关键的部分，它就是刻录和保存数据的层面，光碟的性能就取决于该层的质量。其工作原理是在基板上涂抹专用的有机染料，以供激光记录信息。由于烧录前后的反射率不同，经由激光读取不同长度的信号时，通过反射率的变化形成"0"与"1"信号，借以读取信息。目前主要使用的有机染料有三种：花菁、酞菁及偶氮。

对于可重写光碟而言，所涂抹的就不是有机染料，而是某种碳性物质，当激光在烧录时，不是烧成一个个的坑，而是改变碳性物质的极性。通过改变碳性物质的极性，来形成特定的"0""1"代码序列。这种碳性物质的极性是可以重复改变的。

反射层用来反射光驱或者刻录机的激光束，低档的盘片可能用铁或者铝，而高档的刻录盘则采用银作为反射介质。如同我们经常用的镜子一样，光线到达此层，就会反射回去。光碟可以当作镜子用就是这一层的缘故。

保护层用来保护光碟中的反射层及记录层，防止信号被破坏。材料为光固化丙烯酸类物质。DVD+/-R 系列光碟还需在以上的工艺上加入胶合部分。

印刷层是用来印刷盘片的客户标识、容量等相关信息的地方，光碟的商标和图案就在这一层。它同时还有保护光碟的作用。

3）光碟的分类

按读/写类型来分，光碟一般可分为只读型、一次写入型和可重写型三种。

只读型光碟（如 CD-ROM、DVD-ROM）是生产厂家预先制作出母盘后大批压制出来的光碟。这种模压式记录使光碟发生了永久性的物理变化，因此其记录的信息只能读出，不能被改写。

一次写入型光碟（如 CD-R、DVD-R）可以通过 CD-R 刻录机向空白的 CD-R 盘写入数据，写入过程使光介质的物理特性发生了永久性变化，因此只能写一次。

可重写型光碟（如 CD-RW、DVD-RW）可以随机写入、擦除或重写信息。其特点是介质材料发生的物理特性改变都是可逆变化，因此是可重写的。可重写型光碟，成本较高，随着移动硬盘的出现，其优点并不突出，因此市场普及率并不高。

4）光碟的容量

现在计算机使用的光碟大致可以分为 CD 和 DVD 两种。随着 DVD 技术的成熟与普及，DVD 已取代 CD 成为主流。CD 光碟的最大容量是 650～700 MB。DVD 按单/双面与单/双层结构的各种组合，可以分为单面单层（DVD-5，容量 4.7 GB）、单面双层（DVD-9，容量 8.5 GB）、双面单层（DVD-10，容量 9.4 GB）、双面双层（DVD-18，容量 17 GB）。

随着人们对多媒体品质的要求越来越高，需要光碟储存高画质的影音及高容量的资料，新一代的光碟格式随之产生，主要有蓝光光碟（blu-ray disc，BD）和 HD DVD（high definition DVD）两种。BD 因其采用的激光波长为 405 nm，刚好是光谱之中的蓝光而得名，其竞争对手是 HD DVD。HD DVD 容量可达单面单层 15 GB、单面双层 30 GB；而 BD 则达到了单面单层 25 GB、双层 50 GB、三层 75 GB、四层 100 GB。

CD、DVD、HD DVD 及 BD 的容量有如此大差异，与其采用的激光光束的波长有密切关系。光碟的记录密度受限于读出的光点大小（即光学的绕射极限），传统光碟技术要提高记录密度，一般通过使用更短波长的激光或提高物镜的数值孔径（numberical aperture，NA）来使光点缩小。例如，从 CD（780nm，NA=0.45）到 DVD（650nm，NA=0.6），再到 BD（405nm，NA=0.8），如图 2.27 所示。

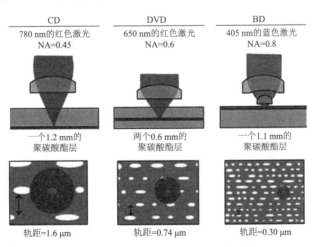

图 2.27 CD、DVD、BD 光碟结构对比

光驱是读取光碟信息的设备。随着多媒体应用的越来越广泛,光驱已经成为个人计算机中的标准配置。目前,光驱可分为 CD-ROM 光驱、DVD 光驱(DVD-ROM)、COMBO 光驱和刻录光驱等几种。光驱外观如图 2.28 所示。

图 2.28　光驱外观图

CD-ROM 光驱:是用来读取 CD 光碟的光驱。

DVD 光驱:是用来读取 DVD 光碟的光驱,除了支持 DVD-ROM、DVD-VIDEO、DVD-R 外,还向下兼容 VIDEO-CD、CD-ROM 等格式。

COMBO 光驱:按音译叫作"康宝",COMBO 光驱是一种集合了 CD 刻录、CD-ROM 和 DVD-ROM 的多功能光存储产品。

刻录光驱:包括 CD-R、CD-RW 和 DVD 刻录机等,其中 DVD 刻录机又分 DVD+R、DVD-R、DVD+RW、DVD-RW(W 代表可反复擦写)和 DVD-RAM。刻录机的外观和普通光驱差不多,只是其前置面板上通常都清楚地标识着写入、复写和读取三种速度。

如何判别光驱的速度呢? 通常所说的 32 速、24 速等就是指光驱的读取速度。在制定 CD-ROM 标准时,人们就把在 1h 内读完一张 CD 盘的速度定义为 1 倍速,即 150 KB/s。后来驱动器的数据传输率越来越快,就出现了倍速、4 倍速直至 24 倍速、32 倍速甚至更高的倍速。32 倍速驱动器理论上的数据传输率应该是 $150 \times 32 = 4\,800$ KB/s。当 DVD 出现后,人们沿用了同样的规定,也规定 DVD 的 1 倍速为 1 h 读完 1 张 DVD 盘。CD 盘和 DVD 盘的容量是不同的,前者容量一般为 650 MB,而后者容量则为 4.7 GB 左右。在相同的 1 倍速下,CD 的读取数据的速度约为 150 KB/s,而 DVD 的速度则在 1 350 KB/s 左右。

除了数据传输率外,平均查找时间是衡量光驱的另一指标,1 倍速光驱的平均查找时间约为 400 ms。另外,跟硬盘一样,光驱也通过设置缓存来提高数据传输的效率。光碟上读出的数据先存在缓存里,然后再以很高的速度传输到计算机上。

3. 闪存

闪存是一种长寿命的非易失性的存储器,闪存的数据不是以单个的字节为单位而是以固定的区块为单位,区块大小一般为 256 KB～20 MB。闪存是电擦除可编程只读存储器的变种,与电擦除可编程只读存储器不同,它能在字节水平上进行删除和重写,而不是整个芯片擦写,更新速度更快。

闪存断电时仍能保存数据,通常被用来保存设置信息,如计算机的 BIOS。此外,手机、数码照相机、MP3 播放器等电子产品中的存储器也多采用闪存技术。闪存卡是利用闪存技术做成的存储电子信息的存储器。常见的闪存卡种类有 U 盘、CF 卡、SM 卡、SD/MMC 卡、记忆棒等。这些闪存卡虽然外观、规格不同，但是技术原理都是相同的。其中，U 盘已经取代软盘成为最常用的个人计算机移动存储器件。目前个人常用的 U 盘和 Micro SD 卡如图 2.29 所示。

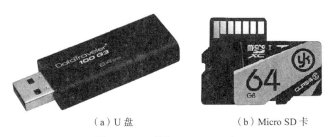

（a）U 盘　　　　　　　　　　（b）Micro SD 卡

图 2.29　U 盘和 Micro SD 卡

　　U 盘是目前广泛使用的移动存储设备之一。与早期使用的软盘相比：容量上，U 盘已达吉字节，远远超出软盘 1.44 MB 的容量；读写速度上，U 盘采用 USB 接口，读写速度比软盘高许多；稳定性上，U 盘没有机械读写装置，避免了移动硬盘容易因碰撞而造成损坏的缺点。另外，U 盘外形小巧，更易于携带，支持热插拔，使用起来非常方便。

　　USB（即通用串行总线）是一个外部总线标准，用于规范计算机与外部设备的连接和通信。USB 接口不仅传输速率快（USB1.1 是 12 Mbit/s，USB 2.0 是 480 Mbit/s，USB 3.0 是 5 Gbit/s），而且使用方便（即插即用、热插拔）。所以，除了 U 盘外，越来越多的外部设备都采用 USB 接口形式。

2.5　总　　线

2.5.1　总线的基本概念

　　总线是计算机系统中多个功能部件之间传送数据的公共通路，它是计算机中各个子系统的"中枢神经"。总线相连的设备与总线的连接电路称为总线接口。广义上讲，总线不仅是指一组传输线，还包括相应的总线接口和总线控制器。总线构成了计算机系统的互联机构，通过总线，计算机可实现各功能部件之间信息的交换。

1. 总线的划分

　　计算机系统中包含多种总线，在各个层次上提供部件之间的连接和信息交换的通路。根据总线所连接的部件不同，可以将它分为三类。

　　（1）内部总线也称为片总线，是连接 CPU 内部各部件的总线，如在各个寄存器、算术逻辑单元、指令部件等之间的总线连接。内部总线的结构较简单，距离短，速度极高。

　　（2）系统总线是 CPU 连接其他功能部件（内存、I/O 接口等）的总线。系统总线的连接距离较短，传输速率较快。系统总线有多种接口标准，如 ISA 总线、PCI 总线等。

（3）外部总线是连接计算机外部设备或其他计算机系统的总线，也称为 I/O 接口。外部总线传输距离较远，速率较低。例如，键盘鼠标使用的 PS/2 接口，U 盘使用的 USB 总线，硬盘使用的 SATA 总线，等等。

早期总线实际上是处理器芯片引脚的延伸，是处理器与 I/O 接口的通道。这种简单的总线一般由几十根信号线组成，按照这些信号线的功能特性（或者说所传递的信息类型）可分为三类：数据总线（data bus，DB）、地址总线（address bus，AB）和控制总线（control bus，CB）。其中数据总线和地址总线可以是分开的也可以是复用的（即总线在某一时刻表示数据而另一时刻表示地址）。

（1）数据总线用于传送数据信息，每根数据总线每次传送 1 位二进制数。数据总线的位数是计算机系统的一个重要指标，通常与 CPU 的字长相一致。例如，Intel 8086 微处理器字长 16 位，其数据总线宽度也是 16 位。

（2）地址总线用于传送地址信息，其作用是规定数据总线上的数据来自何处或送往何处。例如，CPU 从内存中读取数据，必须将要读取数据的内存地址放到地址总线上，然后才可以取出来。地址总线的位数决定了 CPU 可直接寻址的内存空间大小。例如，8 位计算机的地址总线为 16 位，则其最大可寻址空间为 2^{16}B = 64KB；16 位计算机的地址总线为 20 位，其可寻址空间为 2^{20}B = 1 MB。一般来说，若地址总线为 n 位，则可寻址空间为 2^n B。

（3）控制总线用来传送控制信号和时序信号，其作用是对数据总线和地址总线的访问及使用情况进行控制。控制信号可以是 CPU 送往存储器和 I/O 接口电路的，如读/写信号、片选信号、中断响应信号等；也可以是其他部件反馈给 CPU 的，如中断申请信号、复位信号、总线请求信号、设备就绪信号等。

2. 总线的通信方式

总线在传送信息时，为了同步主方、从方的操作，必须制订通信定时协议。所谓定时，是指事件出现在总线上的时序关系。计算机中的通信方式分为两类：同步通信和异步通信。

（1）同步通信：一般采用公共时钟信号，各功能模块什么时候发送或接收信息都由统一的时钟规定，适用于总线长度较短、各功能模块存取时间比较接近的情况。由于同步总线必须按最慢的模块来设计公共时钟，当各功能模块的存取时间相差很大时，总线效率会大大损失。

（2）异步通信：不需要统一的公共时钟信号，它建立在应答式或互锁机制的基础上。发送端可以在任意时刻开始发送字符，为此必须在每一个字符的开始和结束的地方加上标志，即开始位和停止位，以便让接收端能够正确地将每一个字符接收下来。异步通信不把响应时间强加到功能模块上，适合将速度差异较大的功能模块进行连接，但会增加成本开销。

将同步通信与异步通信作个比较。

（1）同步通信要求发送端和接收端的时钟频率一致，发送连续的比特流；异步通信不要求发送端和接收端时钟同步，两次数据的发送可间隔任意长的时间。

（2）同步通信效率高；异步通信效率较低。

（3）同步通信较复杂，双方时钟的允许误差较小；异步通信简单，双方时钟可允许一定的误差。

（4）同步通信可用于点对多点的通信；异步通信只适用于点对点的通信。

3. 总线传送信息的方式

总线按照传送信息的方式可以分为三种：串行传送、并行传送和分时传送。可以把采用相应传送方式的总线叫作串行总线和并行总线。分时传送更多的是描述数据总线和地址总线的复用方式。

1）串行传送

串行传送方式，数据从低位开始逐位依次传送。发送部件和接收部件之间只有一条传输线，传送"1"时，发送部件发出一个正脉冲；传送"0"时，则无脉冲。串行传送在发送数据前需要进行并/串转换，再逐位传输，并在接收端进行串/并转换，以供接收方使用。串行传送既可以采用同步传输方式也可以采用异步传输方式。串行传送的主要优点是线路成本低，适合远距离的数据传输（外部总线越来越多采用此方式）。

2）并行传送

并行传送方式，信息（数据、地址和控制）的每一位都需要一根单独的传输线进行传送。如要传送 8 位的数据信息，就需要 8 根数据线同时传输。并行传送一般采用电位传送，逻辑时序比较简单，但会占用大量的引脚和布线空间。并行传送多使用同步传输方式，适合于外部设备与计算机之间近距离的信息交换（内部总线、系统总线多用此种方式）。

在相同频率下，并行传送的效率是串行传送的几倍。但随着传输频率的提高，并行传输线中信号线与信号线之间的串扰越加明显，并行传输的频率达到 100 MHz 已经很难了。而串行传输由于没有串扰，频率可以进一步提高，甚至达到超越并行传输的地步，且成本低，传输距离更长。例如，早期的 PATA 硬盘（并行接口硬盘），最高速率为 150 MB/s，目前的第三代 SATA 硬盘（串行接口硬盘）的速率则达到了 600 MB/s。常见的 USB 接口也是串行接口的一种。

3）分时传送

分时传送的概念有两种。一种是采用总线复用方式，某个传输线上既传送地址信息，又传送数据信息，该方式需要划分时间片，以便在不同的时间间隔中完成传送地址和传送数据的任务。另一种是指共享总线的多个部件通过分时的方法使用总线。

2.5.2 总线的技术指标

1. 总线宽度

总线宽度是指总线能同时传送的二进制数据的位数，即数据总线的位数。例如，32位、64 位等总线。总线的位宽越宽，每秒数据传输率越大，总线带宽越高。

2. 总线频率

总线频率是总线的实际工作频率，即每秒传输数据的次数，通常以兆赫兹为单位。工作频率越高，总线工作速度越快，带宽越高。

3. 总线带宽

总线带宽（即数据传输率）是指单位时间内总线上传送的数据量，单位一般为 MB/s。总线带宽的计算公式为

$$总线带宽 =（总线的位宽 \div 8）\times 总线频率$$

例如，工作频率 66 MHz 的 32 位总线的带宽 =（32 bit $\div$ 8）$\times$ 66 MHz = 264 MB/s。

2.5.3　总线接口及标准

1. 总线接口

对于一个计算机系统而言，可连接的外部设备种类繁多，速度各异，把外部设备全部连接到 CPU 上是无法实现的。通常由适配器（adapter）来完成外部设备同计算机中部件的连接。通过适配器可以实现高速 CPU 与低速外部设备之间工作速度上的匹配和同步，并完成两者间的数据传输和控制。

适配器通常称为接口（interface）。广义地讲，接口就是指 CPU 和内存、外部设备之间通过总线进行连接的逻辑部件。接口部件在动态连接的两个部件之间起着"转换器"的作用，以便实现彼此之间的信息传送。例如，显卡是连接主机与显示器的接口；声卡是连接主机与音箱、麦克风等部件的接口；网卡是连接主机与集线器、交换机、路由器等部件的接口。

2. 总线标准

早期的计算机系统中，其总线标准只供自己和配套厂家使用，与其他生产厂家往往不相同，这样就造成了彼此间缺乏互换性，阻碍了计算机的推广应用。随着计算机技术的发展和普及，对总线标准化的需求日益增强。IEEE 先后制定的总线标准，得到了较大程度的认同。

总线标准化的最大好处是生产厂家只要遵照相同系统总线的要求，生产出的功能部件就能用在有这种总线的任何计算机上。采用总线标准设计生产的计算机，开发周期短，风险减少，更易被用户接受。

个人计算机中常见的总线及接口有以下几种。

（1）FSB 是将 CPU 连接到北桥芯片的总线。Intel 公司生产的 CPU 中，FSB 现已被 QPI 总线和 DMI 总线所取代。

（2）硬盘的总线接口负责在硬盘缓存和主机内存之间传输数据，常见的有 SCSI、ATA、SATA 等。SATA 是串行 ATA 的英文缩写，是目前主要的接口形式；SCSI 则主要用于服务器的硬盘。

（3）目前常见的显卡接口标准为 PCI-E。

（4）目前网卡、声卡主要使用 PCI 接口标准。

（5）鼠标和键盘主要使用 PS2 或 USB 接口，网络媒体使用 RJ-45 接口，显示器使用 VGA 或 DVI 接口。常见的主板外设接口如图 2.30 所示。

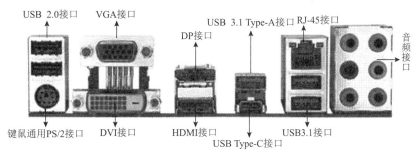

图 2.30　常见的主板外设接口

2.6　输入输出设备

输入输出（input/output）设备即 I/O 设备，指可以与计算机进行数据传输的硬件，它们是计算机系统中不可缺少的组成部分，是最重要，也是最基本的外围设备。由于它位于计算机主机之外，通常简称为外设。随着计算机的高速发展，外围设备所涉及的技术领域越来越广。

输入设备是指向计算机输入数据或信息的设备。常见的输入设备如键盘（keyboard）、鼠标（mouse）、扫描仪、摄像头等。输出设备是将计算机中的数据进行输出的设备，它把各种计算结果数据或信息以数字、字符、图像、声音等形式表示出来。常见的输出设备如显示器、打印机、绘图仪、音箱等。

外部储存器（硬盘、光碟、U 盘等）也是计算机的外部设备，它既可以执行输入操作也可以执行输出操作。例如，硬盘可以将数据传送到内存供 CPU 访问使用，同时也可以将 CPU 计算出的结果从内存输出到磁盘上来保存。

下面介绍一些常用的输入输出设备的工作原理和分类。

2.6.1　输入设备

1. 键盘

键盘是最常用的输入设备，它由一组开关矩阵组成，包括数字键、字母键、符号键、功能键及控制键等。每一个按键在计算机中都有它的唯一代码。当按下某个键时，键盘接口将该键的二进制代码送入计算机主机中，并将按键字符显示在显示器上或激活相应的控制功能。

标准的 104 键的键盘是最常见的键盘，它在原先的 101 键的键盘基础上增加了 Windows 专用键，包括两个 Win 功能键和一个右键菜单键。后来出现的 108 键的键盘又比 104 键的键盘多了与电源管理有关的键，如开关机、休眠、唤醒等。标准 104 键盘如图 2.31 所示。

图 2.31 标准 104 键盘示意图

不管键盘形式如何变化，基本的按键排列还是保持基本不变，主要分为主键盘区、功能键区、控制键区和数字键区四个部分。

按照键盘的工作原理和按键方式的不同，大致分为以下两类。

1）塑料薄膜式键盘

塑料薄膜式键盘由面板、上电路、隔离层、下电路四部分组成。上下电路的双层胶膜中间夹有一条条的银粉线，胶膜与按键对应的位置会有碳芯接点，当按下按键，碳芯接触特定的几条银粉线，即会产生不同的信号（图 2.32）。

图 2.32 塑料薄膜式键盘内部

塑料薄膜式键盘外形美观、新颖，体积小，重量轻，密封性强。其优点是无机械磨损、价格低、噪声小和成本低，是使用最广泛的键盘种类。

2）机械键盘

机械键盘的每一颗按键都有一个单独的开关来控制闭合，这个开关也被称为"轴"，具有工艺简单、噪声大、易维护的特点（图 2.33）。机械键盘打字时节奏感强，长期使用手感不会改变。

机械键盘的产生早于薄膜式键盘，但随后很快被物美价廉的薄膜式键盘所替代，但是机械键盘并没有消失，一直作为高端产品的代表发展到今天。随着越来越多计算机的使用者和游戏玩家对使用键盘的舒适度、手感、品质提出了更高的要求，机械键盘又开始流行了。

图 2.33 机械键盘的按键轴

键盘的接口主要有 PS/2 接口和 USB 接口两种，绝大部分主板都提供 PS/2 接口，而 USB 接口则已经成为新的标准配置。目前，应用无线技术的无线键盘也很常见，使用的也是 USB 接口。无线技术的应用摆脱了键盘线的限制和束缚，可自由地操作，主要有蓝牙、红外线等形式。蓝牙在传输距离和安全保密性方面要优于红外线。红外线的传输有效距离为 1~2 m，而蓝牙的有效距离约为 10 m。

2. 鼠标

鼠标因形似老鼠而得名，它是一种手持式屏幕坐标定位设备，是为适应菜单操作的软件和图形处理环境而出现的一种输入设备，在现今 Windows 操作系统广泛流行的趋势下，鼠标已成为计算机系统的标准配置。

鼠标在其发展过程中，出现了很多种类，但目前主要使用的是以下两种。

1）机械鼠标

机械鼠标底部是一个可四向滚动的胶质小球（图 2.34）。这个小球在滚动时会带动一对转轴转动（分别为 X 转轴、Y 转轴），在转轴的末端都有一个圆形的有孔圆盘。圆盘的两侧有一个红外发光二极管和一个红外感应器。圆盘转动时，没孔的间隔会阻碍发光二极管发出的光线，另一边的感应器就会接收到变化。处理芯片读取红外感应器的脉冲，将其转换为二进制。这些二进制信号被送交鼠标内部的专用芯片作解析处理并产生对应的坐标变化信号。

①滚球
②转轴
③有孔圆盘
④红外发光二极管
⑤红外感应器

图 2.34 机械鼠标内部示意图

图 2.35　轨迹球鼠标

另一种形式的机械鼠标是轨迹球鼠标，外形看上去就像一个倒过来的机械鼠标，其内部原理也与机械鼠标有很多的类似之处。它的最大优点就在于使用时不用像机械鼠标那样到处乱窜，节省了空间，减少了用户手腕的疲劳。轨迹球由于其设计上的特点，有定位精确、不易晃动等优点，适合图形设计、3D设计等场合（图 2.35）。

2）光学鼠标

光学鼠标的底部没有滚轮，不需要借助反射板来实现定位，其核心部件是发光二极管、微型摄像头、光学引擎和控制芯片。工作时发光二极管发射光线照亮鼠标底部的表面，同时微型摄像头以一定的时间间隔不断进行图像拍摄。鼠标在移动过程中产生的不同图像传送给光学引擎进行数字化处理，最后再由光学引擎中的定位 DSP 芯片对所产生的图像数字矩阵进行分析。由于相邻的两幅图像总会存在相同的特征，通过对比这些特征点的位置变化信息，便可以判断出鼠标的移动方向与距离，这个分析结果最终被转换为坐标偏移量来实现光标的定位。

光学鼠标既保留了光电鼠标的高精度、无机械结构等优点，又具有高可靠性和耐用性，并且使用过程中无须清洁也可保持良好的工作状态。使用光学鼠标可能会有这样的情况出现，在玻璃、金属等光滑表面或者某些特殊颜色的表面上鼠标无法正常工作，表现为光标顿滞、颤抖、漂移或无反应，甚至光标遗失。为光学鼠标配一个鼠标垫可以很好地解决此类问题。

衡量鼠标性能的主要指标有分辨率、响应速度和按键点按次数。

（1）分辨率：单位是每英寸测量次数（count per inch，CPI）或点每英寸（dots per inch，DPI）。DPI 反映的是静态指标，用在打印机上或扫描仪上更合适。而鼠标的移动是一个动态过程，用 CPI 来表示鼠标的分辨率更为恰当。鼠标分辨率的选择应该与显示器的分辨率结合起来考虑。例如，1000CPI 的鼠标在桌面上移动 1 in 距离时，光标可以在屏幕上移动 1 000 个像素点，若显示器分辨率是 1 920 × 1 080，则用户只需要在桌面上移动 2 in（约为 51 mm）的距离，就可以将鼠标从屏幕的最左侧移动到最右侧。

（2）响应速度：即刷新率，也叫回报率，指鼠标微型控制单元（microcontroller unit，MCU）与主机的传输频率，单位是赫兹。例如，回报率 125 Hz，MCU 每 8 ms 向主机发送一次数据，500 Hz 则是每 2 ms 发送一次数据。鼠标响应速度越快，意味着用户在快速移动鼠标时，屏幕上的光标能做出及时的反应。

（3）按键点按次数：优质的鼠标内每个微动开关的正常寿命都不少于 10 万次的点击，而且手感适中。它主要影响鼠标的使用寿命。

鼠标常用的接口类型有 PS/2 和 USB 两种。与无线键盘相似，近年来也出现了无线鼠标，主要分为红外线和蓝牙两种。

3. 其他输入设备

1) 触摸屏

触摸屏是一套透明的绝对定位系统，通过感应物理触碰，将其转换为输入信号。触摸屏作为一种最新的计算机输入设备，是目前最简单、方便、自然的一种人机交互方式。智能手机和平板电脑是触摸屏应用最典型的例子。公共信息的查询设备上也都可以见到触摸屏的身影。

2) 扫描仪

扫描仪是利用光电扫描将图形（图像）转换成计算机可以显示、编辑、存储和输出的数字化信息的输入设备。扫描仪可以对照片、文本页面、图纸、美术图画、照相底片、标牌面板等对象进行扫描，提取原始的线条、图形、文字、照片，在计算机中编辑处理及保存。目前扫描仪广泛应用于需要对图形（图像）进行处理的系统中，如考试证件的照片输入、公安系统案件资料管理、数字化图书馆的建设等，都使用了各种类型的图形（图像）扫描仪（图 2.36）。

图 2.36 扫描仪

2.6.2 输出设备

1. 显示器

显示器又称监视器，是计算机必备的输出设备，它将计算机内的数据转换为各种直观信息，如字符和图像等。常用的显示器主要有 CRT 显示器和 LCD 两类。

1) CRT 显示器

CRT 显示器主要由电子枪、偏转线圈、荫罩、荧光粉层和玻璃外壳五部分组成。

首先，在荧光屏上涂满了按一定方式紧密排列的红、绿、蓝三种颜色的荧光粉点或荧光粉条，称为荧光粉单元。相邻的红、绿、蓝荧光粉单元各一个为一组，称为像素。每个像素中都拥有红、绿、蓝（RGB）三原色，三原色是其他各种颜色的基础。

其次，电子枪发射高能电子束去轰击荧光粉层，轰击的目标就是荧光屏上的三原色。电子枪发射的电子束不是一束，而是三束，它们分别受计算机显卡 R、G、B 三个基色视频信号电压的控制，去轰击各自的荧光粉单元。受到高能电子束的激发，这些荧光粉单元分别发出强弱不同的红、绿、蓝三种光，根据空间混色法产生丰富的色彩，而大量的不同色彩的像素就可以组成一张漂亮的画面。

在扫描的过程中，怎样保证三支电子束准确击中每一个像素呢？这就要靠荫罩了，它的位置大概在荧光屏后面约 10 mm 处，为一个厚度约 0.15 mm 的薄金属障板。荫罩上面有很多小孔或细槽，这些小孔或细槽与每一个像素相对应。电子束只能穿过小孔或细槽，然后就击中了同一像素中对应的荧光粉单元。

最后，利用人眼的视觉残留效应和荧光粉的余辉特性，只要三支电子束足够快地向所有排列整齐的像素进行激发，我们就看到一幅完整的图像。至于画面的连续感，则是由场扫描的速度来决定的，场扫描越快，1 s 内形成的图像次数越多，画面就越流畅。24 Hz 的场频可以保证图像活动内容连续的感觉，48 Hz 场频保证图像显示没有闪烁的感觉。通常使用 60 Hz 以上的场频。CRT 显示器的内部结构示意图如图 2.37 所示。

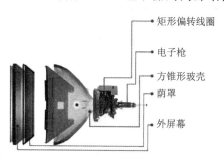

图 2.37　CRT 显示器的内部结构示意图

影响显示器的主要性能指标有显示器尺寸、点距、分辨率和场频等。

显像器尺寸与电视机的尺寸标注方法是一样的，都是指显像管的对角线长度，这个尺寸以英寸为单位，常见的有 15 in、17 in、19 in、20 in 等。

显示器除了看尺寸外，点距也很重要。点距是指荧光屏上两个同样颜色荧光点之间的距离，通常以毫米为单位。点距越小，影像看起来也就越精细。

分辨率是指显示器所能显示的像素点数的多少，反映了屏幕图像的精密度。由于屏幕上的点、线和面都是由点组成的，显示器可显示的点数越多，画面就越精细，屏幕区域内能显示的信息也越多。分辨率是显示器最重要的性能指标之一。以分辨率 1 024 × 768 为例，即每一条水平线上包含有 1 024 个像素点，共有 768 条线。

场频又称"垂直扫描频率"或"刷新率"，指单位时间内电子枪对整个屏幕进行扫描的次数，通常以赫兹为单位。以 85 Hz 刷新率为例，它表示显示器的内容每秒钟刷新 85 次。

显示器通常有 VGA 和 DVI 两种接口。

CRT 彩显由于设计制造的原因，只能接受模拟信号输入，最基本的包含 R\G\B\H\V（分别为红、绿、蓝、行、场）5 个分量，不管以何种类型的接口接入，其信号中至少包含以上这 5 个分量。VGA 接口为 D-15 形式，即 D 形三排 15 针插口。

数字视频接口（digital visual interface，DVI）是随着数字化显示设备的发展而发展起来的一种显示接口。DVI 直接以数字信号的方式将显示信息传送到显示设备中，避免了两次转换过程。另外，DVI 实现了真正的即插即用和热插拔，免除了在连接过程中需关闭计算机和显示设备。

2）LCD

目前，LCD 已逐渐取代了 CRT 显示器，成为主流的显示器。与 CRT 显示器相比，它具有体积小、重量轻、省电、辐射低、易于携带等优点。

LCD 的原理与 CRT 显示器大不相同。LCD 的工作原理是利用液晶的物理特性：当通电时，排列变的有秩序，使光线容易通过；不通电时排列混乱，阻止光线通过。即让液晶如闸门般地阻隔或让光线穿透。

常见的薄膜晶体管液晶显示器（thin film transistor display，TFT display）通过有源开关的方式来实现对各个像素的独立精确控制。为了要让光通过每一个像素，面板被分割且制造成一个个的小门或开关（液晶元件）。首先，多个冷阴极灯管当作光源，其投射出的光线会经过偏光板及液晶。前后两片偏光板之间充满了液晶，利用电场控制液晶分支的旋转，来改变光的行进方向。通过的光线如果打在红色的滤光片上就显示为红色；通过彩色滤光片则提供出三原色，进而通过空间混色法产生各种颜色。简而言之，通过改变加在液晶上的电压值就可以控制最后出现的光线强度与色彩，从而在液晶面板上变化出不同色调的颜色组合。薄膜晶体管液晶显示器的工作原理如图 2.38 所示。

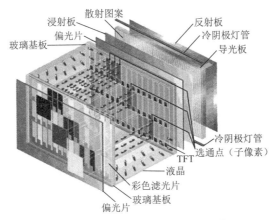

图 2.38　薄膜晶体管液晶显示器的工作原理

LCD 同样也有分辨率和点距的指标，此外还要看对比度、亮度、信号响应时间和可视角度等指标。

对比度越高，图像的锐利程度就越高，图像也就越清晰。对一般用户而言，对比度能够达到 350∶1 就足够了，但在专业领域这样的对比度还不能满足用户的需求。主流的 LCD 品牌的对比度普遍都在 800∶1 以上。

液晶是一种介于固态与液态之间的物质，本身是不能发光的，需借助额外的光源才行。LCD 的最大亮度，通常由冷阴极灯管（背光源）来决定，亮度值一般都在 200～250 cd/m^2。

信号响应时间，指的是 LCD 对于输入信号的反应速度，也就是液晶由暗转亮或由亮转暗的反应时间，通常是以毫秒为单位。要想让图像画面达到不闪的程度，则最好达到每秒 60 帧的速度。响应时间越短，每秒显示的画面帧就越多。16 ms 的响应时间，每秒可以显示 63 帧，已能应付一般电影和游戏的要求。目前，LCD 的响应速度已达到 4 ms，甚至 1 ms。

可视角度。当背光源通过偏光片、液晶和取向层之后，输出的光线便具有了方向性。也就是说大多数光都是从屏幕中垂直射出来的，所以从某一个较大的角度观看 LCD 时，便不能看到原本的颜色，甚至只能看到全白或全黑。为了解决这个问题，制造厂商也着手开发广角技术。目前有三种比较流行的技术，分别是 TN+FILM、IPS 和 MVA。

随着人们对液晶显示器的要求越来越高，液晶显示器呈现出各种不同的发展趋势，现列举以下几种。

IPS 硬屏技术把液晶的可视角度提高到 178°，几乎达到液晶显示技术的极限，基本消除视觉上的"死角"。它之所以被称为硬屏是因为拥有比软屏稳固的液晶分子排列结构的关系。在遇到外力时，硬屏液晶分子结构坚固性和稳定性远远优于软屏，所以不会产生画面失真和影响画面色彩，可以最大限度地保护画面效果不被损害。

LED 背光是指用发光二极管来作为液晶显示屏的背光源。与传统的冷阴极管背光源相比，发光二极管背光具有以下特点：亮度高；长时间使用亮度不会下降；色彩比较柔和；省电、环保、辐射低。

随着数字显示技术的发展，高清晰度电视（high definition television，HDTV）技术逐渐流行起来。HDTV 具有极高的清晰度，分辨率最高可达 1920×1080，帧率高达 60 帧/s，宽高比也由原先的 4∶3 变成 16∶9。个人计算机也承担着影视娱乐的功能，所以符合高清要求，也逐渐成为 LCD 的标准之一。

曲面显示器比普通显示器有更好的体验，曲面屏幕的弧度可以保证屏幕与眼睛的距离均等，避免两端视距过大，从而带来更好的感官体验。

量子点采用直径纳米级别的晶粒，受到光电刺激后会根据晶粒直径的大小不同而激发出高纯度的单色光。量子点的优点是：全色域显示、色彩纯度高、95%接近于自然光、显色性卓越、寿命长，不易老化、效率高、节能性强。

OLED 是有机发光二极管，显示技术具有自发光、广视角、无穷高的对比度、较低耗电、极高反应速度等优点。OLED 主要分为 PM-OLED（被动式有机电激发光二极管）和 AM-OLED（有源矩阵有机发光二极体）。PM-OLED 不适用于显示动态影像，反应速度较慢，较难发展中大尺寸面板，不过较省电。AM-OLED 被称为下一代显示技术，比传统 LCD 具有更宽的视角、更高的刷新率和更薄的尺寸，并具有一定的柔韧性，目前已经应用于高端智能手机上（图 2.39）。

图 2.39　采用 AM-OLED 技术的手机

2. 打印机

打印机用于将计算机的处理结果打印在相关介质上，按照其工作的原理主要分为以下三种。

1）针式打印机

针式打印机是使用最为广泛的一种打印机。其印刷机构由打印头和色带组成。打印头中藏有打印针。人们常说的 24 针打印机是指打印头中有 24 根针的打印机。针式打印机在进行打印时，打印针撞击色带，将色带上的墨印到纸上，形成文字或图形。针式打印机的噪声很大，而且打印质量不好，但由于其极低的打印成本和很好的易用性，在银行、超市等用于票单打印的地方还是可以看见它的踪迹。

2）喷墨打印机

喷墨打印机是利用特殊技术的换能器将带电的墨水喷出，由偏转系统控制很细的喷嘴喷出微粒射线在纸上扫描，并绘出文字与图像。喷墨打印机体积小、重量轻、噪声低、打印精度较高。目前，彩色喷墨打印机因其有着良好的打印效果与较低的价格占领了广大的中低端市场。

3）激光打印机

激光打印机利用激光扫描主机送来的信息，将要输出的信息在磁鼓上形成静电潜像，并转换成磁信号，使碳粉吸附在纸上，经显影后输出。这种打印机打印速度高，印刷质量好，无噪声。近年来，彩色喷墨打印机和彩色激光打印机已日趋成熟，成为主流打印机，其图像输出已达到照片级的质量水平。

对于人们日常办公而言，打印机、复印机和扫描仪都是使用频率很高的外部设备，

图 2.40 多功能一体机（打印、复印、扫描）

近来又出现了集打印、复印和扫描功能为一体的多功能一体机（图 2.40）。与打印机类似，多功能一体机可以分为喷墨型和激光型两大类。

3. 绘图仪

绘图仪可以将计算机的输出信息以图形的形式输出，是一种输出图形的硬拷贝设备，可绘制各种管理图表、统计图、大地测量图、建筑设计图、电路布线图、机械图与计算机辅助设计图等。

图 2.41 绘图仪

绘图仪在绘图软件的支持下可绘制出复杂、精确的图形，是各种计算机辅助设计不可缺少的工具（图 2.41）。现今的绘图仪大都具有智能化的功能，自身带有微处理器，可以使用绘图命令，具有直线和字符演算处理及自检测等功能。绘图仪的性能指标主要有绘图笔数、图纸尺寸、分辨率、接口形式及绘图语言等。

习　题　2

一、单选题

1. 计算机硬件系统主要有以下几部分组成（　　）。

A. 输入设备、存储器、输出设备、运算器、控制器

B. CPU、存储器、运算器、显示器

C. 主机、CPU、显示器、键盘鼠标

D. 输入输出设备、CPU、内存、控制器

2. 冯·诺伊曼体系结构的主要特点是（　　）。

A. 硬连线　　　　　　　　　　　B. 使用二进制数

C. 存储程序　　　　　　　　　　D. 存储数据

3. （　　）不属于计算机中的外部设备。

A. 输入设备　　　　　　　　　　B. 输出设备

C. CPU　　　　　　　　　　　　D. 辅助存储器

4. 软件与硬件之间的关系是（　　）。

A. 没有软件就没有硬件　　　　　B. 没有软件，硬件也能作用

C. 硬件只能通过软件起作用　　　D. 没有硬件，软件也能起作用

5. 通常所说的主机是指（　　）。

A. CPU　　　　　　　　　　　　B. CPU 和内存

C. CPU、内存与外存　　　　　　D. CPU、内存与硬盘

6. 中国的"天河 2 号"计算机属于（　　）。

A. 网络计算机　　　　　　　　　B. 个人计算机

C. 工业计算机　　　　　　　　　D. 超级计算机

7. CPU 是计算机硬件系统的核心，它是由（　　）组成的。

A. 运算器和存储器　　　　　　　B. 控制器和乘法器

C. 运算器和控制器　　　　　　　D. 加法器和乘法器

8. CPU 不包含（　　）部分。

A. 运算器　　　B. 控制器　　　　C. 寄存器　　　　　D. 输出单元

9. CPU 中运算器的作用是（　　）。

A. 控制数据的输入输出

B. 控制内存与外存间的数据交换

C. 完成各种算术运算和逻辑运算

D. 协调和指挥整个计算机系统的操作

10. CPU 中控制器的功能是（　　）。

A. 进行逻辑运算　　　　　　　　B. 进行算术运算

C. 分析指令并发出相应的控制信号　D. 只控制 CPU 的工作

11. 在计算机领域中常用 MIPS 来描述（　　）。

A. 计算机的运算速度　　　　　　B. 计算机的可靠性

C. 计算机的可扩充性　　　　　　D. 计算机的可运行性

12. 只读存储器与随机存储器的主要区别是（   ）。

A. 断电后，只读存储器内保存的信息会丢失，而随机存储器则可长期保存，不会丢失

B. 断电后，随机存储器内保存的信息会丢失，而只读存储器则可长期保存，不会丢失

C. 只读存储器是外存储器，随机存储器是内存储器

D. 只读存储器是内存储器，随机存储器是外存储器

13. CD-ROM 是一种外部存储设备，其特点是（   ）。

A. 只能读不能写   B. 处理数据速度高于硬盘

C. 只能写不能读   D. 既能写也能读

14. 以下（   ）方式可以组建内存双通道技术。

A. 同频率的 8 G 和 16 G 内存条各一根

B. 两条同频率的 8 G 内存条

C. 两条不同频率的 8 G 内存条

D. 不同频率的 8 G 和 16 G 内存条各一根

15. 在表示存储器容量时，1MB 指的是（   ）。

A. 1 000 字节   B. 1 024 字节

C. 1 024×1 000 字节   D. 1 024×1 024 字节

16. 计算机的存储器可以分为（   ）。

A. 内存和外存   B. 硬盘和光碟

C. 固定硬盘和移动硬盘   D. 只读存储器和随机存储器

17. 下列有关存储器读写速度的排列，正确的是（   ）。

A. 随机存储器>高速缓冲存储器>硬盘>光碟

B. 高速缓冲存储器>随机存储器>硬盘>光碟

C. 高速缓冲存储器>硬盘>随机存储器>光碟

D. 随机存储器>硬盘>光碟>高速缓冲存储器

18. 切断计算机电源后，下列存储器中的信息会丢失的是（   ）。

A. 随机存储器   B. 只读存储器

C. 光碟   D. 硬盘

19. 在计算机的性能指标中，用户可用的内存容量通常是指（   ）。

A. ROM 的容量   B. RAM 的容量

C. ROM 和 RAM 的容量总和   D. 硬盘的容量

20. CPU 的地址总线提供（   ）。

A. 数据信号流

B. 所有存储器和 I/O 设备的时序信号及控制信号

C. 来自 I/O 设备和存储器的响应信号

D. 地址信号流

21. CPU 的数据总线提供（   ）。

A. 数据信号流

B. 所有存储器和 I/O 设备的时序信号及控制信号

C. 来自 I/O 设备和存储器的响应信号

D. 地址信号流

22. 以下选项中不属于总线接口标准的是（　　）。

　　A. USB　　　　B. PCI　　　　　　C. DVD　　　　　　D. DVI

23. 显示器的（　　）越高，显示的图像越清晰。

　　A. 对比度　　　B. 亮度　　　　　C. 对比度和亮度　　D. 分辨率

24. （　　）不属于显示器的数字信号接口。

　　A. VGA　　　　B. DVI　　　　　　C. DP　　　　　　　D. HDMI

25. 为了实现视频通话，不需要的外部设备是（　　）。

　　A. 摄像头　　　B. 麦克风　　　　C. 显示器　　　　　D. 打印机

二、填空题

1. CPU 的每一次操作以_____为单位来执行。

2. 一般可以将二进制形式的指令码分为两个部分_____和_____。

3. 计算机中用来实现各部件相互连接的最大的一块电路板叫作_____。

4. 某款 CPU 的外频为 100 MHz，倍频为 37 倍，则其主频为_____GHz。

5. 为了安装个人 Windows 10 操作系统，必须使用字长为_____的 CPU。

6. Intel 的某酷睿系列 CPU，QPI 总线频率为 6 GT/s，其内存访问带宽为_____GB/s。

7. 计算机存储器由内存储器和_____组成。

8. 计算机系统中通常采用三级存储器结构，即_____、内存和外存。

9. 某 DDR4 2400 内存，其数据传输带宽为_____ GB/s。

10. 由于传统硬盘驱动器的发展较慢，现在新出了使用闪存的_____硬盘。

11. 计算机中每 1 024 字节为 1 KB，而硬盘厂商在计算容量时按每_____字节为 1 KB 来计算。

12. 硬盘的磁头磁盘表面划出的一个个圆形轨迹就叫作_____。

13. 在硬盘上划分逻辑空间后，向硬盘读取和写入数据时是以_____为单位。

14. 假设一个硬盘有 4 个盘片，盘片两面可写，每个盘片 100 个磁道，每个磁道 10 个扇区，每个扇区 512B，该磁盘的容量是_____B。

15. 24 倍数的 DVD 光驱，其数据传输率为_____MB/s。

16. 总线一般由几十根信号线组成，按照这些信号线所传递的信息类型分类，可将总线分为_____、_____和_____。

17. 用于将主机与显示器相连的接口部件是_____。

18. 为了将使用老式胶卷的照片保存进计算机中，最好使用_____输入设备。

三、简答题

1. 冯·诺伊曼机的硬件组成包括哪几个部分？各部分的功能是什么？

2. 试为自己配置一台计算机，写明你的主要用途和预算，并列出计算机配置清单。

3. 试列举计算机的主要性能指标。

4. 试说明存储器的分级结构，并解释其原因。

5. 试说明智能手机与个人计算机之间的异同。

第 3 章 操作系统基础

3.1 操作系统的定义

学完前一章，大家是不是很有购机欲望呢？假设现在你拥有了一套完备的硬件，是不是能立刻畅快地使用了呢？那可不一定！举个例子：6 个月大的婴儿，肚子饿了，尽管有奶粉，可他没有冲调的能力。与此类似，对于用户来说，有了 CPU、内存、主板、键盘、鼠标、硬盘、显示器，似乎等于拥有了计算机，可这样的计算机只是一个硬邦邦的冷酷的家伙，他不听你的话，本质上来说，是他听不懂你的话。怎么办？

重回婴儿的例子，当他需要喝奶换尿布的时候，自己又没法做到，那他会怎样？对！他会哭，这个"哭"的信号，被 babysitter 接收到，接下来，冲奶粉换尿布就很简单了。整件事看起来，婴儿天生就有解决问题的思维，自己不会，那么发信号让别人帮忙。

以此为启发，用户不会直接操作计算机硬件，是不是也可以发信号找人帮忙呢？答案是可以的。

实际上，大多数用户使用计算机时常常就是点点鼠标，敲敲键盘。点鼠标、敲键盘就是用户发出的信号，那么，用户的 babysitter 是谁？是操作系统。

操作系统是什么？它为用户做了什么？下面给大家一一解答。

首先，请试想用户直接面对硬件的尴尬（束手无策的感觉）。例如，对某台外部设备，若让用户直接启动其工作，这个用户必须事先了解这台设备的启动地址，了解它的命令寄存器、数据寄存器的使用方法，以及如何发启动命令、如何进行中断处理，而这些细节及设备驱动程序和中断处理程序的编制等均是十分麻烦的。又如，若系统不提供文件管理功能，用户想把程序存放到磁盘上，他必须事先了解磁盘信息的存放格式，具体考虑应把自己的程序放在磁盘的哪一道，哪一个扇区内等，诸如此类的问题将使用户望而生畏。

配置了操作系统之后，用户通过操作系统使用计算机，尽管系统内部非常复杂，但这些复杂性是不呈现在用户面前的，因此可以更充分更高效地利用系统资源。

总结上述：操作系统是控制和管理计算机系统的各种硬件和软件资源，有效地组织多道程序运行的系统软件或程序集合，同时提供用户接口，使用户获得良好的工作环境。可以这么理解操作系统，它面向两个用户提供两种不同的服务。面向硬件系统，操作系统需要处理管理与配置内存、决定系统资源供需的优先次序、控制输入与输出设备、操作网络与管理文件系统等基本事务；面向用户，操作系统则提供用户接口，接受并处理用户的指令，类似于洗衣机上的面板，按下按钮就有相应的反应。

只有配置了操作系统，计算机才变成一个有灵魂的"人"，随您所愿，听您指挥。因此，操作系统是整个计算机系统的核心。

计算机系统的组成

计算机系统由硬件和软件共同组成。软件是由程序、数据和在软件开发过程中形成的各种文档资料组成的。软件可分为以下几类。

系统软件，包括操作系统、编译程序、程序设计语言，以及与计算机密切相关的程序。

应用软件，包括文字处理、表格制作、图形绘制等各种应用程序、软件包。

工具软件，包括各种诊断程序、检查程序、引导程序。

用户直接使用应用软件，而应用软件必须运行在由操作系统及其他系统软件做支撑的平台上，整个计算机系统的结构如图 3.1 所示。

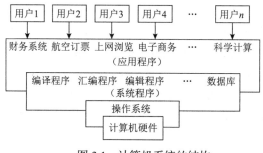

图 3.1　计算机系统的结构

3.2　操作系统的发展历史

早期的计算机运行速度低，外围设备少，程序员直接使用机器语言来编制一个程序，用记录有程序和数据的卡片（punch card）或打孔纸带去操作计算机。程序读入计算机后，计算机就开始工作直到程序停止，如果程序出错，计算机通常都会中途崩溃。在这个过程中，程序员通过控制板的开关和状态灯来操作及调试。程序员独占计算机，编制和运行程序还算是比较简单的。

随着计算机的发展，汇编系统产生了，它帮助用户使用计算机，以助记符代替机器指令来编写程序。除了源程序（汇编语言编写），程序员还需要编写一个汇编解释程序，将汇编语言书写的源程序翻译成机器语言，这相当于一个翻译工作，把汇编语言的意思解释给计算机听。而无论是用机器语言还是汇编语言，都还是手工操作方式，计算问题是一个一个"串行"地进行的，调试和控制程序执行都是通过控制开关及状态灯。这样的工作方式对第一代电子计算机还是适合的，但是随着第二代电子计算机的出现，手工方式就不适合了。例如，在一台第一代电子计算机上花 1 h 计算的一个问题，在计算过程中，人工操作可能花了 3 min，仅仅占总时间的 5%，而对于第二代电子计算机，它拥有高于 10 倍第一代电子计算机的速度，那么这个比例就大大提高了，为 50%，可见手工操作已不能满足计算机发展的需求。20 世纪 50 年代末至 60 年代初，伴随着计算机速度的提高和存储容量的增加，出现了对计算机硬件和软件进行管理与调度的软件——管理程序。它向用户提供多个共享资源来运行他们的程序。这时操作员代替用户操作计算机，而管理程序帮助操作员控制用户程序的执行和管理计算机的部分资源。在它的控制下，允许几道程序同时被接受进入计算机并同时执行，计算问题不再是"串行"地进行，而是可以同时为多个用户共享。当计算机发展到第三代，在硬件条件的支撑下，管理程序迅速地发展成操作系统。

总结上述，操作系统的发展大致经历了四个阶段。

3.2.1　手工操作阶段

从 20 世纪 40 年代末到 50 年代中期，无操作系统。此阶段机器速度慢、规模小、外设少，操作系统尚未出现。计算机的操作由程序员采用手工操作直接控制和使用计算机硬件。手工操作阶段的特点是：软件只用机器语言，无操作系统，手工操作，系统资源利用率低。

3.2.2　批处理操作系统

当主机的速度提高后，由于人工操作的速度慢，严重影响了计算机效率的发挥，为解决"人机矛盾"，出现了批处理操作系统。把"零散的单一程序处理"变为"集中的成批程序处理"的处理方式，批处理操作系统由此产生。当主机速度不断提高，又出现了能支持 CPU 与外部设备并行操作的批处理操作系统。许多成功的批处理操作系统在 20 世纪 50 年代末至 60 年代初出现，其中 IBM OS（配置在 IBM1090/1094 上）是最有影响的批处理操作系统。

3.2.3　操作系统正式形成

并行操作的批处理系统出现不久就发现，这种并行是有限度的，并不能完全消除 CPU 对外部传输的等待。为了充分挖掘计算机的效率，必须在计算机系统内存中存放多道程序，使其同时运行，这就是多道程序设计技术。随后，通道技术、缓冲技术、中断技术等技术的出现使得计算机各部件具有了较强的并行工作的能力；随着磁盘的出现，相继出现了多道批处理操作系统、分时操作系统、实时操作系统，标志着操作系统正式形成。

3.2.4　现代操作系统

计算机元件快速更新及体系结构的不断发展成为操作系统发展的主要动力。计算机由单处理机改进为多处理机系统时，产生了多处理机操作系统和并行操作系统。随着计算机网络的出现和发展，出现了分布式操作系统和网络操作系统。随着信息家电的发展，又出现了嵌入式操作系统。现代操作系统提供多用户、多任务的运行环境，它的核心是具备支持多个程序同时运行的机制。操作系统向着具备多任务并发和资源共享特征的方向发展。

3.3　操作系统的分类

在操作系统的发展过程中，出现了各种不同的类型，操作系统的分类没有一个单一的标准。可以根据工作方式分为批处理操作系统、实时操作系统、分时操作系统、网络操作系统和分布式操作系统等；根据架构可以分为单内核操作系统、微内核操作系统等；根据运行的环境，可以分为桌面操作系统、嵌入式操作系统等；根据指令的长度分为 8 位、16 位、32 位、64 位的操作系统。

下面，根据应用环境和对计算任务的处理方式的不同，主要介绍以下六种操作系统。

3.3.1　批处理操作系统

用户将作业交给系统操作员。系统操作员将许多用户的作业组成一批作业，之后输入计算机中，在系统中形成一个自动转接的连续的作业流，然后启动操作系统，系统自动、依次执行每个作业。最后由操作员将作业结果交给用户。这种成批处理的方式能缩短作业之间的交接时间，减少处理机的空闲等待时间，从而提高系统的资源利用率。

批处理操作系统分为批处理单道系统和批处理多道系统。其中批处理单道系统是一种早期的、基本的批处理操作系统。单道是指一次只有一个作业进入内存运行。注意，多个作业同时输入计算机与多个作业同时进入内存运行是不同的。这种系统能使整个作业自动顺序地运行，节省人工操作的时间。典型代表是 IBM 709 上的 FORTRAN 监督系统（FORTRAN monitor system，FMS）和 IBM 7094 上的 IBSYS-IBJOB。批处理多道系统采用了多道程序设计技术，为了解决处理器运行速度与外设不匹配的问题，允许多个程序同时进入一个计算机系统的内存并运行，典型代表是 IBM 的 DOS。

3.3.2　实时操作系统

实时操作系统是实时控制系统和实时处理系统的统称。所谓实时就是要求系统及时响应外部条件的要求，在规定的时间内完成处理，并控制所有实时设备和实时任务协调一致地运行。

实时操作系统是较少有人为干预的监督和控制系统。仅当系统内的计算机识别到了违反系统规定的行为或者计算机本身发生故障时，系统才需要人为干预。

用于实时控制的计算机系统要确保在任何时候，甚至在满载时都能及时响应。因此，设计实时操作系统的时候，首先要考虑响应及时，其次才考虑资源的利用率。一般要求秒级、毫秒级甚至微秒级的响应时间。

实时控制系统实质上是过程控制系统，通过传感器或特殊的外围设备获取被控对象产生的信号（如温度、压力、流量等的变化），然后对获得的数字或模拟信号进行处理、分析，做出决策，激发一个改变可控过程活动的信号，以达到控制的目的。例如，通过计算机对飞行器、导弹发射过程的自动控制，计算机应及时将测量系统测得的数据进行加工，并输出结果，对目标进行跟踪或者向操作人员显示运行情况。

实时处理系统主要是指对信息进行及时的处理。例如，利用计算机预订飞机票、查阅文献资料等。用户可以通过终端设备向计算机提出某种要求，而计算机系统处理后将通过终端设备回答用户。

实时操作系统的应用十分广泛。例如，监督产品线、控制流水线生产的连续过程，监督病人的各项生理指标是否到达临界点，监督和控制交通灯系统，等等。

3.3.3　分时操作系统

分时操作系统使计算机为多个终端用户服务，每个用户好像有一台专用的计算机为自己服务一样。它采用时间片轮转方式处理每个用户提出的服务请求，并以交互方式在终端上向用户显示结果。分时操作系统的主要特点是：同时性，若干终端用户同时使用计算机；独立性，用户彼此独立，互不干扰；及时性，用户请求能在较短时间内得到回应；交互性，用户能进行人机对话，以交互方式工作（不像批处理操作系统，作业一旦提交，需运行完毕才能根据情况做出修改）。它的主要目标是对用户请求的快速响应。因此，分时操作系统在对系统资源的充分利用及机器效率方面没有批处理操作系统好，在对响应时间的要求方面没有实时操作系统高。现代通用操作系统中都采用了分时处理技术。例如，UNIX 是一个典型的分时操作系统。

3.3.4　网络操作系统

网络操作系统是基于计算机网络的操作系统。所谓的计算机网络是通过通信机构把地理上分散且独立的计算机连接起来的一种网络。网络操作系统提供网络通信和网络资源共享功能，包括网络管理、通信、安全、资源共享和各种网络应用。网络操作系统的目标是用户可以突破地理条件的限制，方便地使用远程计算机资源，实现网络环境下计算机之间的通信和资源共享。例如，Novell NetWare 和 Windows NT 就是网络操作系统。

网络操作系统既要为本机用户提供简便、有效地使用网络资源的手段，又要为网络用户使用本机资源提供服务。为此，网络操作系统除了具备一般操作系统应具有的功能模块外，还要增加一个网络通信模块。

3.3.5　分布式操作系统

分布式操作系统是为分布式计算机系统配置的操作系统。分布式计算机系统指的是由多台计算机组成，且其中任意两台计算机可以通信交换信息，各计算机无主次之分，系统资源为所有用户共享，系统中若干计算机可以互相协作来完成一个共同任务。分布式操作系统就是用于管理分布式计算机系统资源的操作系统。它通过网络将大量计算机连接在一起，获取极高的运算能力、广泛的数据共享，以及实现分散资源管理。

分布式操作系统在资源管理、通信控制和操作系统的结构等方面都与其他操作系统有较大的区别。由于分布式计算机系统的资源分布于系统的不同计算机上，操作系统对用户的资源需求不能像一般的操作系统那样等待有资源时直接分配的简单做法，而是要在系统的各台计算机上搜索，找到所需资源后才可进行分配。对于有些资源，如具有多个副本的文件，还必须考虑一致性。所谓一致性是指若干用户对同一个文件同时读出的数据是一致的。为了保证一致性，操作系统须控制文件的读写操作，使得多个用户可同时读一个文件，而任一时刻最多只能有一个用户在修改文件。分布式计算机系统不像网络分布那样广，同时分布式操作系统还要支持并行处理，因此它提供的通信机制与网络操作系统提供的有所不同，它要求通信速度高。分布式操作系统的结构也不同于其他操作系统，它分布于系统的各台计算机上，能并行地处理用户的各种需求，有较强的容错能力。

3.3.6 个人计算机操作系统

随着微电子技术的发展，个人计算机的功能越来越强、价格越来越便宜，应用范围日益广泛，已渗透到各行各业、个人和家庭。在个人计算机上配置的操作系统称为个人计算机操作系统。通常，在大学、政府部门或商业机构使用的功能更强的个人计算机，叫作工作站。在个人计算机和工作站领域有两种主流的操作系统：一个是微软的 Windows 系列；另一个是 Unix 系统和 Linux 系统。关于它们，在 3.6 节有详细介绍。

3.4 基于资源管理的操作系统功能

无论处于社会发展的哪个时期，资源永远是人们竞争的目标。因为人类会把资源与价值联系在一起，认为资源是获取财富必不可少的一个环节。在用户使用计算机的时候，也有"竞争资源"这种事情发生。

计算机发展初期硬件设备有较高的价格，人们更乐于多个用户共用一个计算机系统，而不是一个用户独占一个计算机系统。此外多道程序设计技术的出现，程序并发非常常见，同时运行的多个程序需要共享计算机系统资源（如都需要用 CPU 计算，输入数据，输出结果），而共享必将导致对资源的竞争——多个计算机任务对计算机系统资源的竞争（竞争 CPU，竞争输入输出设备）。

人类社会对资源的分配和管理有自己的一套规则，计算机系统内部也如此。操作系统负责管理计算机系统的各种软硬件资源，通过对资源的管理达到以下目的：①充分发挥各种资源的作用，保证资源的高利用率；②尽量让所有顾客在"合理"的时间内有机会获得所需资源；③对不可共享的资源互斥使用；④防止死锁的产生。

当用户在运行各自程序的过程中，如果需要用到某类系统资源，就会发出请求，操作系统对于这些请求进行排队，形成不同资源的等待队列。就比如大家在食堂里，有些人排队买小笼包，有些人排队买面条。尽管各种资源的性质不同，但也有一些资源管理的普遍原则和方法。其中合理分配资源这个关键问题就有以下几种一般性的策略。

（1）先请求先服务又称先进先出策略。这种策略非常简单，每一个新产生的请求都排在队尾，每当系统有可用资源时，总是选取队首的请求来满足。

（2）优先调度，这是一种灵活的调度策略，可以优先照顾需要尽快处理的任务。使用优先调度策略时，需要给每一个进程指定一个优先级。请求进程中优先级最高的排在队首，优先级最低的排在队尾。

（3）针对设备特性的调度，这种调度策略着重在选择的合理性，即从如何才能让设备的使用效率更佳的角度决定先满足哪个请求，后满足哪个请求。以磁盘为例，设对磁盘同时有多个访问请求，分别希望访问磁盘的 5 号、5 号、5 号、40 号、2 号柱面（柱面号相同，盘面号及块号不同）。当前磁盘的移动臂在 1 号柱面，如果按照请求次序去访问，移臂就会从 1 号柱面到 5 号柱面再到 40 号柱面最后又回到 2 号柱面。显然这样不是最合理的次序（移臂距离不是最短的）。如果将访问次序改变为 2 号、5 号、5 号、5 号、40 号，就能较省时间。

资料阅读

🔲 进程

简单地说，进程就是执行中的程序。在计算机系统中，为了提高系统效率，多个程序可以并发执行，但是它们共享系统资源，因而程序之间存在互相制约的关系：有时某个程序需要等待某种资源，有时又可能要等待某些信息而暂时运行不下去，只能处于暂停状态，而当使之暂停的因素消失后，程序又可以恢复执行。为了能反映出运行中程序的这种状态变化，引入了一个新概念：进程。这样进行研究时就能很好地区分静态的程序和动态的进程。就比如我们形容一个人：静若处子，动若脱兔。那么在这里，静的是程序，动的是进程，实则是同一个对象。

按进程在执行过程中的不同情况定义三种不同的进程状态。

（1）运行态：进程占用 CPU 正在运行。

（2）就绪态：进程具备运行条件，等待系统分配 CPU 后运行。

（3）等待态（阻塞态）：一个进程正等待着某一事件发生（如等待输入输出操作的完成），而暂时停止执行的状态称为等待状态。处于等待状态的进程不具备运行的条件，即使给它 CPU，也无法执行。

这三种状态之间转换有以下几种情况（图 3.2）。

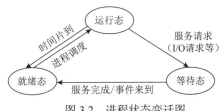

图 3.2　进程状态变迁图

（1）运行态──→就绪态：系统分配给进程的时间片是有限的，当时间片到（所分配的 CPU 时间结束），进程需让出 CPU；在采用剥夺式优先级调度算法的系统中，当有更高优先级的进程要运行时，目前占用CPU的较低优先级的进程就要被迫让出CPU，当前进程便由运行态变为就绪态。

（2）就绪态──→运行态：当 CPU 空闲时，由调度程序从就绪进程队列中选择一个进程占用 CPU，该进程由就绪态变为运行态。

（3）运行态──→等待态：正在执行的进程因等待事件发生而无法继续运行，则进程由运行态变为等待态，如等待输入输出完成。

（4）等待态——→就绪态：进程所等待的事件已经发生，进入就绪队列。

进程是操作系统中最基本、最重要的概念。它是多道程序设计技术出现后，为了刻画系统内部出现的动态情况，描述系统内部各道程序的活动规律引进的一个概念，所有多道程序设计操作系统都建立在进程的基础上。通过进程状态转换，可以清楚地看到多个程序进程的执行在时间上是重叠的（时间重叠就是一个程序还没运行结束，另一个程序就开始执行了），也就是程序是并发执行的。

下面来具体了解计算机系统是如何管理它的各种软硬件资源的。

3.4.1 CPU 管理

CPU 是微型计算机系统的大脑。如何分配 CPU 时间，是大家最关心的问题，因为拥有了 CPU 时间，就可以占用 CPU。最简单的分配策略是让排在队首的用户独占 CPU，直到它的计算任务完成。这种策略简单易行，可是有硬伤。因为每个计算任务在实现的过程中，除了要占用 CPU 外，还需要等待输入输出设备进行数据的输入输出。在前一章已经了解到，输入输出设备的速度相对 CPU 慢得多，因此 CPU 在很多的时间里都在等待（等待必要数据的输入或输出），使得 CPU 时间几乎浪费一半。所以一般不会让一个程序独占 CPU，而会采用一种"微观上串行"的策略，让多个用户同时分用 CPU。表面上是多个程序的并发执行，事实上是多个程序依次占用 CPU。这样，操作系统就需要决定先把 CPU 时间分配给谁，分配多久，下一个分配给谁，又占用多久，等等。当确定要分配的用户进程后，必须进行 CPU 的分派，使用户实际地得到 CPU 控制权。简略概括 CPU 的分配功能是：①提出进程调度策略；②给出进程调度算法；③进行 CPU 的分派。

这里，大家不妨试着自己设计 CPU 分配策略。CPU 是一块人人都想吃的"大饼"，到底分给谁吃呢？理想的调度算法是：花最少的时间做最多的事，使 CPU 使用率和吞吐量最大化，而使周转时间、响应时间和等待时间最小化。以下列举常用的 CPU 调度算法。

1. 先来先服务算法

先来先服务（first come first served，FCFS）算法是最简单的调度算法，既可用于作业调度，也可用于进程调度。按作业（进程）来到的先后次序进行调度。它易于实现，但是调度程序每次选择等待时间最久的作业，而不管作业的运行时间的长短，算法效率低。

2. 最短作业（进程）优先算法

最短作业（进程）优先（shortest job/ process first，SJF/SPF）算法可用于作业调度和进程调度。估计作业（进程）的 CPU 运行时间，选取估计时间最短的作业（进程）投入运行。它易于实现，在一般情况下比先来先服务算法的性能好。但对长作业不利，若系统不断接受新作业，就有可能使长作业长时间得不到调度，出现饥饿现象。而且缺少剥夺机制，对分时、实时操作系统仍不理想。

3. 响应比最高者优先算法

响应比最高者优先（highest response ratio first，HRRF）算法是每次调度时，计算所有作业的响应比 R，选择响应比最高的调度：

$$R = \frac{作业周转时间}{作业处理时间} = \frac{作业处理时间 + 作业等待时间}{作业处理时间} = 1 + \frac{作业等待时间}{作业处理时间}$$

先来先服务算法与最短作业（进程）优先算法是片面的调度算法。前者只考虑作业等候时间而忽视了作业的计算时间，后者只考虑用户估计的作业计算时间而忽视了作业等待时间。响应比最高者优先算法是介乎这两者之间的折中算法，既考虑作业等待时间，又考虑作业的运行时间，既照顾短作业又不使长作业的等待时间过长，改进了调度性能。短作业容易得到较高响应比，长作业等待时间足够长后，也将获得足够高的响应比，饥饿现象不会发生。

4. 优先级调度算法

为作业或进程确定优先级，选择优先级最高的作业或进程调度。有两种方式：非剥夺式和剥夺式。

非剥夺式：某一进程被调度运行后，除非它自身的原因不能运行，否则一直运行下去。

剥夺式：当有比正在运行的进程优先级更高的进程就绪时，系统可强行剥夺正在运行进程的 CPU，提供给具有更高优先级的进程使用。

采用这种调度算法的关键是如何确定进程的优先级，以及一个进程的优先级确定之后是固定的（静态优先级），还是随着该进程的运行情况的变化而变化（动态优先级）。

5. 时间片轮转调度算法

时间片轮转调度（round robin，RR）算法，将 CPU 时间划分为时间片（很短，如几百毫秒），每个进程被调度时分得一个时间片，当这个时间片用完时，有两种情况：进程完成和进程未完成。如果时间片用完时，进程完成，则让出 CPU 使用权；如果时间片用完时，进程还未完成，仍需要将 CPU 使用权让出，转为就绪状态并进入就绪队列末端排队等待下一次时间片轮转到。这种方法是分时操作系统所采用的进程调度算法。因为分时操作系统希望计算机对于每个请求的用户都能及时地响应，给用户一个"独占计算机"的印象。

6. 多级反馈队列调度算法

多级反馈队列调度（multi-level feedback queue，MLFQ）算法，设置多个就绪队列，并为各个队列赋予不同的优先级，第一个队列最高，第二个队列次之，最后一个队列优先级最低。各队列时间片大小也不同，在优先级越高的队列中，为每个进程分配的时间片越小。处理器调度先从第一个就绪进程队列中选取进程，同一队列中的进程按先来先服务算法进行排队。只有在未选到时，才从优先级较低的就绪进程队列中选取。当新进程进入内存后，首先放在第一个队列末尾，在轮到该进程执行时，如在该时间片内完成，便可撤离系统；若未完成，则将该进程转入第二个队列末尾，以此类推。

3.4.2　存储管理

帕金森定律："你给程序再多内存，程序也会想尽办法耗光"，这表明程序希望获取无限多的内存资源，可实际的内存容量是有限的，因此需要合理配置加以管理。存储管理功能主要是：内存分配与回收，映射逻辑地址到物理内存地址，对各用户区的信息提供保护，以及扩充逻辑内存区等。

1. 内存分配

内存分配功能包括：制定分配策略，构造分配用的数据结构，响应内存分配请求，决定用户程序的内存位置并将程序装入内存。

首先，将内存划分为内存区域分配给不同的用户。通常内存区域可以有两种不同的划分方式：第一种是将内存划分成大小不等的区域，第二种是将内存划分为一系列大小相等的块。第一种方式可以在一个内存区域存放一个程序的连续的地址空间，即较为整体的存放。第二种方式是将程序的地址空间分页后，分别放入不同的内存块里。也就是说，第一种方式可以一个区域存放一个程序，第二种方式需要用若干块一起存放一个程序。

其次，内存分配还需要决定信息装入内存的时机。即在需要信息时调入，还是预先调入；决定采用请调策略（前者），还是预调策略（后者）。

最后，内存中没有可用的空闲区时（内存不够用时），需要将内存中暂时用不到的程序和数据调出到外存，而将急需使用的程序和数据调入内存中。这就要决定哪些信息可以从内存中移走，即确定淘汰信息的原则。

想一想，分析一下

当内存里没有可用空闲区时，选择淘汰哪块信息呢？

举个例子，你是位爱美的姑娘，或者帅气的小伙子，当你新买了一件衣服，可衣柜已满，你会在衣柜里挑出哪件旧衣服来为新衣服腾位子呢？

（1）你可能会挑出最旧的那件衣服，淘汰掉。

（2）你可能会挑出最近都没怎么穿过的衣服，淘汰掉。

（3）你可能会根据自己对时尚的理解，把未来绝对不会再流行的款式，淘汰掉。

（4）……

让我们回到内存信息的淘汰策略，与以上类似，常用的有以下几种算法。

（1）先进先出算法：总是选择最早进入内存的信息淘汰掉。

（2）最不经常使用淘汰算法：将最近应用次数最少的信息淘汰掉。

（3）最佳算法：淘汰掉的信息是以后再也不会使用的信息。当然这个是理论上的理想算法。

一般由操作系统完成内存的分配和管理，程序员可以摆脱存储分配的麻烦，提高编程效率。

2. 内存映射

程序执行时需要从内存中存取指令和数据。从前面的学习我们了解到，为了提高系统效率，提升 CPU 的使用率，多道程序是并发执行的，即有多个用户程序同时在执行。系统为每个用户程序都提供了 0～n−1 的一组逻辑地址，这是一个虚拟的地址空间。用户以为它所使用的是内存从 0 单元开始的一组连续地址，程序中的指令地址和操作数地址也以此为基础。但事实上，不可能每个用户程序都是从 0 单元开始连续占用内存空间的。程序执行所需要的指令和数据实际是存储在内存的物理单元中的。因此，在方便用户使用的逻辑地址和实际的物理内存地址之间就需要进行转换。在程序执行时，必须将逻辑地址正确地转换为物理内存地址，这就是地址映射（即从虚存空间 n 到内存空间 m 的映射，$f: n \rightarrow m$ ）。例如，逻辑地址是 0～100，物理地址可能是 50～150。

资料阅读

▦ 内存映射的必要性

在早期的计算机中，要运行一个程序，会把这些程序全都装入内存，程序都是直接运行在内存上的，也就是说程序中访问的内存地址都是实际的物理内存地址。当计算机同时运行多个程序时，必须保证这些程序用到的内存总量要小于计算机实际的物理内存。

例如，某台计算机总的内存大小是 128 MB，现在同时运行两个程序 A 和 B，A 须占用内存 10 MB，B 须占用内存 110 MB。计算机在给程序分配内存时会采取这样的方法：先将内存中的前 10 MB 分配给程序 A，接着再从内存中剩余的 118 MB 中划分出 110 MB 分配给程序 B。

这种简单的内存分配策略会导致进程地址空间不隔离。因为程序都是直接访问物理内存，所以恶意程序可以随意修改别的进程的内存数据，以达到破坏的目的。有些非恶意的，但是有 bug（错误）的程序也可能不小心修改了其他程序的内存数据，就会导致其他程序的运行出现异常，也会使内存运行效率降低。

解决办法是增加一个中间层，利用一种间接的地址访问方法访问物理内存。按照这种方法，程序中访问的内存地址不再是实际的物理内存地址，而是一个虚拟的逻辑地址，然后由操作系统将这个逻辑地址映射到适当的物理地址上。这样，只要操作系统做好虚拟的逻辑地址到物理内存地址的映射，就可以保证不同的程序最终访问的内存地址位于不同的区域，彼此没有重叠，就可以达到内存地址空间隔离的效果。

3. 存储保护

有时大家在运行程序时会遇到系统的警告提示（图 3.3）。

图 3.3　程序运行出现内存不可写错误

　　为什么会出现这种情况？来分析一下：假定分配给该用户程序的内存是 50～150 号单元的地址空间，但它运行时访问到了 160 号单元。越界了！如果对越界行为不加以控制，就会导致不同用户程序互相干扰。例如，某程序 A 越界，改写了程序 B 的某些内容，使程序 B 无法正常运行。

　　因此，在多个程序并发执行时，需要采取一些措施来保护程序的内存区域。

　　学校在宿舍里都会每个人分配到一个衣柜，一张书桌。如果书桌里放了一些重要的物品，我们想保护起来的时候，大家会怎么做呢？不错，大多数同学会考虑上锁。

　　锁就是大家保护物品的措施。那么对于不同用户程序的内存区域来说，又有怎样的保护措施呢？内存保护一般有存储区域保护和访问方式保护。

　　1）存储区域保护方法

　　（1）上下界寄存器方法。硬件为用户程序所分配到的内存空间设置一对上下界寄存器，分别存放该存储空间的结束地址与开始地址。程序运行时如果要访问某内存地址 d，首先硬件会将 d 与上下界寄存器内容比较，如果在此范围，则允许其访问；如果超出这个范围，则产生越界中断，这个错误访问的程序会被操作系统停止。这种方法简单易实现，仅需设置两个寄存器内容，就可限制用户程序的活动范围。

　　（2）基址-界限寄存器方法。通过采用重定位寄存器（基址寄存器）和界地址寄存器（界限寄存器）来实现这种保护。重定位寄存器存放该存储空间的起始物理地址值，界地址寄存器存放程序地址空间的长度。

　　程序访问内存时，每个逻辑地址值必须小于界地址寄存器；内存管理机构动态地将逻辑地址与界地址寄存器进行比较，如果未发生地址越界，则加上重定位寄存器的值后映射成物理地址，再送交内存单元，如图 3.4 所示。在存储保护的同时动态重定位，实现逻辑地址向物理地址的映射。

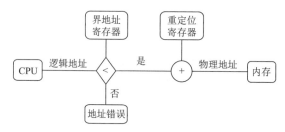

图 3.4　重定位寄存器和界地址寄存器的存储保护

　　当 CPU 调度程序选择进程执行时，派遣程序会初始化重定位寄存器和界地址寄存器。每一个逻辑地址都需要与这两个寄存器进行核对，以保证操作系统和其他用户程序及数据不被该进程的运行所影响。

以上两种方式都属于界限寄存器方式，只适用于每个用户程序占用一个或几个连续内存区域的情况。

2）访问方式保护方法

对于虚拟存储器系统，由于一个用户的各页离散地分布于内存内，就需要采用访问方式保护，有键式保护和环状保护等方式。

（1）键式保护是由操作系统为每个内存页面规定存储键，存取内存操作带有访问键，当两键符合时才允许执行存取操作，从而保护别的程序区域不被侵犯。

（2）环状保护。把系统程序和用户程序按重要性分层，称为环，对每个环都规定访问它的级别，违反规定的存取操作是非法的，以此实现对正在执行的程序的保护。

4. 内存扩充

为了使程序员在编程时不受现有内存容量和结构的限制，需要借助一些存储技术实现内存的扩充。

:::资料阅读

田 虚拟存储器

计算机处理的问题有的是"小"问题，但也有涉及科学计算的"大"问题，它需要相当大的内存容量。"你给程序再多内存，程序也会想尽办法耗光"，这使得系统内存容量很紧张。

当系统提供大容量外存（磁盘）时，操作系统把内存和外存统一管理，实现信息的自动移动和覆盖。当一个用户程序的地址空间（程序实际所需空间）比内存可用空间大时，操作系统将这个程序的地址空间的一部分放入内存，其余部分放在外存上。当所访问的信息不在内存时，再由操作系统负责调入所需部分。这样看起来，计算机系统好像为用户提供了一个其存储容量比实际内存大得多的存储器（实际并不存在），这个存储器称为虚拟存储器。

3.4.3 设备管理

设备管理又称为输入输出管理，它是操作系统中最庞杂、琐碎的部分，很难规格化。原因是系统可配置使用各种各样、范围非常广泛的外部设备。每一台设备的特性和操作方法完全不同。另外，在速度、传送单位、顺序访问、随机访问、出错条件等性能方面也都有很大不同。所以，设备管理的宗旨就是要为输入输出系统建立一种结构，要求该结构中与具体设备有关的特性尽可能地分离出来，为用户提供一个逻辑的、使用方便的设备。

设备管理主要负责解决和实现以下问题。

（1）设备无关性问题。用户向系统申请和使用的设备与实际操作的设备无关，即使用设备的逻辑名来进行资源申请。

（2）设备分配。通常采用三种基本技术来进行设备分配：独享分配、共享分配和虚拟分配技术。分配算法则一般采用先请求先服务与优先级最高者优先两种。

（3）设备的传输控制。实现物理的输入输出操作，如启动设备、中断处理等。

资料阅读

⊞ 设备分配中的独享分配、共享分配和虚拟分配

在各种输入输出设备中，有些是独占设备，如打印机，这种设备一旦分配给某进程，就不能同时分配给别的进程，不然就会造成混乱，打印出"你中有我"的结果。而有些设备是共享设备，如磁盘，它可以供进程 A 读写，也允许进程 B 同时读写，可以同时有多个进程共同使用。这两种不同性质的设备在分配时采取不同的分配方式。

对于独占设备，一般在作业调度时就分配给所需要的作业。而且一旦分配，该独占设备一直为这个作业占用，采取这种独占分配方式是不会产生死锁的，这是独享分配。

对于共享设备采用共享分配方式，即动态分配。当进程提出资源申请时，由设备管理模块进行分配，进程使用完毕后，立即归还。

假脱机（spooling）系统是进行虚拟分配的系统。为了克服独享分配不利于提高系统效率的缺点，可以利用通道和中断技术、软件技术，将独占设备虚拟成共享设备进行分配。以打印机为例，用假脱机系统虚拟成多台打印机，用户请求打印后：①将打印数据输出到输出井（外存上的一个特定的存储区域）申请的空闲盘块中；②将打印请求登记后排到打印队列；③打印机空闲时，首先取第一张请求表，将数据从输出井传送到内存缓冲区，进行打印，直到打印队列为空。这样，作业执行需要数据时不必再启动独占设备来读入，而只需要从外存输入数据，同样的，输出也不需要启动独占设备，而只要将输出数据写入外存中存放。这样，独占设备的利用率提高，作业的执行时间缩短，系统效率提高。

3.4.4 文件管理

文件管理支持对文件的存储、检索和修改等操作，以及文件保护功能。在现代计算机中，通常把程序和数据以文件形式存储在外存上，供用户使用。这样，外存上保存了大量文件，对这些文件如不能采取良好的管理方式，就会导致混乱或破坏，造成严重后果。为此，在操作系统中配置了文件管理，为用户提供一种简便统一的存取和管理信息的方法，并解决信息的共享、数据的存取控制和保密等问题。

具体来说，文件管理要完成以下任务。

（1）提供文件逻辑组织方法。

（2）提供文件物理组织方法。

（3）提供文件的存取方法。

（4）提供文件的使用方法。

（5）实现文件的目录管理。

（6）实现文件的存取控制。

（7）实现文件的存储空间管理。

操作系统的文件管理功能是通过文件系统实现的。

资料阅读

☐ 操作系统的不同架构（内核结构）

内核是操作系统最基础的构件，其结构往往对操作系统的外部特性及应用领域有着一定程度的影响（尽管随着理论和实践的不断演进，操作系统的高层特性与内核结构之间的耦合有日趋缩小之势）。单内核结构是操作系统中各内核部件杂然混居的形态，该结构产生于 20 世纪 60 年代（也有 20 世纪 50 年代初之说，尚存争议），历史最长，是操作系统内核与外围分离时的最初形态。

微内核结构是 20 世纪 80 年代产生出来的较新的内核结构，强调结构性部件与功能性部件的分离。20 世纪末，基于微内核结构，理论界中又发展出了超微内核与外内核等多种结构。尽管自 20 世纪 80 年代，大部分理论研究都集中在以微内核为首的"新兴"结构之上，然而，在应用领域中，以单内核结构为基础的操作系统却一直占据着主导地位。

在众多常用操作系统中，除了 QNX[①]和基于 Mach[②]的 UNIX 等个别系统外，几乎全部采用单内核结构，如大部分的 UNIX、Linux 及 Windows（微软声称 Windows NT 是基于改良的微内核架构的，但理论界对此存有异议）。微内核和超微内核结构主要用于研究性操作系统。

3.5 基于用户的操作系统功能

上述操作系统对硬件资源的管理功能，普通用户并没有太多实际体会。对于用户来说，与操作系统最直接的接触在两个方面：一是操作系统所提供的用户界面（接口），如图 3.5 所示；二是文件系统。

用户界面负责用户与操作系统之间的交互。即用户通过用户界面向计算机系统提交服务需求，计算机通过用户界面向用户提供所需的服务。用户界面通常分为两大类：①用户接口，提供给普通用户使用的接口，用户可通过该

图 3.5 操作系统提供的用户界面

---

① QNX 是一种商用的类 UNIX 实时操作系统，目标市场主要是嵌入式系统。最早开发 QNX 的 QNX 软件系统公司已被黑莓公司并购。

② Mach 是由卡内基梅隆大学开发的微内核的操作系统。它被用于操作系统的研究，特别是在分布式与并行计算方面，是最早实现微核心的操作系统之一。

接口取得操作系统的服务；②程序接口，提供给程序员在编程时使用的接口，是用户程序取得操作系统服务的唯一途径。

以下是三种普通用户的界面（接口）。

3.5.1 键盘命令

命令是操作者输入计算机执行任务的指令，通常是英文词。例如，begin 表示开始，print 表示输出。采用联机方式，交互式使用计算机。

3.5.2 作业控制语言

作业控制语言是操作系统专门为批处理作业的用户提供的"界面"，在作业提交给系统之前，用户用作业控制语言编写一些语句，告诉系统他的要求。这些语句写在作业说明书上，然后与作业一起提交给系统。一般采用脱机处理方式。

3.5.3 图形化用户界面

图形化用户界面是我们目前接触最多的一种，是比前两种界面更加友好、易学、方便的一种人机对话界面。通常分为三种方式：菜单驱动方式、图标驱动方式及图形用户界面（graphical user interface，GUI）。

菜单的出现，是为了解决命令难以记忆的问题。在菜单驱动方式下，用户不需要记住命令的拼写形式，只需要在一组选项中挑出所需的命令即可。菜单上的每一行称为一个菜单项。这么多的命令及命令参数，如果全部列举在一个菜单里，肯定会超长。所以，系统还提供子菜单和对话框，以给出更多的操作选择。常见的菜单形式有下拉式、弹出式和上推式。

图标是一个小小的图形符号，它代表操作系统中的命令、系统服务、操作功能及各种资源等。当需要启动某个命令或操作时，可以通过鼠标或键盘选择对应的图标，来激发命令。

图形用户界面将菜单驱动、图标驱动、面向对象技术集成在一起，形成一个图文并茂的视窗操作系统。Windows 就是图形化用户界面的典型代表。

3.6 文 件 系 统

认识了操作系统管理资源的功能后，我们知道操作系统是以进程为基本单位进行资源的调度和分配；而在用户进行的输入、输出中，则以文件为基本单位。大多数应用程序的输入是通过文件来实现的，其输出也都保存在文件中，以便信息的长期保存及访问。如果由用户自己管理数据，就需要了解存储介质的物理特性，掌握输入输出指令，知道哪些数据该存放在哪里（数据在存储介质中的物理地址），数据如何分布，去哪里取所需的数据，等等，这些都是很琐碎且麻烦的问题，用户很难自己协调好。而且用户关心的是如何命名、分类和查找文件，如何保证文件数据的安全性，以及对文件可以进行哪些操作等。而用户对其中的细节，如文件如何存储在外存上，如何管理文件外存区域等关心甚少。文件系统提供了与二级存储相关的资源的抽象，让用户能在不了解文件的各种属性、文件存储介质的特征及文件在存储介质上的具体位置等情况下，方便快捷地访问文件、修改文件和保存文件。操作系统中的文件系统（file system）就是用于实现用户的这些管理要求的。

　　文件系统为用户提供一种简单、统一的存取和管理信息的方法，使用户可以根据文件名字，使用文件命令，按照信息的逻辑关系去存取所需的信息。从这个意义上讲，文件系统提供了用户和外存（外部存储介质）的接口。

3.6.1　文件的分类

　　文件是在逻辑上具有完整意义的信息集合，有一个名字以供标识。无论用户是在进行文档编辑还是表格处理或程序设计，都是在对以文件为单位的信息进行操作。常见的文件分类有以下几种。

　　1．按照文件的性质和用途分类

　　（1）系统文件：由有关操作系统及其他系统程序的信息所组成的文件。这类文件只能通过系统调用为用户服务，不对用户直接开放。

　　（2）程序库文件：由标准子程序及常用的应用程序所组成的文件（如各种高级语言的函数库）。这类文件用户可以调用但不能修改。

　　（3）用户文件：用户委托文件系统保存的文件。用户对其有所有操作权限，由源程序、目标程序、原始数据、计算结果等组成的文件。

　　2．按照文件的保护级别（操作权限）分类

　　（1）只读文件：只允许用户读出或执行文件，不允许写入（修改）。

　　（2）读写文件：既能读又能写的文件（通常有操作者的限制，文件所有者或授权者可以，未授权的用户则不可）。

　　（3）执行文件：用户可以将文件当作程序执行，但不允许阅读，也不能修改。

　　3．按文件的数据形式分类

　　（1）文本文件：通常由 ASCII 字符或汉字组成的文件。

　　（2）目标文件：源程序经编译后产生的二进制代码文件。

　　（3）可执行文件：计算机系统可以直接识别并执行的文件。

　　4．按文件的信息流向分类

　　（1）输入文件：通过输入设备向内存中输入数据的文件，只能输入，如读卡机或纸带输入机上的文件。

　　（2）输出文件：通过输出设备从内存向外输出的文件，如打印机或穿孔机上的文件。

　　（3）输入输出文件：既可以输入又可以输出的文件，如磁盘文件，允许输入也允许输出。

3.6.2　文件名

文件名应该能反映文件的内容和文件的类型信息。在 Windows 7 系统中文件名的格式为：主文件名.扩展名，如 operating system.doc。其中 operating system 反映文件内容是关于操作系统的；doc 表示文件类型，是文档文件。主文件名由一串字符构成，一般是字母和数字，也可以是一些特殊字符，但不能出现 \ / ：* ?" <> | 这 9 个字符。

扩展名也称为后缀，利用它可以区分文件的属性，表 3.1 给出了常见文件扩展名及其含义。

表 3.1　常见文件扩展名及其含义

扩展名	文件类型	含义
txt、doc	文本文件	文本数据，文档
mpeg、mov、rm	多媒体文件	包含声音或 A/V 信息的二进制文件
exe、com、bin	可执行文件	可以运行的机器语言程序
zip、rar、arc	压缩文件	压缩文件
bmp、jpg、gif	图像文件	不同格式的图像文件
c、cpp、java、pas、asm、a	源文件	用各种语言编写的源代码
obj、o	目标文件	编译过的、尚未连接的机器语言程序
bat、sh	批文件	由命令解释程序处理的命令
lib、dll、a、so	库文件	供程序员使用的例程库

3.6.3　目录（文件夹）

当存储在磁盘中的文件越来越多，如何组织文件才能让用户存取方便，是文件系统必须解决的问题。通常来说，文件系统会用目录结构来管理文件。目录的基本组织方式包括单级目录、二级目录、树形目录和非循环图目录。以 Windows 7 中使用的树形目录为例，我们来一起学习下。

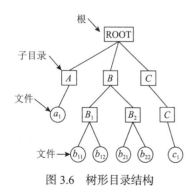

图 3.6　树形目录结构

1. 树形目录

如果所有的用户文件都处于同一个目录下，会不方便查找，以及难以解决"重名"问题。因此，为了检索方便，以及更好地反映实际应用中多层次的复杂文件结构，可以在二级目录的基础上推广成多级目录。在这种结构中，每一级目录中可以包含文件，也可以包含下一级目录。从根目录开始，一层一层地扩展下去，形成一个树形目录结构，如图 3.6 所示。每个目录的直接上一级目录称为该目录的父目录，而它的直接下一级目录称为该目录的子目录。除根目录之外，每个目录都有父目录。这样，用户创建自己的子目录和文件就很方便。在树形结构文件系统中只有一个根目录，系统中的每一个文件（包括目录文件本身）都有唯一的路径名，它是从根目录出发，经过所需子目录，最终到达指定文件的路径名序列。

在 Windows 7 中，如图 3.7 所示，大家会看到整个计算系统组织成五个资源夹："收藏夹""库""家庭组""计算机""网络"，其中"计算机"是所有文件资源汇总的"根"。其他则是为了方便用户进行快速文件查找或者网络操作等而设置的便利夹。展开"计算机"，会看到一个呈现树形的结构，如图 3.8 所示。

图 3.7　Windows 7 系统的资源组织结构　　图 3.8　Windows 7 的树形目录结构

2. 路径名

从根目录到末端的数据文件之间只有一条唯一的路径，这样利用路径名就可以唯一地表示一个文件（很好地解决了重名问题）。路径名有绝对路径名和相对路径名两种表示形式。

绝对路径名是指从根目录开始到指定文件所经历的目录名序列。一般形式为：根目录：\文件夹\子文件夹\...\子文件夹\文件名。如图 3.8 中，文件 chain（chain.wmv）的绝对路径为 E：\papers\multiscale texture synthesis\chain.wmv。

在树形目录结构中，检索可以不必每次都从根目录开始，为了节省时间，可以为每个用户设置一个当前目录，想要访问文件时，从当前目录开始往下检索。这样形成的路径会缩短，时间也会减少，处理速度就会提高了。相对路径是从当前目录出发到指定文件位置的目录名序列。如图 3.8 中，当前目录是 multiscale texture synthesis，检索文件 chain 的路径就是 multiscale texture synthesis\chain.wmv。

资料阅读

目录与文件夹

目录与文件夹通常是一个意思，指的是一个装有数字文件系统的虚拟"容器"，在它里面保存着一组文件和一些其他目录（文件夹）。在实际使用的时候，如果要加以区分的话，目录和文件夹这两个词又各有不同的侧重点。目录，是一种档案系统的分类方式，当用"目录"这个词来表达的时候，我们能体会到"层次结构"的含义，它表示文件系统是分层次、有结构的组织。而"文件夹"这个名称将目录比作办公室里用的文件夹，非常形象，在实际的操作系统桌面，也是用一个看起来很像真实文件夹的图标来表示的。

3.6.4　文件操作

用户对数字化信息的处理是通过文件操作实现的。信息的增删改更新，对应着新建文件、删除文件、打开文件、读写文件等操作。基本的文件操作包括创建一个新文件，删除一个旧文件，对指定的文件进行打开、关闭、保存、读、写、执行等，也可以查看文件属性（关于文件大小、位置、建立或修改时间等的信息），复制粘贴文件，对文件进行压缩等。常见的文件操作及方法/快捷方式见表 3.2。

表 3.2　常用的文件操作及方法/快捷方式

文件操作	方法/快捷方式
打开文件	双击文件图标/Ctrl+O
新建文件	Ctrl+N
保存文件	Ctrl+S
重命名文件	单击文件名两次（慢速）
复制文件	Ctrl+C
粘贴文件	Ctrl+V
剪切文件	Ctrl+X

1. 剪贴板

计算机用户在进行文字编辑时，常需要进行大量的复制粘贴工作，这项任务是通过剪贴板实现的。剪贴板是内存的一块区域，在各应用程序之间传递和共享信息。用户使用复制和粘贴命令时，首先将复制的内容拷贝到剪贴板里，然后再粘贴到目标位置。拷贝的内容可以是文字也可以是图片，但是剪贴板只保留一份数据，每次新复制的内容会覆盖上一次的内容，这是传统 Windows 系统中剪贴板的特点。

在 Windows 10 v1809 中更新了剪贴板功能，一是本地剪贴板的历史记录功能，二是云剪贴板。可以用 Win + V 组合键打开剪贴板历史记录，最近复制到剪贴板的内容都会显示出来，还支持固定常用的文字。云剪贴板支持在两台设备上同步显示剪贴板文字。只需要在两台 Windows 设备上登录同一微软账号，并开启云剪贴板功能。

在"设置"→"系统"中新增了一个剪贴板设置界面，如图 3.9 所示。在这里可以选择是否启用历史记录、是否启用云剪贴板、手动或自动同步、清除历史记录等。在家按 Ctrl+ C，再到公司按 Ctrl + V 不再是一个笑话了。多平台共享剪贴板软件也越来越多，不仅支持不同操作系统个人计算机间剪贴板内容共享，还能打通手机与计算机进行数据同步。

图 3.9　设置剪贴板

2. 回收站

运行 Windows 操作系统的计算机，在其桌面上，默认会有一个垃圾桶样子的图标，称为"回收站"。用户可以选择将不再需要的计算机文件删除，此时文件会被送至回收站。就像日常生活中，我们会把废弃物放入垃圾桶一样，不需要的计算机文件我们放入回收站。回收站有一个"反悔"功能，用户误删的文件可以通过"还原"命令恢复。

有些较真的同学会发现，删除文件到回收站，计算机容量也不会增加。这是为什么呢？

事实上，回收站是硬盘上的一个文件夹，默认在每个硬盘分区根目录下的 RECYCLER 文件夹中，而且是隐藏的。当你将文件删除并移到回收站后，实质上就是把它放到了这个文件夹，仍然占用磁盘的空间。只有在回收站里删除它或清空回收站才能使文件真正地删除，为计算机获得更多的磁盘空间。用户可以设置回收站所占磁盘空间的百分比；也可以设置"删除时不将文件移入回收站，而是彻底删除"，此时"反悔"功能失效。

3. 通配符

一些有特殊功能的字符，常用于模糊搜索，主要有"*"和"?"。查找文件或文件夹时，当不知道确切名字或者不想键入完整名字时，常常使用通配符代替一个或多个字符。

"*"：可以代替零或任意多个字符。例如，如果正在查找以 UN 开头的一个文本文件（txt 文件），但不记得文件名其余部分，可以输入 UN*.txt。查找以 UN 开头的所有文件类型的文件，如 UNIT.txt、UN.XLSX、UNACCEPTABLE.PPTX 等，可以输入 UN*。

"?"：可以代替一个字符。如查找以 TH 开头共 4 个字符文件名的文本文档，如 THIS.docx、THAT.docx 等，输入 TH??.docx。

除了在文件或文件夹模糊搜索时可以使用通配符，在 WORD 文档中查找内容时，也可使用通配符。示例见表 3.3。

表 3.3　通配符示例

特殊字符	通配符	示例
任意单个字符（只用于查找框）	?	"湖?大学"　可找到"湖北大学"和"湖南大学"
任意字符串（单个或多个字符）	*	"湖*大学"　可找到"湖北大学""湖南大学""湖北工业大学"

注意在查找对话框设置"更多"搜索选项时，要勾选"使用通配符"，且"?"是英文符号，而非中文符号"？"，如图 3.10 所示。

图 3.10　查找时使用通配符

4. 压缩

计算机处理的信息是以二进制数的形式表示的，通过去除数据冗余来减少表示数据所需要的比特（二进制位）数，就称为压缩。简单地说，压缩就是使文件变小。文件本身包含的信息量决定了文件的大小，想使文件变小就必须减少其信息量。例如，二进制文件中一段信息"00000110001111111111"，由数字 0 和数字 1 组成，可以"通过寻找规律，简化数字排列"对其压缩。比如可以简化成 5 个 0，2 个 1，3 个 0，10 个 1 的排列 50，21，30，101。

压缩可以分为有损压缩和无损压缩两种。有损压缩常用于声音、图像、视频信息的压缩，利用人类对图像或声波中的某些色彩或频段不敏感的特性，允许压缩过程中损失一定的信息，所损失的这些信息对理解原始图像或声音的影响较小，以此换取较大的压缩比率，如视频文件格式 mpeg、音频文件格式 mp3 和图像文件格式 jpg。

常用压缩软件有 WinRAR、WinZip、7-Zip 等，对应的压缩文件格式为 rar、zip、7-zip 等。

3.6.5 文件共享与保护

文件共享是指允许多个用户或程序同时使用一个文件。利用文件共享功能可以节省大量外存与内存空间，因为系统只需要保存共享文件的一个副本。随着计算机技术的发展，文件共享已经不限于单机系统，扩展到了计算机网络系统。

文件保护实际上有两层含义：文件保护和文件保密。文件保护是指避免因有意或无意的误操作使文件受到破坏；文件保密是指未经授权不能访问文件。这两个问题都涉及用户对文件的访问权限控制。

资料阅读

⊞ 文件打开方式是怎么一回事？

通常我们选择一个文件打开，会直接双击文件图标。这种打开文件的方式，是默认的。不同类型的文件与它对应的应用程序关联了起来，双击时，会自动运行对应的应用程序并打开该文件。但有时，我们会遇到一些疑惑。例如，一部电影，双击时会在 Windows Media Player 里打开它（这是默认的关联程序），可是又提示说需要下载解码器。那么怎样用其他的播放器（如暴风影音）打开文件呢？这时，就需要选择文件打开方式了。

右击该文件，在弹出的快捷菜单里，大家可以找到一个命令项："打开方式"，在"打开方式"里，我们可以选择其他的应用程序来打开该文件。

现在知道了吧，生活的颜色不止一种，文件的打开方式也多种多样。

3.7 常用的操作系统

在对操作系统有了一定的理性认识之后，我们认识一下各类典型的操作系统产品。因为大家平时接触最多的是个人计算机，所以本节主要介绍在个人计算机上所使用的主流操作系统。

个人计算机支持的操作系统有：Windows 系列操作系统，由微软公司生产；UNIX 类操作系统，如 SOLARIS、BSD 系列（FREEBSD、openbsd、netbsd、pcbsd）；Linux 类操作系统，如 UBUNTU、suse linux、fedora 等；Mac 操作系统，由 Apple 公司生产，一般安装于 MAC 电子计算机。

3.7.1 磁盘操作系统

磁盘操作系统（disk operating system，DOS），是一种单用户、普及型的微机操作系统，主要用于以 Intel 公司的 86 系列芯片为 CPU 的微机及其兼容机上，曾经风靡了整个 20 世纪 80 年代。

DOS 由 IBM 公司和微软公司开发，包括 PC-DOS 和 MS-DOS 两个系列。20 世纪 80 年代初，IBM 公司决定涉足个人计算机市场，并推出 IBM-PC 个人计算机。1980 年 11 月，IBM 公司和微软公司正式签约委托微软为其即将推出的 IBM-PC 开发一个操作系统，这就是 PC-DOS，又称 IBM-DOS。1981 年，微软也推出了 MS-DOS 1.0 版，两者的功能基本一致，统称 DOS。IBM-PC 的开放式结构在计算机技术和市场两个方面都带来了革命性的变革，随着 IBM-PC 在个人计算机上的份额不断减少，MS-DOS 逐渐成为 DOS 的同义词，而 PC-DOS 则逐渐成为 DOS 的一个支流。

DOS 的主要功能有命令处理、文件管理和设备管理。DOS 4.0 版以后，引入了多任务概念，强化了对 CPU 的调度和对内存的管理，但 DOS 的资源管理功能比其他操作系统却简单得多。

DOS 采用汇编语言书写，系统开销小，运行效率高。另外，DOS 针对个人计算机环境来设计，实用性较好，较好地满足了低档微机工作的需要。但是，随着个人计算机性能的突飞猛进，DOS 的缺点不断显露出来，已经无法发挥硬件的能力，且缺乏对数据库、网络通信等的支持，没有通用的应用程序接口，加上用户界面不友善，操作使用不方便，从而逐步让位于 Windows 等其他操作系统。但是由于用户在 DOS 下开发了大量的应用程序，直到今天 DOS 操作系统依然还在使用，并且新型操作系统都保证对 DOS 的兼容性。

3.7.2　Windows 操作系统

Windows 操作系统是从图形用户界面起步的。20 世纪 80 年代初出现商用图形用户界面系统（第一个图形用户界面系统是由 Apple 公司推出的 Apple Macintosh）后，微软公司看到了图形用户界面的重要性及其广阔的市场前景，公司内部就制定发展"界面管理者"的计划，到 1983 年 5 月，微软公司将这一计划命名为 Microsoft Windows。

1983 年 11 月，Windows 系统宣布诞生，1985 年 11 月 20 日发布 Windows 1.0 版。1990 年 5 月推出 Windows 3.0，该版本的 Windows 系统对内存管理、图形界面做了较大的改进，使图形界面更加美观，并支持虚拟内存。在推出后不到 6 个星期里，微软公司已经卖出 50 万份 Windows 3.0，打破了任何软件产品的 6 周内销售记录，从而开始了微软在操作系统上的垄断地位（也引起了著名的 Apple 诉讼微软侵权的案子"Look and Feel"）。接着，在 Windows 3.0 版基础上，引入了新的文件管理程序，改进了系统的可靠性，更重要的是，增加了对象链接和嵌入（object linking and embedding，OLE）技术，以及对多媒体技术的支持，但 Windows 3.X 不是独立的操作系统，还必须借助 MS-DOS 的支持。

随着计算机硬件技术的发展，微软公司于 1995 年 8 月推出了 Windows 95。它是一个独立的操作系统，无须 DOS 的支持，采用 32 位处理技术，兼容在此之前开发的 16 位应用程序，在 Windows 发展历史上起到了承前启后的作用。但该系统存在稳定性较差、对网络支持功能欠缺等问题。微软公司在该系统基础上，扩展了高级的 Internet 浏览功能，提供 FAT 32 新的文件系统更新版本等，于 1998 年 8 月发布了 Windows 98 系统。

随着 Windows 系统的成功，微软公司确定其发展策略是创造一个基于 Windows 的操作系统家族。这一家族能适用于从最小的笔记本电脑到最大的多处理器工作站的多种计算机。与上述 Windows 系统研制平行的，还有一个新的、便于移植的新技术（new technique，NT）操作系统在研制。Microsoft NT 是服务器，可配置在大、中、小型企业网络中，用于管理整个网络中的资源和实现用户通信。它作为一个多用户操作系统运转，为网络上众多用户的需求服务。

Windows 操作系统从 1 到 10，历经三十年。Windows 操作系统从最初的 Windows 1.0 到大家熟知的 Windows 95、Windows 98、Windows ME、Windows 2000、Windows 2003、Windows XP、Windows Vista、Windows 7、Windows 8、Windows 8.1、Windows 10 和 Windows Server 服务器企业级操作系统，不断地更新和完善。

当前，Windows 最新的个人计算机版本是 Windows 10 v1809[Windows 10 October 2018 Update（1809）]，于 2018 年 10 开始推送正式版，但该版本被发现存在可能误删用户文件的 bug，不得不紧急撤回。2018 年 11 月开始推送修正后的新版本。最新的服务器版本是 Windows Server 2019，于 2018 年 10 月正式商用。

1809 版中增加了云剪贴板。现在的剪贴板可以存储多条剪贴历史纪录，不过默认是关闭的，可以在设置里将其打开，剪贴板支持文本内容和截图，暂不支持文件。而且最大的一个功能是可以跨设备同步剪贴板内容。

在 1809 版中内置了一个新的截图工具"截图与草图"，相比之前系统自带的截图工具更加的强大，不仅可以任意形状截图，还可以有备注、标注、裁剪、加标尺等操作。

资料阅读

⊞ Windows 10 的改进特性

生物识别技术：Windows 10 所新增的 Windows Hello 功能带来一系列对于生物识别技术的支持。除了常见的指纹扫描外，系统还能通过面部或虹膜扫描（通过 3D 红外摄像头支持）来进行登录。

Cortana 搜索功能：Cortana（小娜）可以用来搜索硬盘内的文件、系统设置、安装的应用，也可以是互联网中的其他信息。作为一款私人助手服务，Cortana 还能像在移动平台那样帮你设置基于时间和地点的备忘录。

平板模式：Windows 10 提供了针对触控屏设备优化的功能，同时还提供了专门的平板电脑模式，开始菜单和应用都将以全屏模式运行。通过设置，系统会自动在平板电脑与桌面模式间切换。

多桌面：如果用户没有多显示器配置，但依然需要对大量的窗口进行重新排列，那么 Windows 10 的虚拟桌面功能可以帮助用户将窗口放进不同的虚拟桌面当中，并在其中进行轻松切换，使原本杂乱无章的桌面变得整洁起来。

开始菜单进化：微软公司在 Windows 10 中带回了用户期盼已久的开始菜单功能，并将其与 Windows 8 开始屏幕的特色相结合。单击屏幕左下角的 Windows 键打开开始菜单之后，你不仅会在左侧看到系统关键设置和应用列表，而且标志性的动态磁贴也会出现在右侧。

任务切换器：Windows 10 的任务切换器不再仅显示应用图标，而是通过大尺寸缩略图的方式进行内容预览。

任务栏的微调：在 Windows 10 的任务栏中，新增了 Cortana 和任务视图按钮，与此同时，系统托盘内的标准工具也匹配上了 Windows 10 的设计风格，可以查看到可用的 Wi-Fi 网络，或是对系统音量和显示器亮度进行调节。

贴靠辅助：Windows 10 不仅可以让窗口占据屏幕左右两侧的区域，还能将窗口拖拽到屏幕的四个角落使其自动拓展并填充 1/4 的屏幕空间。在贴靠一个窗口时，屏幕的剩余空间内还会显示出其他开启应用的缩略图，单击之后可将其快速填充到这块剩余的空间当中。

通知中心：Windows Phone 8.1 的通知中心功能也被加入 Windows 10 中，让用户可以方便地查看来自不同应用的通知，此外，通知中心底部还提供了一些系统功能的快捷开关，如平板模式、便签和定位等。

命令提示符窗口升级：在 Windows 10 中，用户不仅可以对 CMD 窗口的大小进行调整，还能使用辅助粘贴等熟悉的快捷键。

文件资源管理器升级：Windows 10 的文件资源管理器会在主页面上显示用户常用的文件和文件夹，让用户可以快速获取自己需要的内容。

Microsoft Edge：为了追赶 Chrome 和 Firefox 等热门浏览器，微软淘汰掉了老旧的 IE，带来了新的 Edge 浏览器。Edge 浏览器虽然尚未发展成熟，但它的确带来了诸多的便捷功能，如和 Cortana 的整合及快速分享功能。

计划重新启动：Windows 10 会询问用户希望在多长时间之后进行重启。

设置和控制面板：Windows 8 的设置应用同样被沿用到了 Windows 10 中，该应用会提供系统的一些关键设置选项，用户界面也和传统的控制面板相似。而从前的控制面板也依然会存在于系统中，因为它依然提供一些设置应用所没有的选项。

兼容性增强：只要能运行 Windows 7 操作系统，就能更加流畅地运行 Windows 10 操作系统。针对固态硬盘、生物识别、高分辨率屏幕等硬件都进行了优化支持与完善。

安全性增强：除了继承旧版 Windows 操作系统的安全功能外，还引入了 Windows Hello、Microsoft Passport、Device Guard 等安全功能。

新技术融合：Windows 10 在易用性、安全性等方面进行了深入的改进与优化，针对云服务、智能移动设备、自然人机交互等新技术进行了融合。

3.7.3　UNIX 操作系统

UNIX 操作系统是由美国电话电报公司（American Telephone & Telegraph Company，AT&T）下属的 Bell 实验室的两名程序员 K.汤普森（K. Thompson）和 D.M.A.里奇（D.M.A. Ritchie）于 1969~1970 年研制出来的。他们首先在 PDP-7 计算机上实现了 UNIX 操作系统，然后里奇又专为 UNIX 操作系统研制了 C 语言，并用 C 语言改写了该系统。1979 年产生了 UNIX 第七版，一年后开始应用于微型机。为此，它的设计者，汤普森和里奇也获得了 1983 年度 ACM 图灵奖。如今，UNIX 已成为当前世界上著名的操作系统之一。

在 UNIX 操作系统产生之后的 10 年，它在学术机构和大型企业中得到广泛的应用，当时的 UNIX 拥有者 AT&T 公司以低廉甚至免费的许可将 UNIX 源码授权给学术机构做研究或教学之用，许多机构在此源码基础上加以扩充和改进，形成了所谓的 UNIX "变种"（variations），这些变种反过来也促进了 UNIX 的发展，其中最著名的变种之一是由加利福尼亚大学伯克利分校开发的 BSD 产品。后来 AT&T 意识到了 UNIX 的商业价值，不再将 UNIX 源码授权给学术机构，并对之前的 UNIX 及其变种声明了版权权利。这引发了一场旷日持久的版权官司，直到 Novell 公司接手 AT&T 的 UNIX 实验室，提出允许自由发布自己的 BSD，前提是必须将来自 AT&T 的代码完全删除，这场使用者与所有者的争斗才停止。继而诞生了 4.4BSD_Lite，成为现代 BSD 系统的基础版本。

UNIX 是一个多道程序分时操作系统，也就是我们通常说的多用户、多任务操作系统。主要特点是短小精悍、简单有效，并具有易理解、易移植性。UNIX 操作系统在结构上分为核心层和实用层，核心层小巧，而实用层丰富。如图 3.11 所示，其核心层由约 10000 行的 C 语言代码和 1000 行汇编语言代码组成，非常精干简洁，占用的存储空间很小，因此能常住内存，保证系统以较

图 3.11　UNIX 操作系统层次结构

高的效率工作。实用层是那些从核心层分离出来的部分，它们以核外程序的形式出现，并在用户环境下运行。这些核外程序包括语言处理程序、编辑程序、调试程序、有关系统状态监控和文件管理的实用程序等。我们接下来要介绍的用户与 UNIX 操作系统的接口 Shell 也属于核外程序。核心层提供底层服务，核外程序以内核为基础，向用户提供各种良好的服务。

UNIX 操作系统提供的用户接口是一种被称为 Shell 的命令语言。这种命令语言的解释程序也称为 Shell。在系统初始启动的时候为每个用户建立一个 Shell 进程，每个 Shell 进程等待用户输入命令。命令的最简单形式是一个命令行，由命令名和若干参数组成，中间用空格隔开，一般形式是：命令名 参数 1 参数 2 ⋯ 参数 n。然后根据命令名找出对应的文件，把文件读入内存，并按给出的参数解释执行。命令的执行是通过 fork 系统调用来完成的，Shell 进程调用 fork 后，fork 创建一个 Shell 进程的子进程且让 Shell 进程等待。子进程解释执行命令，命令执行结束时子进程调用 exit 完成终止子进程和释放父进程的工作。最后给出提示，允许用户输入下一个命令行。

系统调用是用户程序请求操作系统为其服务的唯一形式，在 UNIX 操作系统中把系统调用称为程序员接口。用户程序用捕俘（trap）指令请求系统服务，核心层的中断捕俘程序根据 trap 的类型转向相应的处理程序。

UNIX 操作系统因为其安全可靠、高效强大的特点在服务器领域得到了广泛的应用。直到 GNU/Linux 开始流行前，UNIX 操作系统也是科学计算机、大型计算机、超级计算机等所用操作系统的主流。

3.7.4　Linux 操作系统

Linux 的出现，最早开始于一个计算机爱好者 Linus Torvalds。1991 年 4 月，当他还是芬兰赫尔辛基大学学生的时候，想设计一个代替 MINIX（A. S.Tanenbaum 设计的一个

类 UNIX 作业系统）的操作系统，能用于 x86（386、486）或者奔腾处理器的个人计算机上，并且具有 UNIX 操作系统的全部功能，这就是 Linux 的产生。Linus 完成设计之后，通过 USENET（新闻组）宣布这是一个免费的系统，将源码放到了芬兰的 FTP 站点上代人免费下载，希望大家一起来将它完善。

在继续介绍 Linux 操作系统之前，不得不先介绍一个重要的概念：GNU 计划。

GNU 计划，又称革奴计划，是由 Richard Stallman 在 1983 年 9 月 27 日公开发起的。它的目标是创建一套完全自由的操作系统。Richard Stallman 最早是在 net.unix-wizards 新闻组上公布该消息，并附带一份《GNU 宣言》解释为何发起该计划的文章，其中一个理由就是要"重现当年软件界合作互助的团结精神"。

为保证 GNU 软件可以自由地"使用、复制、修改和发布"，所有 GNU 软件都包括一份禁止其他人添加任何限制的情况下授权所有权利给任何人的协议条款，GNU 通用公共许可证（general public license，GPL）。这个就是被称为"反版权"（或称 copyleft）的概念。到 1991 年 Linux 内核发布的时候，GNU 已经几乎完成了除系统内核之外的各种必备软件的开发。在 Linus 和其他开发人员的努力下，GNU 组件可以运行在 Linux 内核之上。因此，Linux 也有另外一个名字 GNU/Linux。

因为 Linux 操作系统是一个源码开放、可以免费使用和传播的操作系统，任何用户都能通过网络获取 Linux 及其工具的源码，然后修改、建立一个自己的 Linux 开发平台，开放 Linux 软件，这样 Linux 才不断地发展壮大起来。而由于其低廉的价格，Linux 也常常被应用于嵌入式系统，如机顶盒、移动电话及移动装置等。在移动电话上，Linux 已经成为与 Symbian OS、Windows Mobile 系统并列的三大智能手机操作系统之一；而在移动装置上，Linux 成为 Windows CE 和 Palm OS 之外另一个选择。采用 Linux 的超级计算机也越来越多。2006 年开始发售的 SONY PlayStation 3 也使用了 Linux 操作系统（这个大家应该不陌生吧，PSP 游戏机）。之前，Sony 也曾为他们的 PlayStation 2 推出过一套名为 PS2 Linux 的 DIY 组件。

Linux 作为一个充满生机，有着巨大用户群和广泛应用领域的操作系统，已在软件业中有着重要地位，从技术上讲它有如下特点。

1）符合 POSIX 标准

Linux 符合 POSIX 1003.1 标准。该标准定义了一个最小的 UNIX 操作系统接口。Linux 具有和 UNIX 一样的用户接口，可以运行 UNIX 的程序。为了使 UNIX 具有影响的两个版本 BSD UNIX 和 System V UNIX 的程序能直接在 Linux 上运行（源码兼容，部分程序在二进制级兼容），Linux 还增加了部分 System V UNIX 和 BSD UNIX 的用户接口，成为一个较完善的 UNIX 开发平台。

2）支持多用户多任务

Linux 是一个真正的多用户、多任务操作系统。它支持多个用户同时使用同一台计算机，同时访问系统中的应用程序，同时从相同或不相同的终端上运行一个或多个应用程序。

Linux 支持多任务并发活动，一个用户或应用程序可以建立多个进程。大量进程可以同时在系统中活动。系统提供进程管理、控制、调度的功能，使进程在进程调度程序的控制下分时地占用 CPU 时间，使各自的活动不断地向前推进，这就是 Linux 的多任务性。

3）多平台

Linux 是支持硬件平台最多的一种操作系统，它主要在基于 X86、ISA、EISA、PCI 及 VIB 总线的个人计算机上运行，也可以在 Intel 以外的 CPU 上运行。目前，Linux 可以支持的硬件平台有 Alpha、Sparc、Arm、M68K、Mips、Ppe 和 S390。2.4 内核还可以支持 Super-H 和 Mips64 等硬件平台。

4）使用灵活的命令程序设计语言 Shell

首先 Shell 是一种命令语言，Linux 提供的所有命令都有对应的实用程序。Shell 也是一种程序设计语言，它具有许多高级语言所拥有的控制流能力，如 if、for、while、until、case 语句，以及对字符串变量的赋值、替换、传递参数、命令替换等能力。用户可以利用这些能力，使用 Shell 语言写出"Shell"程序存入文件。以后用户只要输入相应的文件名就能执行它。这种方法易于系统的扩充。

5）通信和网络

Linux 是一个多用户、多任务操作系统，而且 Linux 的联网能力与其内核紧密地结合在一起。Linux 支持传输控制协议/网际协议（transmission control protocol/internet protocol，TCP/IP），提供 TELNET、FTP、NFS 等服务功能。用户可以通过 Linux 命令完成内部网络信息或文件传输，也可以向网络环境中的其他结点传输文件和程序，系统管理员或其他用户还可以访问其他操作系统。

6）支持多种文件系统

Linux 支持多种文件系统。目前支持的文件系统有 EXT2、EXT、HPFS、MS-DOS、NFS、MINIX、UFS、VFAT 等十几种。Linux 缺省的文件系统是 EXT2。EXT2 具有许多特有的功能，比常规的 UNIX 文件系统更加安全。

3.7.5　macOS

macOS 是一套运行于 Apple 公司的 Macintosh 系列计算机上的专属操作系统。它是首个在商用领域成功的图形用户界面。现行最新的系统版本是 macOS Mojave 10.14.3。macOS 可以分成两个系列：一个是 Classic Mac OS（系统搭载在 1984 年销售的首部 Mac 与其后代上，终极版本是 Mac OS 9），采用 Mach 作为内核，在 OS 8 以前用"System x.xx"来称呼；另一个是新的 Mac OS X，结合 BSD UNIX、OpenStep 和 Mac OS 9 的元素，它的最底层基于 UNIX 基础，其代码被称为 Darwin，实行的是部分开放源码。

Classic Mac OS 的特点是完全没有命令行模式，它是一个 100%的图形操作系统。预示它容易使用，它也被指责为几乎没有内存管理、协同式多任务（cooperative multitasking）和对扩展冲突敏感。"功能扩展"（extensions）是扩充操作系统的程序模块，如附加功能性（网络）或为特殊设备提供支持。某些功能扩展倾向于不能在一起工作，或只能按某个特定次序载入。解决 macOS 的功能扩展冲突可能是一个耗时的过程。

macOS 引入了一种新型的文件系统，一个文件包括了两个不同的"分支"（forks）。它分别把参数存在"资源分支"（resource fork），而把原始数据存在"数据分支"（data fork）里，这在当时是非常创新的。但是，因为其他操作系统不能识别此文件系统，macOS 与其他操作系统的沟通则成为问题。

Mac OS X 使用基于 BSD UNIX 的内核，并带来 UNIX 风格的内存管理和先占式多工（preemptive multitasking）模式，大大改进内存管理，允许同时运行更多软件，而且实质上消除了一个程序崩溃导致其他程序崩溃的可能性。这也是首个包括"命令行"模式的 macOS。

但是，这些新特征需要更多的系统资源，按官方的说法早期的 Mac OS X 只能支持 G3 以上的新处理器（它在较旧的 G3 处理器上执行起来比较慢）。Mac OS X Tiger 以前的 OS X 有一个兼容层负责执行老旧的 Mac 应用程序，名为 Classic 环境（也就是程序员所熟知的"蓝盒子"the blue box）。它把老的 Mac OS 9.x 系统的完整拷贝作为 Mac OS X 里一个程序执行，但执行应用程序的兼容性只能保证程序在写得很好的情况下在当前的硬件环境下不会产生意外。Apple 公司在发布 Mac OS X 系统时，宣布该系统只能在 G3 处理器及更高版本上使用。而在拥有 Intel 处理器的 Mac 上，可以通过 Apple 官方提供的软件安装双系统（macOS 系统和 Windows 系统）。2005 年 6 月 6 日，S.乔布斯（S. Jobs）在 Apple 公司的全球开发者大会中发表演说，表示接下来的两年间 Apple 将会从 PowerPC 转换到 Intel 的微处理器，而且在这个转变的期间，Mac OS X 都会支援两种平台。对于 PowerPC 平台的支援会一直持续到 10.5 版，但是同时支援两种平台多久的时间并不清楚（Mac OS 对于 Motorola 68k 架构的支援一直持续到 PowerPC 系统推出后的约 4 年）。新版的 Xcode 支援建造通用二元程序码，可以在两种架构执行。PowerPC 程序在使用 Intel 处理器的 Mac 电脑上，通过名为 Rosetta 的模拟器支持运行。乔布斯也证实先前的谣言，就是 Apple 之前每一版的 Mac OS X 开发周期都有 Intel 微处理器的版本。

早期，Mac OS 前一版的使用者必须付全额的价格购买新版本，但是从 Mac OS X 10.9 开始，已经可以免费升级，用户通过 App Store（应用商店）下载更新升级。

3.7.6　Google Chrome OS

Google Chrome OS 是由谷歌（Google）开发的基于 Linux 的开源操作系统，专用于互联网的云操作系统。2010 年 12 月 7 日（北京时间 12 月 8 日 2 点 30 分）在美国举行 Chrome 相关产品发布会，发布会上正式发布 Chrome Web store 和 Chrome OS。

Chrome OS 系统的设置共有四个步骤，包括常见的键盘和语言的设置，然后需要用 Google 的账号登录，只需要 1 min。Google 声称"Chrome OS"的设计理念是朝极简方向走，很像 Google 浏览器。依此方向，Google 希望将大部分的用户界面从桌面型环境转移到万维网上。云计算是这种设计里的最大的一部分。对于软硬件设计发展人员，Google 发出"网络即平台"的观点。Google 也说明 Chrome OS 是会和手机的 Android

操作系统分离开来，Android 主要是设计给智能手机使用，而 Chrome OS 其所有的应用都是基于网页，是设置给那些将大部分时间都花在互联网上的用户使用，它可以运行在上网本和台式计算机上。根据市场的反馈，Google 不断完善 Chrome OS，可以提供少部分离线运行的应用。同时由于 Chrome 浏览器的盛行，许多开发者愿意给 Chrome 浏览器开发插件，使其应用商店也逐渐丰富起来。由于其较低的售价，在 2017 年的北美教育市场，Chrome 笔记本打败了两大巨头，占据了 49%的份额。

3.7.7　手机操作系统

手机操作系统是指运行在手机（通常是智能手机）上的操作系统，支持手机进行多任务处理，提供给用户统一的图形界面，可以安装应用程序（软件）进行功能扩展。在某种程度上，安装了操作系统的手机可以替代个人计算机使用，满足如网页浏览、文档编辑、邮件收发等一般需求。

权威的电子消费市场调研机构 NetMarketShare 公布的近 1 年（截至 2019 年 3 月）的手机操作系统市场份额数据如图 3.12 所示。显然，手机操作系统呈现 Android 和 iOS 双雄鼎立的局面。

图 3.12　2018 年 4 月至 2019 年 3 月手机操作系统市场份额

1. Android

Android 是一种基于 Linux 的自由及开放源码的操作系统，可用于智能手机和平板电脑，由 Google 公司和 Open Handset Alliance 领导及开发，俗称安卓系统。Android 操作系统最初由 Andy Rubin 开发，主要支持手机，2005 年 8 月由 Google 收购注资。2007 年 11 月，Google 与 84 家硬件制造商、软件开发商及电信营运商组建开放手机联盟共同研发改良 Android 系统。随后 Google 以 Apache 开源许可证的授权方式，发布了 Android 的源码。第一部 Android 系统智能手机发布于 2008 年 10 月。2011 年第一季度，Android 系统在全球的市场份额首次超过 Symbian（塞班）系统，跃居全球第一。2013 年的第四季度，Android 系统手机的全球市场份额已经达到 78.1%。2013 年全球采用 Android 系统的设备数量已经达到 10 亿台。最新系统版本是 2018 年 5 月 9 日发布的 Android 9.0 Pie。

相对于 Black Berry OS（黑莓）系统，Android 系统开放源码，开发更自由但安全性较低。Android 系统的开放性使其拥有众多的全球开发者，既吸引了用户，积聚了人气，也汇集了各式各样丰富多彩的应用产品（APP）。开放自由（开源）是 Android 系统蓬勃发展的基础。

2. iOS

iOS 是 Apple 公司开发的移动设备操作系统，可用于 Apple 手机（iphone）和 Apple 平板电脑（ipad）及 Apple 娱乐设备（ipod Touch、Apple TV）上。2007 年发布了第一版系统，名为"iPhone Runs OS X"，2019 年 9 月 19 日发布最新的版本 iOS 13。iOS 系统和 Apple 硬件的无缝合作，给予用户流畅的使用体验，拥有部分忠实的拥护者（俗称果粉）。iOS 被认为是最好用的手机操作系统，随着新产品定价越来越高，2018 年 8 月市场份额一度下降至 25.96%。

3. MIUI

MIUI 是小米公司旗下基于 Android 系统深度优化、定制、开发的第三方手机操作系统。2010 年 8 月 16 日，MIUI 正式发布；2019 年 9 月 24 日，发布最新版本 MIUI 11。从本质上讲，MIUI 不是一个新系统，它是根植于 Android 系统的特定 UI。

采用 MIUI 系统的小米手机，拥有全球最大的消费级 IoT（物联网）平台，可以连接超过一亿台智能硬件设备，给众多年轻用户带来科技感智能化的生活体验。

MIUI 系统大版本每年更新一次，小版本分为稳定版和开发版。稳定版不定期更新，开发版每周五更新。MIUI 的开发团队在 MIUI 论坛上直接与用户交流，接收反馈并持续改进系统，让用户参与系统开发。每周更新的开发版，给用户带来常新的感受，也使其手机的功能更加人性高效。

4. Firefox OS

Firefox OS 是由 Mozilla 公司主导研发的开放源码移动操作系统，采用 Linux 核心，2012 年 7 月 2 日正式宣布名称为 Firefox OS。采用开放网络（open Web）技术，以 Gecko 浏览器引擎为核心，采用 HTML5 开发。所有应用都基于网络，希望用户一开机就能够连接上互联网，但也可通过 HTML5 cache Manifest 或相关 API 在脱机时使用。Firefox OS 定位的目标群体是低价的入门级别手机，第一个国家选择巴西，避开竞争激烈的美国市场。但是在 2016 年 10 月底，Mozilla 宣布了一个决定：所有 Firefox OS 的相关工作彻底终结，停止开发和售卖该系统的手机，仅仅作为一个开源项目移交给社区进行维护，彻底地终结了该系统的生命。

5. BlackBerry OS

BlackBerry OS 是加拿大 Research In Motion（RIM）公司推出的一款操作系统，由 RIM 自主开发。该系统最大的特点是 Push Mail 实时电子邮件服务，依赖于特定的服务器软件和终端，兼容现有的无线数据链路，实现了遍及北美、随时随地收发电子邮件的功能。相对于 Android 系统来说，它的加密性更强，数据更安全。使用 Black Berry OS 系统的黑莓手机采用 QWERTY 键盘（即全键盘、标准键盘），方便用户输入文字。

2006 年，黑莓在美国的市场占有率高达 48%，可谓是占据了半壁江山。但是在 2018 年，黑莓官方宣布：正在转用 Android 系统平台，并在两年后彻底关闭 World（黑莓应用商店）与 BlackBerry OS。当时黑莓手机最新的系统版本为 BlackBerry 10（BB10），黑莓相关负责人表示，如果在这 2 年期间，有大量的用户购买 BlackBerry OS 的设备，黑莓将会继续推出和维护 BlackBerry OS 的相关产品，相反若没有的话，黑莓就只能提供相应补丁，并在 2 年后正式关闭。

6. 麒麟 OS

麒麟 OS 是华为自主研发的，能够与 Android 系统兼容并行的手机操作系统，以备不时之需。

7. 其他

Smartisan OS（锤子操作系统）、EMUI（华为）、Flyme OS（魅族）、Tizen（三星）、Sailfish OS（旗鱼系统）等众多操作系统百花齐开，但是还并未能与头号牡丹争艳。

习　题　3

一、单选题

1. 在计算机系统中配置操作系统的主要目的是（　　）。

A. 增强计算机系统的功能

B. 提高系统资源的利用率

C. 提高系统的运行速度

D. 合理组织系统的工作流程，以提高系统吞吐量

2. 操作系统的主要功能是管理计算机系统中的（　　）。

A. 程序和数据　　　　B. 进程　　　　C. 资源　　　　D. 作业

3. 批处理操作系统的主要缺点是（　　）。

A. CPU 的利用率不高　　　　　　　B. 失去了交互性

C. 不具备并发性　　　　　　　　　D. 以上都不是

4. 引入多道程序的目的在于（　　）。

A. 充分利用 CPU，减少 CPU 等待时间　　B. 提高实时响应速度

C. 有利于代码共享，减少内存、外存信息交换量　D. 充分利用存储器

5. 一个文件的绝对路径名是从（　　）开始，逐步沿着每一级子目录向下，最后到达指定文件的整个通路上所有子目录名组成的一个字符串。

A. 当前目录　　　　B. 根目录　　　　C. 多级目录　　　　D. 二级目录

6. 从用户的角度看，引入文件系统的主要目的是（　　）。

A. 实现虚拟存储　　　　　　　　　B. 保存用户和系统文档

C. 保存系统文档　　　　　　　　　D. 实现对文件的按名存取

7. 用户可以通过调用（　　）文件操作，来归还文件的使用权。

A. 建立　　　　B. 打开　　　　C. 关闭　　　　D. 删除

8. 与计算机硬件关系最密切的软件是（   ）。

A. 编译程序   B. 数据库管理程序   C. 游戏程序   D. 操作系统

二、填空题

1. 操作系统是＿＿＿＿＿＿（软件、硬件）。

2. 操作系统的发展经历了＿＿＿＿＿＿、＿＿＿＿＿＿、＿＿＿＿＿＿、＿＿＿＿＿＿四个阶段。

3. 操作系统的资源管理功能有：CPU 管理、＿＿＿＿＿＿、设备管理、文件管理。

4. 实时系统应具有两个基本特征：及时性和＿＿＿＿＿＿。

5. 若一个操作系统具有很强的交互性，可同时供多个用户使用，则是＿＿＿＿＿＿操作系统。

6. 分时系统具有同时性、独立性、及时性和＿＿＿＿＿＿的特点。

三、简答题

1. 最常见的操作系统类型有哪几种？

2. 什么是操作系统的用户界面？它分为哪两个类型？

3. 什么是文件？什么是文件系统？文件系统的功能是什么？

4. 抢占式调度和非抢占式调度有何区别？

5. 在分级调度算法中，为什么对不同就绪队列中的进程规定使用不同长度的时间片？

6. 进程与作业的关系是什么？

7. 中断与程序并发之间的关系是什么？

第 4 章　程序设计基础

第 3 章里，我们学习的操作系统用户界面，使用用户可以交互地使用计算机。通过系统提供的友好的图形用户界面，用户可以使用鼠标（或键盘）选择需要的图标（图符），采用单击方式，运行某一个程序或执行某一个操作。这种人机交互模式简单易学，大多数普通用户就是这样使用计算机的。但是，有时这似乎还不够。举个例子：妈妈做了一桌菜，通常我们就在其中选择某些菜来吃。但假设，我们突然想吃"麻辣火锅"，餐桌上没有，怎么办？"自己做"不失为一个解决办法。

事实上，操作系统除了提供图形用户界面，也提供了另外一个接口，是针对程序设计者而提供的系统功能服务。这样，某些有特别需求的用户，就可以自己设计程序。与交互式不同，这是用户在程序式地使用计算机。在交互式中，用户只能使用操作系统已提供的系统命令或操作功能；而在程序式中，用户可以更具有"创造性"，创造出符合新的具体要求和解决实际问题的功能。从这个意义上来讲，程序式地使用计算机更高级，当然，对用户的要求也更高。接下来，就让我们学习如何自己做些想吃的菜吧（即程序设计）。

首先，大家想想做菜需要准备什么：一口锅，一个菜谱，若干食材。烹饪方法和工艺的不同会需要不同的锅，不同的菜系和不同口味的菜，菜谱也不一样，对于新手来说，要学会做菜需要学习很多知识。程序设计中涉及语言、设计方法、算法、数据结构等诸多概念，它们之间有什么联系？希望通过这一章的学习，能帮助大家弄清楚这些问题。

4.1　程序设计语言概述

要做菜必须先有一口锅，选择了某种锅，基本上也就决定了某种烹饪方法。进行程序设计，先学会一种计算机语言，用计算机语言按照处理某一类问题的算法来编程，就可以解决现实中的一些实际问题。

程序设计语言是用于书写计算机程序的一组记号和一组规则。程序设计人员把计划让计算机完成的工作用这些记号编排好程序，交给计算机去执行。计算机所做的每一次动作，每一个步骤，都是按照已经用计算机语言编好的程序来执行的。程序是计算机要执行的指令的集合。人们要控制计算机，一定要通过程序设计语言向计算机发出指令，计算机根据指令完成相应的操作。

4.1.1　程序设计语言分类

自 20 世纪 60 年代以来，世界上公布的程序设计语言已有上千种，但是只有很小一部分得到了广泛的应用。从发展历程来看，程序设计语言可以分为以下四代。

1. 第一代机器语言

计算机是一个二进制的世界，所有的信息都用"0"和"1"的代码存储。所以早期的计算机使用者就用计算机能理解的"0"和"1"组成的二进制编码表示命令，称为机器指令。这样的指令能被计算机直接执行，不需要翻译，格式如图4.1所示。

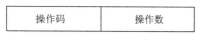

操作码	操作数

图 4.1　机器指令的格式

大家试着读一下这个指令：

10110000 00000010

00101100 00001010

11110100

以上的程序段每行的意思是：

把2放入累加器 A 中；

10与累加器 A 中的数相加，结果仍放入 A 中；

停机，结束。

每行指令中前半段是操作码字段，指示计算机所要执行的操作，后半段是操作数字段，指出在指令执行过程中所需要的操作数（如提供加法指令的加数和被加数）。这就是机器指令，它不仅难以记忆，难以书写，更加难懂，所以只有极少数的计算机专家才能熟练地使用它们。尽管机器语言能被计算机直接理解，执行速度快，但是编写程序的工作毕竟是人来完成的，所以人们希望有容易理解掌握的语言来设计程序。

2. 第二代汇编语言

为了使语言更容易地被程序员或者计算机使用者理解，人们用助记符替代二进制的操作码，用符号地址代替二进制的操作数，称为汇编语言。例如，用 ADD 表示加法操作，用 SUB 表示减法操作，用 DIV 表示除法。

上面的机器指令就能改写为

```
MOV  A, 2          把2放入累加器 A 中；
ADD  A, 10         10与累加器 A 中的数相加，结果仍放入 A 中；
HLT                停机，结束。
```

可以看出汇编语言编写的程序，其可读性较机器语言提高了很多。作为一种面向机器的语言，它仍然需要程序员处理硬件方面的事务，如安排存储、规定寄存器和运算器的次序等，这样的要求对普通用户来说，难度还是很高。在程序执行方面，汇编语言不能直接在计算机上执行，必须经过汇编程序将其翻译成机器指令后才能运行。因此，高级语言产生了。

3. 第三代高级语言

高级语言是一种接近于人们习惯的程序设计语言，它允许用英文词汇书写解题的程序，程序中所用的运算符号和运算式都和我们日常用的数学表达式差不多。这种语言独立于计算机，只与过程或问题有关，而与机器的结构无关，如 C 语言、Java、Python 等。

上面例子中的程序段可以用 C 语言表示为

```
A=2;
A=A+10;
```

是不是非常简单易懂？它符合人类的语言习惯，简单易学，而且与使用的机器无关，通用性、可移植性更好。

高级语言所编写的程序不能直接被计算机识别，必须经过转换才能被执行，按转换方式可将它们分为以下两类。

解释类：执行方式类似于日常生活中的"同声翻译"，应用程序源码一边由相应语言的解释器"翻译"成目标代码（机器语言），一边执行，因此效率比较低，而且不能生成可独立执行的可执行文件，应用程序不能脱离其解释器，但这种方式比较灵活，可以动态地调整、修改应用程序。

编译类：编译是指在应用源程序执行之前，就将程序源代码"翻译"成目标代码（机器语言），因此其目标程序可以脱离其语言环境独立执行，使用比较方便、效率较高。但应用程序一旦需要修改，必须先修改源码，再重新编译生成新的目标文件（*.obj）才能执行，只有目标文件而没有源码，修改很不方便。现在大多数的编程语言都是编译类的，如 C、C++、Delphi 等。

4. 第四代非过程化程序设计语言

非过程化程序设计语言，编码时只需说明"做什么"，不需描述算法细节。数据库查询和应用程序生成器是第四代语言的两个典型应用。用户可以用结构化查询语言（structured query Language，SQL）对数据库中的信息进行复杂的操作。用户只需将要查找的内容在什么地方、根据什么条件进行查找等信息告诉 SQL，SQL 将自动完成查找过程。应用程序生成器则是根据用户的需求"自动生成"满足需求的高级语言程序。真正的第四代语言应该说还没有出现，它是面向应用，为最终用户设计的一类程序设计语言。它具有缩短应用开发过程、降低维护代价、最大限度地减少调试过程中出现的问题及对用户友好等优点。

4.1.2　常用的程序设计语言

现在常用的程序设计语言有几十种之多，尽管不同的程序设计语言的差别很大，但是最后都要"变成"CPU 可以执行的指令，从理论上来讲，每种程序设计语言都几乎可以做所有的事情，但每种语言的主要应用有所不同。

1. Java

Java 语言是一种面向对象的、不依赖于特定平台的程序设计语言，简单、可靠、可编译、可扩展、多线程、结构中立、类型显示说明、动态存储管理、易于理解，是一种理想的、用于开发 Internet 应用软件的程序设计语言，广泛应用于企业级 Web 应用开发和移动应用开发。

2. C 和 C++

C 语言诞生于 1972 年，可以称为现代高级语言的鼻祖，由著名的 Bell 实验室发明。C 语言是人们追求结构化、模块化、高效率的"语言之花"。在底层编程，如嵌入式、病毒开发等应用，可以替代汇编语言来开发系统程序。在高层应用，可以开发从操作系统（UNIX/Linux/Windows 都基于 C 语言开发）到各种应用软件。

C++语言作为 C 语言的扩展，是一种混合语言，既可以实现面向对象编程，也可以开发面向过程风格的程序。它适合一些复杂但又要求高效率的，如大型游戏和一些规模大、性能高的程序开发。

3. JavaScript

JavaScript 是一种属于网络的脚本语言，已经被广泛用于 Web 应用开发，常用来为网页添加各式各样的动态功能，为用户提供更流畅美观的浏览效果。通常 JavaScript 脚本是通过嵌入在超文本标记语言（hyper text markup language，HTML）中来实现自身的功能的。它本身提供了非常丰富的内部对象供设计人员使用，其源码在发往客户端运行之前不需经过编译，而是将文本格式的字符代码发送给浏览器由浏览器解释运行，属于解释类语言。

4. Python

Python 是目前广泛使用的高级编程语言，语法结构简单，易学易懂；Python 具有丰富和强大的库。它可以把用其他语言（尤其是 C/C++）制作的模块轻松地联结在一起，又称其为胶水语言。Python 广泛应用于图形处理、科学计算、Web 编程、多媒体应用、引擎开发等；尤其是在未来机器学习和人工智能方向上有非常大的潜力。

5. PHP

PHP 又称超文本预处理器，是一种通用开源脚本语言。它主要适用于 Web 开发领域，语法吸收了 C 语言、Java 和 Perl 的特点，入门简单，容易掌握，程序健壮性好，使用广泛。用 PHP 做出的动态页面与其他的编程语言相比，它是将程序嵌入 HTML 文档中去执行，执行效率比完全生成 HTML 标记的公共网关接口（common gate interface，CGI）要高许多；PHP 还可以执行编译后代码，编译可以达到加密和优化代码运行，使代码运行更快。

6. Objective-C

Objective-C 通常写作 Obj-C 或 OC，是根据 C 语言所衍生出来的语言，继承了 C 语言的特性，是扩充 C 语言的面向对象编程语言。OC 主要用于 Apple 软件的开发，主要支持的编译器有 GCC 和 Clang（采用 LLVM 作为后端），它主要适用于 iOS 操作系统、

iOS 应用程序和 Mac OS X 操作系统中。

7. R 语言

R 是用于统计分析、绘图的语言和操作环境。R 软件具备高效的数据处理和存储功能，擅长数据矩阵操作，提供了大量适用于数据分析的工具，支持各种数据可视化输出。R 软件的一大优势是分析人员可利用简单的 R 程序语言描述处理过程，以构建强大的分析功能。此外，R 软件具备良好可扩展性，来自世界各地开源社区的研究者为其提供了各种丰富的工具包。R 软件能结合各种挖掘算法，有效地简化数据分析过程，适用于数据挖掘领域。

4.2　程序设计方法

程序设计是一门技术，需要相应的理论、技术、方法和工具来支持。程序设计不仅要保证设计的程序能正确地解决问题，还要求程序具有可读性、可维护性。程序设计只学会某一种程序设计语言还不够，还需要了解程序设计方法。这有点像做菜，你学会了"红烧排骨"，但你还需要了解其他烹饪方法，如清炖、糖醋、清蒸等。

4.2.1　结构化程序设计

结构化程序设计也称为面向过程的程序设计，就是面向解决问题的一系列过程进行编程。分析解决问题所需要的步骤，将这些步骤分解为若干个连续的过程，依次逐步完成这些过程，如果某一步的难度较大，可以将该步骤再次细化为若干个子步骤，以此类推，一直到结束得到想要的结果；结构化程序设计方法主要是采用自顶向下、逐步细化和模块化的程序设计方法。

1. 结构化程序设计方法

1）自顶向下

结构化程序设计是将复杂且规模较大的问题划分成若干较小问题，将问题分解成若干个实现步骤，按解决问题的步骤分解为若干个连续的过程，按照过程需要实现的功能一步一步设计实施。

2）逐步细化

先从最上层总目标开始设计，再对局部的问题进行逐步细化和具体化。将复杂的大问题分解为相对简单的小问题，找出每个问题的关键点、重点所在。

3）模块化设计

模块化是把程序要解决的总目标分解为子目标，再进一步分解为具体的小目标，把每一个小目标称为一个模块。将待开发的软件系统划分为若干个相互独立的模块，这样使完成每一个模块的工作变得单纯而明确，只需将模块组合起来就形成一个软件产品。

4）限制使用 goto 语句

goto 语句是无条件转移语句，一般用在模块中改变程序的执行顺序。在程序中过多地使用 goto 语句，会使程序变得难以理解，从提高程序清晰度考虑建议不使用 goto 语句。

2. 结构化程序设计的基本结构

结构化程序设计使用三种基本结构来构造程序，任何程序都可由顺序、选择、循环三种控制结构组成，形成"单入口单出口"的程序。

1）顺序结构

顺序结构表示程序中的各操作是按照它们出现的先后顺序依次执行的。如图 4.2 所示，先执行语句 1，再执行语句 2。

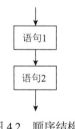

图 4.2　顺序结构

2）选择结构

选择结构表示程序的处理步骤出现了分支，它需要根据某一特定条件选择其中一个分支执行，如图 4.3 所示。当条件判断结果成立时，执行语句 A，条件判断结果不成立时执行语句 B。这是选择结构中最常见的双分支结构，还有单分支和多分支结构，道理类似。

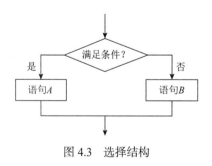

图 4.3　选择结构

3）循环结构

循环结构表示程序反复执行某个或某些操作，直到某条件为假（或为真）时才可终止循环。在循环结构中最主要的是：什么情况下执行循环？哪些操作需要循环执行？循环结构的基本形式有两种：当型循环和直到型循环，如图 4.4 所示。

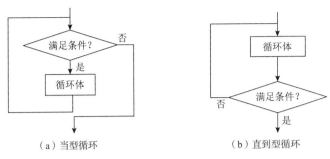

（a）当型循环　　　　　　　　　（b）直到型循环

图 4.4　循环结构

当型循环：表示先判断条件，当满足给定的条件时执行循环体，并且在循环终端处流程自动返回到循环入口；如果条件不满足，则退出循环体直接到达流程出口处，如图 4.4（a）所示。因为是"当条件满足时执行循环"，即先判断后执行，所以称为当型循环。

直到型循环：表示从结构入口处直接执行循环体，在循环终端处判断条件，如果条件不满足，返回入口处继续执行循环体，直到条件为真时再退出循环体到达流程出口处，即先执行后判断，如图 4.4（b）所示。因为是"直到条件为真时为止"，所以称为直到型循环。

结构化程序中的三种基本结构都具有唯一入口和唯一出口，并且程序不会出现死循环。在程序的静态形式与动态执行流程之间具有良好的对应关系。

结构化程序设计方法是基于过程的程序设计，反映的是事物在计算机中的实现方式，而不是事物在现实生活中的实现方式。程序设计者不仅要考虑程序要做什么，还要解决怎么做的问题，设计出计算机执行的每一个具体的步骤，安排好它们的执行顺序。当面临的问题规模比较大时，就采用**自顶向下，逐步求精**的设计方法，将问题逐层细化，分成不同的模块解决。结构化程序设计方法引入了工程思想和结构化思想，使大型软件的开发、编程得到了极大的改善。它的缺点是系统的开发周期长，用户的要求难以在系统分析阶段准确定义，致使系统在交付使用时产生许多问题，不能适应事物变化的要求。

4.2.2　面向对象程序设计方法

面向对象程序设计是指在编程的时候尽可能地去模拟真实的现实世界，按照现实世界中的逻辑去处理一个问题，分析问题中参与其中的有哪些实体，这些实体应该有什么属性和方法，如何通过调用这些实体的属性和方法去解决问题。

例如，要开发一个学生管理系统，用结构化程序设计方法，我们关注的是要实现哪些功能，要分解成哪些模块，使用三种基本结构编程来实现，但是无论这个系统是简单还是复杂，始终是围绕学生和老师这两个对象实施的。面向对象程序设计关注的是"学生"对象和"教师"对象，可以有教师给学生授课、对学生进行管理，学生选老师的课、对老师进行教学评价等这些操作。

面向对象的程序设计方法要分析待解决的问题中有哪些类事物，每类事物都有哪些特点，不同的事物种类之间是什么关系，事物之间如何相互作用等，这跟结构化程序设计考虑如何将问题分解成一个个子问题的思路完全不同。面向对象的程序设计思路更接近于真实世界。真实世界是由各类不同的事物组成的，每一类事物都有共同的特点，各个事物互相作用构成了多彩的世界。

面向对象的程序设计有"抽象""封装""继承""多态"四个基本特点。

在面向对象的程序设计方法中，各种事物称为"对象"。将同一类事物的共同特点概括出来，这个过程就叫作"抽象"。对象的特点包括两个方面：属性和方法。属性指的是对象的静态特征，如学生的学号、姓名、性别等属性，可以用变量表示；方法指的是对象的行为，以及能对对象进行的操作，如学生可以上课、考试、做实验等，可以用函数表示。方法可以对属性进行操作，如"考试"方法会修改"考试成绩"属性，"选课"方法会修改"选修课程名称"属性等。

在完成抽象后，通过某种语法形式，将数据（即属性）和用以操作数据的算法（即方法）捆绑在一起，在形式上写成一个整体，即"类"，这个过程就叫作"封装"。通过封装，数据和操作数据的算法紧密联系起来。通过封装，还可以将对象的一部分属性和方法隐藏起来，让这部分属性和方法对外不可见，而留下的另一些属性和方法对外可见，作为对对象进行操作的接口。这样就能合理安排数据的可访问范围，减少程序不同部分之间的耦合度，从而提高代码扩充、代码修改、代码重用的效率。

以现有代码为基础方便地扩充出新的功能和特性，是所有软件开发者的需求。结构化程序设计语言对此没有特殊支持。而面向对象的程序设计语言通过引入"继承"机制，较好地满足了开发者的需求。所谓"继承"，就是在编写一个"类"的时候，以现有的类作为基础，使得新类从现有的类"派生"出来，从而达到代码扩充和代码重用的目的。

"多态"是指不同种类的对象都具有名称相同的行为，而具体行为的实现方式却有所不同。例如，学生和教师都有"上课"的方法，但是两者的实现方式不同，学生是去教室听课，教师则是去教室授课。

对于面向对象的程序设计方法来说，设计程序的过程就是设计类的过程。需要指出的是，面向对象的程序设计方法也离不开结构化程序设计思想。编写一个类内部的代码时，还是要用结构化程序设计方式。而且，面向对象程序设计方法的先进性主要体现在编写比较复杂的程序时。例如，编写一个几十行的简单程序，并不一定要用面向对象的程序设计方法。本来写几个函数就能解决的问题，一定要使用"抽象""封装""继承""多态"等机制，只会使事情变得更加复杂。

4.2.3　两种设计方法比较

结构化程序设计主要是面向过程，分析出解决问题所需要的步骤，然后用函数把这些步骤一步一步实现，使用的时候一个一个依次调用。它的优点是程序顺序执行，流程清晰明了。面向对象程序设计是把构成问题的事物分解成各个对象，建立对象的目的不是为了完成一个步骤，而是为了描述某个事物在整个解决问题的步骤中的行为。

当程序较小的时候，结构化程序设计就会体现出一种优势，其程序流程十分清楚。但当程序比较大时，结构化程序设计的流程就会变得十分复杂，而面向对象程序设计可以从现实的事物出发，进行适当的抽象，编程相对容易，可以使工程更加模块化。

面向对象的程序设计方法主要是把事物给对象化，包括其属性和行为。面向对象是模型化的，抽象出一个类，这是一个封闭的环境。在这个环境中有数据也有解决问题的方法，你如果需要什么功能直接使用就可以了，至于是怎么实现的，你不用知道。

打个比方说：面向过程就是你想吃西红柿炒鸡蛋的时候，得先会做这道菜，而且需要去买西红柿和鸡蛋，回来后，还要自己动手洗、切、炒，最后才能吃上。而面向对象，就是不用管你会不会做，当你想吃西红柿炒鸡蛋的时候，只需要去饭店对老板说："老板，来个西红柿炒鸡蛋"，然后就可以吃上了，但前提是得有一个厨师按照做菜的流程给你做出这道菜来。

结构化程序设计是一种基础的方法，它需要一个具体的过程来实现，一般情况下是自顶向下逐步求精，是模块化的、具体化的、流程化的思想方法。从代码层面来看，在面向对象程序设计和结构化程序设计的主要区别就是，数据是单独存储还是与操作存储在一起。面向对象方法定义类时，具体的功能还是需要流程化、具体化的代码来实现，在类里还是需要具体的算法来实现的。总结来说，面向对象的底层还是面向过程，面向过程抽象成类，然后封装；方便使用就是面向对象。

4.3　算 法 基 础

结构化程序设计方法主要是面向解题过程的程序设计，也就是先找到解决问题的起点，然后顺藤摸瓜，分析问题的每一个部分，直至达到解决问题的终点。描述解决问题的一系列方法和步骤，就称为算法。进行程序设计时，将解题过程描述出来，把每个运算步骤的因果关系都定义出来，即先用算法描述解题步骤，然后再根据算法来编程实现。

人类在解决一个问题时，根据不同的经验、不同的环境会采用不同的方法，用计算机解决问题，同样也有不同的解题方法和步骤。例如，求 1+2+3+…+100，可以先进行 1+2，再加 3，再加 4，一直加到 100，也可采取 100+（1+99）+（2+98）+…+（49+51）+ 50 = 100+50+49×100 = 5050。还可以有其他的方法。当然，方法有优劣之分，有的方法只需进行很少的步骤，而有些方法则需要较多的步骤。一般说，希望采用方法简单，运算步骤少的方法。因此，为了有效地进行解题，不仅需要保证算法正确，还要考虑算法的质量，选择合适的算法。

在能实现问题求解的前提下，要求算法运行的时间短，占用系统空间小。有了正确而有效的算法，就可以利用程序设计语言来具体表达算法，并让计算机执行解题过程。最重要的是学会针对各种类型的问题，拟定出有效的解决方法和步骤即算法。算法是处理某一问题的思路方法，而程序设计的基本目标是应用算法对问题的原始数据进行处理，从而解决问题，获得所期望的结果。因此，设计算法是程序设计的核心，算法是程序的灵魂，程序语言是实现算法的载体。

4.3.1　算法的概念

算法是计算机解决问题的过程，是描述程序执行的一系列步骤，这些步骤最终能够变成编程语言的一条指令。算法是指解题方案的准确而完整的描述。即算法是一组严谨地定义运算顺序的规则，并且每一个规则都是有效且明确的，没有二义性，同时该规则将在有限次运算后可终止。

算法具有以下五个重要的特性。

有穷性：一个算法在执行有穷步之后必须结束，也就是说一个算法它所包含的计算步骤是有限的，即算法中的每个步骤都能在有限时间内完成。

确定性：算法的每个运算步骤必须有确切的定义，使算法的执行者或阅读者都能明确其含义及如何执行，并且在任何条件下，算法都只有一条执行路径。例如，算法中不能出现这样的步骤：将 x 乘以 3 或 4。这样的步骤，实际执行时不知道该做 $x \times 3$ 还是 $x \times 4$。

可行性：算法中描述的操作都可以通过已经实现的基本操作进行有限运算来实现。

输入：一个算法有零个或者多个输入，这些输入取自某个特定的对象的集合。

输出：一个算法有一个或者多个输出，这些输出是同输入有着某些特定关系的量。

4.3.2　算法的设计

我们来看一个例子：大家小时候都玩过一个游戏，猜数字（或称猜密码）。一个三位数字密码，猜出它来。用什么方法猜出密码？似乎没什么好的办法，只能一个一个的试（检测是否为正确的密码）。假定百位和十位都是 0，个位从 0 到 9 依次试过；再固定百位依旧是 0，十位换成 1，个位再从 0 到 9 依次试过；如此这般，直到十位试到 9；如果还没猜对，将百位改设定为 1，十位为 0，个位从 0 到 9 依次试过……直到最终的答案 392。最坏情况下（密码为 999 时）一共需要试探 10^3 种组合（图 4.5）。

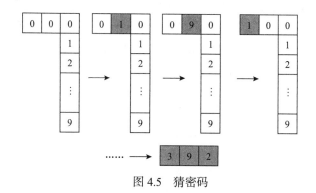

图 4.5　猜密码

这种采用逐个可能性去试探的方法，被算法的研究者称为"穷举法"（也称蛮力法）。当密码的位数增加到更多，如 6 位时，如果用人为的试探，可能耗时颇久，也颇费气力。但计算机是不知道累的。因此，使用计算机利用穷举法来解题，是比较简单和直接的一个办法（在没有其他更好的办法时）。

类似地，在算法设计中有很多已经被实践证明是有用的基本设计策略，在计算机科学、电气工程等多个领域都是非常有用的。

1. 递归法

递归法是设计和描述算法的一种有效的工具，更侧重于算法而不是算法策略。它利用大问题和子问题间的递推关系来解决问题。将问题逐层分解，最后归结为一些简单的问题。在逐层分解的过程中，并没有对问题进行求解，而是解决了简单问题后，沿着分解的逆方向进行综合。如求解 N!：假定 N=5，那么 5! =5×4!，先得求 4!；4! =4×3!，先得求 3!；3! =3×2!，先得求 2!；2! =2×1!，只要求得 1! 就能逆向代回，逐步得到 2!，3!，4! 直至 5!。与阶乘函数类似的，Fibonacci 数列、Hanoi 塔也适合用递归法解决。

2. 分治法

分治法的设计思想是：当要求解一个输入规模为 n 且取值相当大的问题时，我们将其分割成一些规模较小的几个相似问题，分而治之，此为分治法。如果分解得到的子问题还是太大，则可反复分治，直到分解后的子问题可以求解。然后将已求解的各个子问题的解，逐步合并为原问题的解。分治法产生的子问题往往是原问题的较小模式，这就为使用递归法提供了方便。分治法与递归法像一对孪生兄弟，经常同时应用在算法设计中，并由此产生许多高效算法。二分搜索技术、大整数乘法、棋盘覆盖、循环赛日程表等问题是成功地应用递归法和分治法的范例。

3. 枚举法（穷举法）

基于计算机运算速度快的特性，在解决问题时采取一种"懒惰"的策略。不经过（或者经过很少）思考，把问题的所有情况或所有过程交给计算机一一尝试，从中找出问题的解。枚举法根据问题的条件将可能的情况一一列举出来，逐一尝试从中找出满足问题条件的解。例如，中国古代数学史上著名的"百钱百鸡问题"：鸡翁一，值钱五；鸡母一，值钱三；鸡雏三，值钱一；百钱买百鸡，翁、母、雏各几何？最直接的解决方法就是逐一尝试各种可能性，如果不考虑算法的效率，可以用枚举法解决这个问题。

4. 贪心算法

举个例子：顾客拿出 100 元钱买了件 15 元的商品。假设有面值分别为 50 元、20 元、10 元、5 元、1 元的零钱。现在需要找给顾客 85 元。这时，你很自然会拿出一个 50 元，一个 20 元，一个 10 元，一个 5 元交给顾客。这种找钱的方法同其他的找法（如 17 张 5 元）相比，所拿出的纸币张数是最少的。这种纸币数最少的找法是这样的：首先选出一张面值不超过 85 元的最大面值纸币，即 50 元；然后从 85 元里减去 50，剩下 35 元；再选出一张面值不超过 35 元的最大面值纸币，照此一直做下去。这个方法就是贪心算法。基本思想总是做出在当前看来最好的选择。贪心算法并不从整体最优考虑，所做出的选择只是在某种意义上的局部最优选择。有时贪心算法不仅能得到局部最优结果，而且能得到整体最优的结果，就像图的单源最短路径问题、最小生成树问题；有时则不能。

5. 动态规划

动态规划主要是针对最优化问题，类似于规划一词的本意：比较全面的长远的发展计划。动态规划算法不是线性决策，而是全面考虑各种不同的情况分别进行决策，最后通过多阶段决策逐步找到问题的最终解。它与分治法类似，基本思想也是将待求解的问题分解成若干子问题，先求解子问题，然后从这些问题的解得到原问题的解。与分治法不同的是，动态规划法求解的问题、分解得到的子问题常常不是相互独立的。所以，动态规划法会保存已解决的子问题的答案，在需要时再找出已求得的答案，就可以避免大量重复计算。一般会用一个表来记录所有已解决问题的答案。例如，矩阵连乘问题、图像压缩、流水作业调度、背包问题、最优二叉搜索树等问题都可以用动态规划算法解决。

6. 回溯法

回溯法是通过递归尝试遍历问题各个可能解的通路，当发现此路不通时，回溯到上一步继续尝试别的通路。回溯法有通用解题法之称，用它可以系统地搜索问题的所有解。n 皇后问题就是典型的回溯法应用的例子。n 皇后问题：在 $n \times n$ 格的棋盘上放置彼此不受攻击的 n 个皇后。国际象棋的规则是皇后可以攻击与之同行或同列或同一斜线上的棋子。因此解决 n 皇后问题就是在棋盘上放置 n 个皇后，这 n 个皇后中任何 2 个不在同一行、同一列、同一斜线上。假定 n 为 8，即八皇后问题，用回溯法解题的过程如下。

（1）先在棋盘第 1 行第 1 列（1，1）放置第一个皇后[图 4.6（a）]。其中灰色部分表示由于第一个皇后的放置，为了免于互相攻击，其他皇后应该避免的位置。

（2）然后在其他任何一个不与之互相攻击的位置（非第 1 列，非第 1 行，非对角线）放置第二个皇后，假定是（2，3）。

（3）第三个皇后放在（5，4）。

（4）第四个皇后放在（3，5）。

（5）第五个皇后放在（4，7）。

（6）第六个皇后放在（8，6）。

（7）第七个皇后……棋盘没有空地儿了。怎么办？

（8）回头，从第六个皇后开始选择不同的道路，假定第六个皇后放在（8，2），还是不行。再回头，从第五个皇后开始重新选择位置……直至能完全安排下所有 8 个皇后。如图 4.6（g）所示。

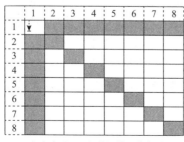

（a）在（1，1）放置第一个皇后

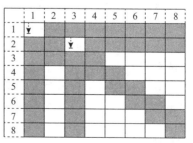

（b）在（2，3）放置第二个皇后

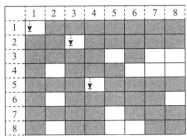

（c）在（5，4）放置第三个皇后

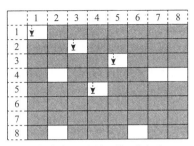

（d）在（3，5）放置第四个皇后

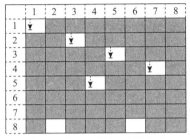

（e）在（4，7）放置第五个皇后

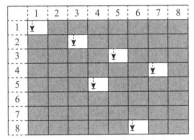

（f）在（8，6）放置第六个皇后

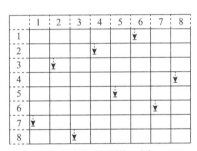

（g）八皇后问题的一个解

图 4.6　八皇后问题（有多个解）

总而言之，回溯法基本思路是：大胆往前走，发现道路不通时再回头，在最近的分岔口（有多个选择）另寻一条路尝试，如果最近的分岔口所有路径都证明不通，那么回到上一层的分岔口另寻道路，直至找到一条通路。

分析：本道题最重要的就是记录下皇后占领的格子（打标记的思想），通过此判断下一个皇后是否可以在某个位置，如果可以，那么继续搜索下一个皇后可以在的位置，如果不行，那么清除标记回到上一步，继续搜索。

小结：以深度优先搜索方式获得问题的解的算法称为回溯法，可用于解组合数大的问题。

以上就是前人研究总结出的算法，以及设计的一些常用方法和策略。当然，在作为新手的时候，我们完全可以借鉴别人的方法，拿别人的菜谱来炒菜。但当新手变成熟手时，我们也完全可以自己设计符合实际问题的算法策略，可以综合上述方法，也可以创造新的方法。

4.3.3　算法的表示

表示算法的方式有很多，常用的有自然语言、流程图、N-S 流程图和伪代码等。我们以求解从 1 开始的连续 n 个自然数之和为例，来看怎样使用这 4 种不同的表示算法来描述这个问题的解题过程。

1. 自然语言

自然语言即日常说话所使用的语言，如果计算机能完全理解人类的语言，按照人类的语言要求去解决问题，那么人工智能中的很多问题就不成为问题了，这也是人们所期望看到的结果。使用自然语言描述算法不需要专门的训练，同时所描述的算法也通俗易懂。

使用自然语言描述求解从 1 开始的连续 n 个自然数之和的算法如下。

（1）确定 n 的值。

（2）设置累加器 sum，初始值为 0。

（3）设置计数器 i，初始值为 1。

（4）当 i 小于等于 n 时，做累加，即将累加器 sum 的值与 i 相加，其和再放入 sum 中，直到 i 大于 n 时转去（6）。

（5）计数器 i 加 1，即 i 等于 $i+1$，转去（4）。

（6）输出累加和 sum 的值，算法结束。

从上面的这个描述的求解过程中，我们不难发现，使用自然语言描述算法的方法比较容易掌握，但是存在很大的缺陷。例如，当算法中含有多分支或循环操作时很难表述清楚。另外，使用自然语言描述算法还很容易造成歧义（称为二义性），譬如有这样一句话——"武松打死老虎"，我们既可以理解为"武松/打死老虎"，又可以理解为"武松/打/死老虎"。自然语言中的语气和停顿不同，就可能使他人对相同的一句话产生不同的理解。

2. 流程图

流程图是以特定的图形符号加上说明来表示算法的图。流程图用一些图框表示各种操作。用图形表示算法，直观形象，易于理解，结构清晰，同时不依赖于任何具体的计算机和程序设计语言，有利于不同环境的程序设计。美国国家标准化学会规定了一些常用的流程图符号，如图 4.7 所示，已为世界各国程序工作者所采用。

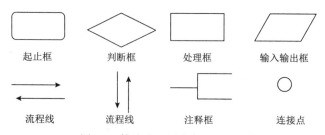

图 4.7　算法流程图中常用的图形符号

用以上的图形符号描述算法的三种控制结构，如图 4.8 所示。

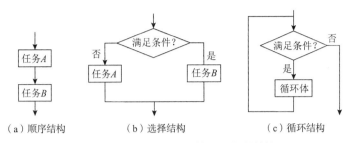

图 4.8 用流程图描述算法的控制结构

使用流程图描述从 1 开始的连续 n 个自然数求和的算法，如图 4.9 所示。

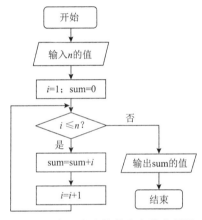

图 4.9 求 n 个自然数之和的流程图

从图 4.9 中可以比较清晰地看出求解问题的执行过程。但是在使用流程图时可能会出现使用者毫不受限地使流程随意的转向，这样使得流程图变得毫无规律，难以阅读修改，使算法的可靠性和可维护性难以保证，应避免无规律地使流程随意转向。

3. N-S 图

N-S 图又称为盒图，是一种不允许破坏结构化原则的图形算法描述工具，在 N-S 图中去掉了流程图中容易引起麻烦的流程线，全部算法写在一个框内，每一种基本结构作为一个框。N-S 图有以下几个特点。

（1）功能域明确，可以从框图中直接反映出来。

（2）不可能任意转移控制，符合结构化原则。

（3）很容易确定局部和全程数据的作用域。

（4）很容易表示嵌套关系，也可以方便地表示模块的层次结构。

用 N-S 图描述算法的三种基本结构，如图 4.10 所示。

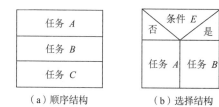 

　　　　（a）顺序结构　　　　　　（b）选择结构　　　　　　（c）循环结构

图 4.10　用 N-S 图描述算法的控制结构

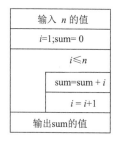

图 4.11　求 n 个自然数之和的 N-S 图

还是以求解从 1 开始的连续 n 个自然数求和为例，用 N-S 图描述算法如图 4.11 所示。

N-S 图直观，具有良好的可见度，所以容易理解设计意图，为编程、复查、选择测试用例和维护都带来了方便。N-S 图简单、易学易用，是软件设计时常用的算法描述方法。N-S 图强制设计人员按结构化设计的方法进行思考并描述其设计方案，它除了表示几种标准结构的符号外，不再提供其他描述手段，这就有效地保证了设计的质量，从而也保证了程序的质量。

4. 伪代码

用流程图或 N-S 图来描述算法虽然形象直观，但在算法设计过程中使用起来并不十分方便，特别是当算法稍微复杂一点时不易修改。在实际的算法设计中，为了清晰方便地描述算法，常常使用自然语言或类计算机语言来描述。这里的类计算机语言是一种非计算机语言，借用了一些高级语言的某些成分，没有加入严格规则，而且不能够被计算机所接受，因此称其为"伪代码"。其功能是使程序员像使用英语或汉语那样，非常自然地表达程序逻辑的思想，以便集中精力考虑解题算法而不受高级语言形式上的约束。

使用伪代码描述从 1 开始的连续 n 个自然数求和的算法如下。

算法开始；

输入 n 的值；

$i \leftarrow 1$；　　　　　　　　/*为变量 i 赋初值*/

$sum \leftarrow 0$；　　　　　　　/*为变量 sum 赋初值*/

do while　$i<=n$　　　/*当变量 $i<=n$ 时，执行下面的循环体语句*/

　　{ $sum \leftarrow sum + i$；

　　$i \leftarrow i + 1$；}

输出 sum 的值；

算法结束。

伪代码通常采用自然语言、数学公式和符号来描述算法的操作步骤，同时采用计算机高级语言（如 C、Pascal、VB、C++、Java 等）的控制结构来描述算法步骤的执行顺序，通常要求使用者有一定的编程基础。

4.3.4　算法分析

同一问题可用不同算法解决，而一个算法的质量优劣将影响算法乃至程序的效率，算法分析的目的在于选择合适算法和改进算法。对算法的分析和评价，一般应考虑正确性、可维护性、可读性、运算量、占用存储空间等诸多因素。其中，评价算法的三条主要标准是：①算法实现所耗费的时间；②算法实现所耗费的存储空间，其中主要考虑辅助存储空间；③算法应易于理解、易于编码、易于调试等。

早期由于硬件资源的匮乏和配制低劣，算法对前两个因素特别注重，不惜忽视后一条标准。而当今随着软件规模的不断增大，难度不断提高，应用范围越来越广泛，稳定性要求越来越高，这就要求注重算法易于理解、易于编码、易于调试的标准，当然前提是能得到硬件环境的支持。下面介绍算法运行的效率和存储空间分析评价方法。

1. 时间复杂度

一个算法执行所耗费的时间，从理论上是不能算出来的，必须上机运行测试才能知道。但我们不可能也没有必要对每个算法都上机测试，只需知道哪个算法花费的时间多，哪个算法花费的时间少就可以了。并且一个算法花费的时间与算法中语句的执行次数成正比，哪个算法中语句执行次数多，它花费时间就多。

算法的时间复杂度是指执行算法所需要的计算工作量。一般情况下，算法中基本操作重复执行的次数是问题规模 n 的函数 $f(n)$，算法的时间复杂度（time complexity）记作：

$$T(n) = O(f(n))$$

它表示随着问题规模 n 的增大，算法执行时间的增长率与 $f(n)$ 的增长率相同。

例如，求解 sum=$1+2+3+4+5+\cdots+(n-1)+n$。第一种方法，先进行 $1+2$，再加 3，再加 4，一直加到 n，一共需要做加法 $n-1$ 次。随着 n 的增大，做加法的次数要增加，执行算法的时间随着 n 的变化而变化，我们称这个算法的时间复杂度为线性阶，记为 $O(n)$。第二种方法，采取公式 $(1+n) \times \dfrac{n}{2}$ 计算，计算时与 n 的大小无关，时间复杂度为常数阶，记为 $O(1)$。除此以外还可能有平方阶 $O(n^2)$、对数阶 $O(\log_2 n)$、指数阶 $O(2^n)$ 等。那大家想想，是常量阶好些还是平方阶好些呢？当然是常量阶了，因为这说明这个算法最简单，复杂性最低。

2. 空间复杂度

一个算法在计算机存储器上所占用的存储空间，包括：算法的输入输出数据所占用的存储空间，存储算法本身所占用的存储空间，算法在运行过程中临时占用的存储空间，这三个方面。算法的输入输出数据所占用的存储空间是由要解决的问题决定的，是通过参数表由调用函数传递而来的，它不随本算法的不同而改变。算法在运行过程中临时占用的存储空间随算法的不同而异，有的算法只需要占用少量的临时工作单元，有的算法需要占用的临时工作单元与解决问题的规模 n 有关，它随着 n 的增大而增大。

空间复杂度（space complexity）是对一个算法在运行过程中临时占用存储空间大小

的度量。假设 $S(n)$ 是问题规模 n（n 为整数）的函数，可以定义算法的空间复杂度为 $O(f(n))$，记作：

$$S(n) = O(f(n))$$

算法的空间复杂度一般也以数量级的形式给出。当一个算法的空间复杂度为一个常量，即不随被处理数据量 n 的大小而改变时，可表示为 $O(1)$；当一个算法的空间复杂度与以 2 为底的 n 的对数成正比时，可表示为 $O(\log_2 n)$；当一个算法的空间复杂度与 n 呈线性比例关系时，可表示为 $O(n)$。

对于一个算法，其时间复杂度和空间复杂度往往是相互影响的。当追求一个较好的时间复杂度时，可能会使空间复杂度的性能变差，即可能导致占用较多的存储空间；反之，当追求一个较好的空间复杂度时，可能会使时间复杂度的性能变差，即可能导致占用较长的运行时间。对于早期的计算机来说，时间与空间都是极其珍贵的资源。由于硬件技术的发展大大提高了计算机的存储容量，存储容量的局限性对于算法的影响大大降低。但是时间效率并没有太大程度的提高，因此，算法时间复杂度是算法分析中的关键所在。

算法的所有性能之间都存在着或多或少的相互影响，当设计一个算法（特别是大型算法）时，要综合考虑算法的各项性能，如算法的使用频率、算法处理的数据量的大小、算法描述语言的特性、算法运行的机器系统环境等各方面因素，才能设计出比较好的算法。求解某一特定类型问题的算法设计完成，并证明其正确性之后，就可以根据算法编制计算机程序来实现它。

4.3　数据结构基础

一般来说，用计算机解决一个具体问题时，大致需要经过下列几个步骤：首先要从具体问题抽象出一个适当的数学模型，其次设计一个解此数学模型的算法，最后编出程序，进行运行测试直至得到最终解答。建立数学模型的实质是分析问题，从中提取操作的数据，并找出这些操作数据之间含有的关系，然后用数学的语言加以描述。计算机进行数据处理，首先考虑数据的组织方式即数据结构，在此基础上再思考数据的处理方式即算法。有点类似于我们做菜时所需要的食材，各种食材之间的关系，食材如何摆放，食材处理的顺序都会影响到我们炒菜的味道。

在进行数据处理时，实际需要处理的数据元素一般很多，而这些大量的数据元素都需要存放在计算机中。因此，大量的数据元素在计算机中如何组织，以便提高数据处理的效率，并且节省计算机的存储空间，这是进行数据处理的关键问题。

数据结构是指相互之间存在着一种或多种关系的数据元素的集合，以及该集合中数据元素之间的关系组成。通常情况下，精心选择的数据结构可以带来较高的运行效率或者存储效率，并有可能带来高效的检索算法和索引技术。数据结构作为一门学科主要研究和讨论以下问题。

（1）数据集合中各数据元素之间所固有的逻辑关系，即数据的逻辑结构。

（2）在对数据进行处理时，各数据元素在计算机中的存储关系，即数据的存储结构。

（3）对数据进行的各种运算（或算法）。

程序设计首先要考虑数据的数据结构，其次才是算法和编程。有一个著名公式："算法 + 数据结构 = 程序"，展示出了程序的本质，它由 Nicklaus Wirth 提出，他因此获得图灵奖。数据结构主要讨论现实世界中数据（即事物的抽象描述）的各种逻辑结构在计算机中的存储结构，以及进行各种非数值运算的方法，分析和研究计算机加工数据对象的特性，掌握数据的组织方法，以便选择合适的数据的逻辑结构和存储结构，设计相应的操作运算，把现实中的问题转化为在计算机内部的表示和处理。

4.3.1　数据结构的基本概念

数据结构所涉及的一些概念和术语如下。

1. 数据

数据是对客观事物的符号表示，在计算机中是指所有能输入计算机并能被计算机处理的符号的总称，如数值、字符、图像、声音等。

2. 数据元素

数据元素是数据的基本单位，在计算机程序中通常作为一个整体进行考虑和处理。有时，一个数据元素可以由多个数据项组成。例如，一个学生的基本信息作为一个数据元素，而学生信息中的每一项（学号、姓名、性别、年龄等）为一个数据项。数据项是数据的不可分割的最小单位。

3. 数据的逻辑结构

数据的逻辑结构是数据元素之间逻辑上的联系，是从逻辑关系上描述数据，通常把数据的逻辑结构简称为数据结构。因此，数据结构是相互之间存在一种或多种特定关系的数据元素的集合。在任何问题中，数据元素都不是孤立存在的，而是在它们之间存在着某种关系，这种数据元素相互之间的关系称为结构。根据关系的不同特性，通常有以下几种基本结构（图 4.12）。

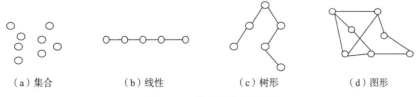

（a）集合　　　　（b）线性　　　　（c）树形　　　　（d）图形

图 4.12　基本结构关系图

（1）集合：集合中的所有元素都属于同一集合，即只要满足结构中的所有元素都属于一个集合就是集合结构，这是一种极为松散的结构。

（2）线性结构：该结构的数据元素之间存在着一对一的关系，即每一个数据元素之间是有先后顺序关系的。

（3）树形结构：该结构的数据元素之间存在着一对多的关系，即数据元素之间具有上下级之间的关系。

（4）图形结构：该结构的数据元素之间存在着多对多的关系。图形结构也称为网状结构，这种结构由于比较复杂，有时会拆成几个树形结构来处理。

另外，也常简单地将数据逻辑结构划分为两大类，即线性结构和非线性结构。

4. 数据的存储结构

数据的逻辑结构在计算机中的表示（又称映象）称为数据的物理结构，也称为存储结构。它包括数据元素的表示和关系的表示。常见的存储结构有顺序、链式、索引、散列等。顺序存储结构是借助数据元素在存储器中的相对存储位置来表示数据元素之间的逻辑关系，也就是说，逻辑关系中相邻的两个元素在存储器中也是相邻存放的。链式存储结构是借助指示元素存储地址的指针表示数据元素之间的逻辑关系。

在进行数据处理设计算法时，算法的设计取决于选定的逻辑结构，而算法的实现依赖于采用的存储结构；采用不同的存储结构，其数据处理的效率不同。

5. 数据的运算

数据的运算就是对数据结构中的数据元素进行的操作处理，不同的数据结构各有其相应的若干运算，常见的运算有插入、删除、修改、查找和排序等。在数据处理中，对存放在计算机内存中的一组数据元素进行查找、分类、合并、分解、复制和修改，这些元素结点会动态变化，如增加一个新结点（插入运算），删除某个结点（删除运算），而且各数据元素之间的关系也有可能在动态地变化，如无序表变有序表。

实际上，数据的运算定义在数据的逻辑结构上，而其运算的具体实现在存储结构上进行。

4.3.2　常见的几种数据结构

1. 线性表

线性表是最简单、最常见的一种数据结构。线性表是线性结构的抽象，其本质特征是元素之间只有一维的位置关系，线性表中数据元素之间的关系是一对一的关系。线性结构的特点是：①在数据元素的非空有限集合中，存在唯一的一个被称作"第一个"的数据元素；②存在唯一的一个被称作"最后一个"的数据元素；③除"第一个"之外，集合中每个数据元素均只有一个前驱；④除"最后一个"之外，集合中每个数据元素均只有一个后继。

线性表是 n 个数据元素的有限序列，通常用以下形式表示：$L = (a_1, a_2, \cdots, a_{i-1}, a_i, a_{i+1}, \cdots, a_n)$。其中：$L$ 表示线性表的名字；a_i 表示具有相同类型的数据元素。线性表中 a_{i-1} 领先于 a_i，a_i 领先于 a_{i+1}，称 a_{i-1} 是 a_i 的直接前驱，a_{i+1} 是 a_i 的直接后继。当 $i=1,2,\cdots,n-1$ 时，a_i 有且仅有一个直接后继；当 $i=2,3,\cdots,n$ 时，a_i 有且仅有一个直接前驱。线性表中元素的个数叫作线性表的长度，用 n 表示；当 $n=0$ 时，线性表是一个空表；当 $n \neq 0$ 时，线性表中的每个数据元素都有一个确定的位置，如 a_1 是第一个数据元素，又称表头元素，a_i 是第 i 个数据元素，a_n 是最后一个数据元素，又称表尾元素。

实际生活中有很多线性表的例子，如数组 $a[8]=\{4，8，17，20，23，30，34，50\}$。

一周七天可以用线性表 Day 表示：

Day=（"星期一"，"星期二"，"星期三"，"星期四"，"星期五"，"星期六"，"星期日"）

线性表由一组数据元素构成，数据元素的位置只取决于自己的序号，元素之间的相对位置是线性的。线性表的存储结构有两种，即顺序存储结构和链式存储结构。具有顺序存储结构的线性表称为顺序表，具有链式存储结构的线性表称为线性链表。

1）线性表的顺序存储结构

线性表的顺序存储结构是线性表的一种最简单的存储结构，其存储方法是：在内存中为线性表开辟一块连续的存储空间，该存储空间所包含的存储单元数要大于等于线性表的长度（假定每个存储单元存储线性表中的一个结点元素）。

数组元素在内存中通常占用一段连续的存储单元，以数组为例来说明线性表的顺序存储，如图 4.13 所示，其中 L 为每个元素占据的字节数，Loc（a_1）为线性表的起始地址。

由图 4.13 可以看出，这种顺序存储方式的特点是，为表中相邻元素 a_i 和 a_{i+1} 赋以相邻的存储位置 Loc（a_i）和 Loc（a_{i+1}）。即以元素在计算机内的"物理位置相邻"来表示线形表中数据元素之间的逻辑关系。只要确定了存储线性表的起始位置，线形表中任一数据元素都可以随机存取，所以线形表的顺序存储结构是一种随机存取的存储结构。

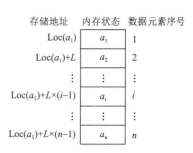

图 4.13　线性表的顺序存储结构示意图

顺序存储结构的线性表称作顺序表。顺序表的长度可以根据需要增长或缩短，即对顺序表的数据元素不仅可以进行访问，还可以进行插入和删除。

顺序表的插入操作是指在顺序表的第 $i-1$ 个数据元素和第 i 个数据元素之间插入一个新的数据元素 b，则原来的顺序表 $(a_1, a_2, \cdots, a_{i-1}, a_i, a_{i+1}, \cdots, a_n)$ 长度增加为 $n+1$，变为 $(a_1, a_2, \cdots, a_{i-1}, b, a_i, a_{i+1}, \cdots, a_n)$。

为了实现插入，首先将第 i 至第 n 个元素依次向后移动一个位置。如图 4.14 所示，在原表中插入值为 10 的数据元素（箭头表示插入位置）。

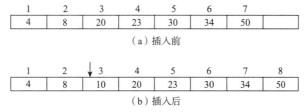

图 4.14　顺序存储结构插入运算示意图

可以看到，实现插入操作的主要动作是移动元素。最好的情况下，当插入位置在表尾时，不需要移动元素；最坏的情况下，当插入位置在表头时，要移动 n 个元素。

顺序表的删除操作是使长度为 n 的顺序表（ $a_1,a_2,\cdots,a_{i-1},a_i,a_{i+1},\cdots,a_n$ ），变为长度为 $n-1$ 的顺序表（ $a_1,a_2,\cdots,a_{i-1},a_{i+1},\cdots,a_n$ ）。

为了实现删除，需将第 $i+1$ 至第 n 个元素依次向前移动一个位置。如图 4.15 所示，在原表中删除值为 20 的数据元素（箭头表示删除的元素位置）。

1	2	3	4	5	6	7	
4	8	20	23	30	34	50	
		↑					

（a）删除前

1	2	3	4	5	6		
4	8	23	30	34	50		

（b）删除后

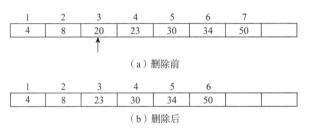

图 4.15　顺序存储结构删除运算示意图

想一想，分析一下

同插入运算类似，大家试着分析一下删除不同位置的元素需要移动元素的个数。

有结果了吗?

是的，经过分析，当删除元素在表尾时，不需要移动元素，此时是最好的情况；而最坏的情况是，当删除元素在表头时，要移动 $n-1$ 个元素。

查找运算可采用顺序查找法实现，即从第一个元素开始，依次将表中元素与被查找的元素相比较，若相等则查找成功，否则返回失败信息。

在线性表的顺序存储情况下，要插入或删除一个元素，都会因为数据元素的移动而消耗大量的处理时间，所以这种存储方式对于小线性表或其中数据元素不经常变动的线性表是合适的，而对于元素常常变动的大数据表来说就不太合适了。

2）线性表的链式存储结构（线性链表）

链式存储结构不要求逻辑上相邻的元素物理位置上也相邻，它的存储特点是用随机的存储单元存储线性表中的元素，其存储空间可连续也可不连续。因为存储空间的不连续性，所以在存储完每一个数据元素的内容以后，还应指出下一元素的存储位置（一般用指针实现），将数据元素的内容及指针信息共同作为一个结点。

一个链接表由 $n\,(n\geqslant0)$个结点组成，当 $n=0$ 时称为空表。每一个结点中的指针域可以有一个，也可以有两个。有一个指针域的链表称为单链表，如图 4.16 所示，每个结点的指针域存储其后继结点的位置。

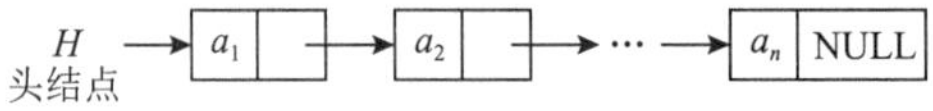

图 4.16　单链表示意图

在单链表的第一个元素所在的结点之前附设一个结点——**头结点**。头结点的指针域存放第一个元素所在结点的存储位置，数据域不存储任何信息，因此单链表的头指针指向头结点，判断一个链表为空的条件为：$H=$ NULL。

如果有一个单链表其表尾元素的指针域的值不为 NULL，而让它指向头结点，这样的链表叫循环单链表或环形链表。图 4.17 为带头结点的循环链表。

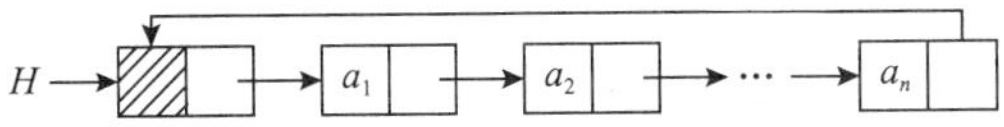

图 4.17　循环链表示意图

如果在线性链表中的每个结点上，再增加一个指向线性表中每个元素的前驱结点的指针，就可以很方便地找到前驱结点或后继结点，这样就可以得到一个双向链表。图 4.18 为双向链表。

图 4.18　双向链表示意图

与循环单链表定义类似，我们也可以定义循环双链表。图 4.19 为循环双链表。

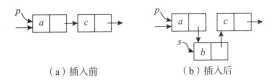

图 4.19　循环双链表示意图

以单链表为例，下面说明链表的插入与删除运算。

假设要在线性表的两个数据元素 a 和 c 之间插入数据元素 b，已知 p 为指向结点 a 的指针，如图 4.20 所示。

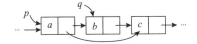

（a）插入前　　　　　　　（b）插入后

图 4.20　在单链表中插入结点时指针的变化

从图 4.20 中可以看出，插入时需要修改两个指针，将 a 结点的指针由指向 c 结点改为指向 b 结点，再使 b 结点的指针指向 c 结点，从而实现改变 a、b 和 c 三结点之间的逻辑关系，插入后各元素的关系如图 4.20（b）所示。与顺序表的插入比较，链表的插入更容易实现，不需要移动元素，只需修改几个指针，时间复杂度为 $O(1)$。但是为了找到插入位置，需花费的时间复杂度为 $O(n)$。

删除操作和插入基本相同，应先找到待删结点的前驱结点的位置后再完成删除。如图 4.21 所示，假设要删除 b 结点，p 为待删元素的前一结点的指针，删除结束后 a 结点的后继指针指向由 b 结点改为 c 结点，操作中将 b 所在结点的地址记为 q，以便处理和回收结点。

图 4.21　在单链表中删除结点时指针的变化

单链表中的按值查找是指在表中查找其值满足给定值的结点。查找运算同样还是从头地址开始遍历，依次将被遍历到的结点的值与给定值比较，若相等，则返回查找成功信息，否则返回失败信息。

2. 栈和队列

栈（stack）和队列是两种特殊的线性表，它们是限定只能在表的一端或两端进行插入、删除元素的线性表，这两种数据结构在计算机程序设计中广泛使用。

1）栈

栈也可称为堆栈，是一种特殊的线性表，这种线性表只允许在线性表的一端（称为栈顶，top）进行插入和删除运算，而栈的另端则称为栈底（bottom）。当栈中没有元素时，称为空栈。

如果把一列元素依次送入栈中，然后再将它们取出来，则可以改变元素的排列次序。例如，将 a_1，a_2，$\cdots$，a_n 依次送入一个栈中，如图 4.22（a）所示，a_1 是第一个进栈的元素，称为栈底元素，a_n 是最后一个进栈的元素，称为栈顶元素。现将栈中的元素依次取出来便可得到 a_n，$\cdots$，a_2，a_1。也就是说后进栈的元素先出栈，先进栈的元素后出栈，这是栈结构的重要特征，因此，栈又被称为后进先出（last in first out）表或先进后出（first in last out）表。

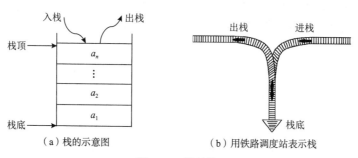

（a）栈的示意图　　　　（b）用铁路调度站表示栈

图 4.22　栈结构

在铁路调度站中，最后进站的列车会第一个出站，最先进站的列车最后一个出站，它的这个特点和栈一样，如图 4.22（b）所示的铁路调度站形象地表示了栈的特点。

栈的基本运算有三种：入栈、出栈和读栈顶元素。

入栈运算是指在栈顶位置插入一个新的元素。这个运算有两个基本操作，首先将栈顶指针上移一位，然后将新元素插入栈顶指针所指向的位置，如图 4.23（a）所示。插入

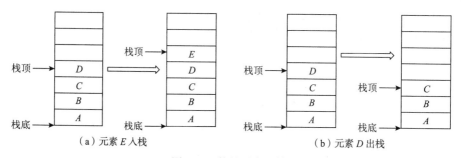

（a）元素 E 入栈　　　　（b）元素 D 出栈

图 4.23　栈的基本运算

操作前，要先判断栈是否已满，若栈顶指针已经指向栈的存储空间最后一个单元，表示栈空间已满，则不能进行入栈操作。

出栈运算是指取出栈顶元素并赋值给一个指定的变量。这个运算有两个基本操作，首先将栈顶元素赋值给指定的变量，然后栈顶指针下移一位，如图 4.23（b）所示。若栈顶指针指向栈底指针时，说明栈为空，不能进行出栈操作。

读栈顶元素是指将栈顶元素赋值给一个指定的变量，注意，这个运算不删除栈顶元素，因此栈顶的指针不变。当栈顶指针指向栈底指针时，说明栈为空，读不到栈顶元素。

2）队列

和栈相反，队列是一种先进先出（first in first out）的线性表。它只允许在表的一端进行插入，而在另一端进行删除；允许插入的一端称为队尾（rear），允许删除的一端称为队头（front）。分别用两个指针指示队尾和队头。若队列 $Q=(a_1,a_2,\cdots,a_n)$，则 a_1 为队头元素，a_n 为队尾元素，如图 4.24 所示。按 $a_1,a_2,\cdots,a_n$ 的顺序进队列，出队列的顺序也是 $a_1,a_2,\cdots,a_n$。

图 4.24　队列结构

队列的基本操作主要有插入和删除。

队列的插入运算是在队尾插入一个新的元素。队列的入队操作如图 4.25（a）所示，在队尾指针指向的位置插入一个新的元素，队尾指针后移一位。

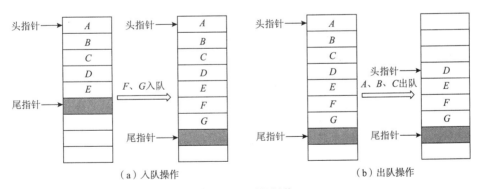

（a）入队操作　　　　　　　　　　　　（b）出队操作

图 4.25　队列的操作

队列的删除运算是删除队头元素。队列的出队操作如图 4.25（b）所示，取出队头元素，将队头指针后移一位。删除操作之前，要先判断队列是否为空，若为空，则不能进行删除运算。

把队列的存储空间在逻辑上看作一个环，当尾指针指向存储空间的末端后，就把它重新置于始端。规定用灰色表示装有元素的单元格，用白色表示空闲的单元格。在图 4.26（a）

中，队列中有 5 个元素，如果再入队 7 个元素，之后再出队 6 个元素，结果就如图 4.26（b）所示，这时尾指针重新置于始端。如果再入队 2 个元素，这时尾指针指向 3，再出队 1 个元素，头指针指向 8，如图 4.26（c）所示。只要队列中有空余位置，就可以继续入队新的元素，也可以进行出队操作。

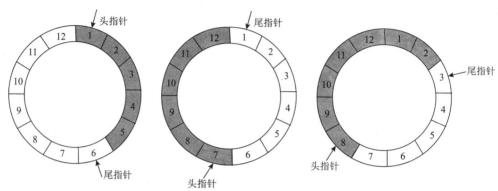

（a）空队列入队 5 个元素　　（b）接着入队 7 个元素，出队 6 个元素　　（c）继续入队 2 个元素，出队 1 个元素

图 4.26　循环队列的操作

栈和队列是特殊的线性表，都有两种存储表示方法，顺序的存储及链式的存储。

想一想，分析一下

在学习了以上栈和队列的基本知识之后，大家能否从现实生活中找到实际的对应例子呢？试着分析一下：公共汽车的进站及出站是一种什么样的结构呢？某火车站里停靠和开出火车的过程又是什么样的结构呢？

3. 树

树形结构（简称树）是一种重要的非线性数据结构，在这类结构中，元素之间存在着明显的分支和层次关系。树形结构广泛存在于客观世界中，如家族关系中的家谱，各单位的组织机构，计算机操作系统中的多级文件目录结构等。

首先介绍一下树形结构中的一些基本概念。

树是 $n(n \geqslant 0)$ 个结点的有限集。当 $n = 0$ 时为空树，否则为非空树。在一棵非空树中：①有且仅有一个称为根的结点；②其余的结点分为 $m(m \geqslant 0)$ 个互不相交的子集 $T_1, T_2, T_3, \cdots, T_m$，其中每一个子集本身又是一棵树，并且称为根的子树。显然，树的定义是递归的，树是一种递归结构。

图 4.27 为一棵树的示意图，它是由根结点 A 和三棵子树 T_1、T_2、T_3 组成，三棵子树的根结点分别为 B、C、D，这三棵子树本身也是树。

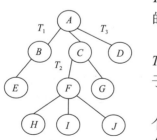

图 4.27　树的示意图

树是包含 $n(n \geqslant 0)$ 个结点的有穷集，其中：①有且仅有一个结点没有直接前驱，该结点为树的根；②除树根结点外，其余每个结点有且仅有一个直接前驱结点；③每个结点（包含根结点）可以有任意多个（包含 0）直接后继结点。

结点的度：一个结点的子树的数目（或每个结点的后继结点数）为结点的度。

树的度：一棵树中，各结点的度的最大值称为树的度。

叶子结点（终端结点）：度为 0 的结点为叶子结点。

分支结点（非终端结点）：度不为 0 的结点为分支结点。

孩子结点和双亲结点：每个结点的直接后继结点或每个结点的子树的根结点为该结点的孩子结点。相应地，该结点为其孩子结点的双亲结点。

兄弟结点：具有相同父结点的结点互称为兄弟结点。

结点的子孙：以某结点为根的子树中的任一结点均为该结点的子孙。

结点的祖先：从根结点到该结点所经分支上的所有结点为该结点的祖先。

结点的层次：从根结点开始定义起，根结点为第 1 层，根结点的子结点为第 2 层，以此类推。

树的深度：树中结点的最大层数为树的深度。

有序树和无序树：树中结点同层间从左到右有次序排列，不能互换的树称为有序树，否则为无序树。

森林：$m(m \geq 0)$ 棵互不相交的树的集合称为森林。

4．二叉树

1）二叉树的概念

二叉树是一种有序树，其特点是树中每个结点至多只有两棵子树，并且二叉树的子树有左右之分，次序不能任意颠倒。

二叉树的递归定义为：二叉树或者是一棵空树，或者是一棵由一个根结点和两个分别称为左子树和右子树的、互不相交的二叉树所组成。由于左子树和右子树分别是一棵二叉树，则由二叉树的定义，它们也可以为空二叉树。二叉树的每个结点可以有 0、1 或 2 个子结点。

2）二叉树的性质

性质 1：在二叉树的第 i 层上最多有 2^{i-1} 个结点 $(i \geq 1)$。

根据二叉树的特点，这个性质显然成立。

性质 2：深度为 h 的二叉树最多有 $2^h - 1$ 个结点 $(h \geq 1)$。

证明：由性质 1 知，深度为 h 的二叉树最多结点数为

$$\sum_{i=1}^{h} \text{第} i \text{层的最大结点数} = \sum_{i=1}^{h} 2^{i-1} = 2^h - 1$$

一棵深度为 h 且具有 $2^h - 1$ 个结点的二叉树称为**满二叉树**。图 4.28 为一棵深度为 4 的满二叉树示意图。

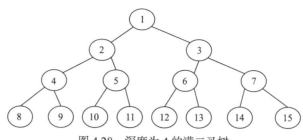

图 4.28　深度为 4 的满二叉树

如果对一个满二叉树的结点按从上到下、从左到右进行编号，如图 4.28 所示，则一个深度为 h 的满二叉树最大结点的编号为 $2^h - 1$。若设二叉树的深度为 h，除第 h 层外，其他各层 (1～$h-1$) 的结点数都达到最大个数，第 h 层所有的结点都连续集中在最左边，则此二叉树为完全二叉树，如图 4.29 所示。图 4.30 为非完全二叉树。

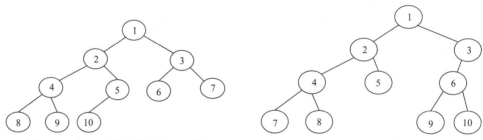

图 4.29　有 10 个结点的完全二叉树　　　　　　图 4.30　非完全二叉树

性质 3：二叉树上叶子结点数等于度为 2 的结点数加 1。如果叶子结点的个数为 n_0，度为 2 的结点的个数为 n_2，则 $n_0 = n_2 + 1$。

证明：用 n、n_0、n_1、n_2 分别表示二叉树的结点数、度为 0 的结点数、度为 1 的结点数和度为 2 的结点数，所以有

$$n = n_0 + n_1 + n_2$$

另外，在一棵二叉树中，所有结点的分支数是度为 1 的结点数加上度为 2 的结点数的两倍。又知，除根结点外，每一结点向上都有一分支指向其双亲，所以分支数为 $n-1$，分支数加 1 为结点数，则有

$$n_0 + n_1 + n_2 = n_1 + 2n_2 + 1 \quad 即 \quad n_0 = n_2 + 1$$

性质 4：具有 $n(n>0)$ 个结点的完全二叉树的深度为 $[\log_2 n] + 1$。$[\log_2 n]$ 表示下限，即不大于 $\log_2 n$ 的最大整数。符号 [ ] 表示数值不四舍五入，直接取整数。

性质 5：对有 n 个结点的完全二叉树中的结点按从上到下、从左到右进行编号，则对编号为 $i(1 \leq i \leq n, n \geq 1)$ 的结点有以下几种。

（1）若 $i>1$，当 i 为偶数时，i 的双亲结点的编号为 $i/2$；当 i 为奇数时，i 的双亲结点的编号为 $(i-1)/2$。

（2）若 $2 \times i \leq n$，则结点 i 的左孩子结点的编号为 $2i$，否则无左孩子结点，即结点 i 为叶子结点。

（3）若 $2 \times i + 1 \leq n$，则结点 i 的右孩子结点的编号为 $2i+1$，否则无右孩子结点，即

结点 i 为叶子结点。

3）二叉树的存储结构

二叉树的存储结构是非线性的，每个结点最多可以有两个后继。通常用链式存储结构对二叉树进行存储。二叉树的链式存储结构又称为二叉链表。二叉链表的每个结点有 3 个域，如图 4.31 所示。其中 lchild 是指向该结点左孩子的指针，rchild 是指向该结点右孩子的指针，data 是用来存储该结点本身的值。

二叉树的链式存储结构如图 4.32 所示，其中 BT 称为二叉表的头指针，用于指向二叉树的根结点。任何一棵二叉树都可以用二叉链表存储，不论是完全二叉树还是非完全二叉树。

图 4.31　二叉链表的结点结构

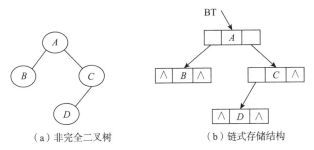

（a）非完全二叉树　　　　（b）链式存储结构

图 4.32　二叉树的链式存储结构

4）二叉树的遍历

遍历（traversal）是指不重复地访问二叉树中的所有结点，也就是指沿着某条搜索路线，依次对树中每个结点均做一次且仅做一次访问。二叉树的基本组成如图 4.33 所示。

若能依次访问这三部分，便是访问了整个二叉树。若以 D、L、R 分别表示访问根结点、遍历左子树、遍历右子树，则二叉树的遍历有以下六种：DLR、DRL、LDR、LRD、RDL、RLD。

在实际操作中可规定先左后右，则遍历只有以下三种：DLR、LDR、LRD。按照根的访问次序，将三种遍历分别称为先序遍历、中序遍历和后序遍历。下面分别讨论。

先序遍历二叉树：若二叉树空，则空操作；否则，①访问根结点，②先序遍历左子树，③先序遍历右子树。

先序遍历图 4.34 的二叉树，顺序为 $ABD \wedge CE \wedge GH \wedge F$，$\wedge$ 表示空，也可以不写 $\wedge$，即 $ABDCEGHF$。

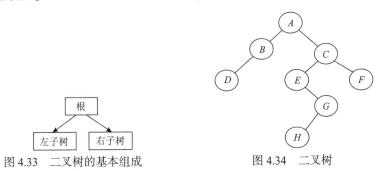

图 4.33　二叉树的基本组成　　　　图 4.34　二叉树

中序遍历二叉树的定义为：若二叉树空，则空操作；否则，①中序遍历左子树，②访问根结点，③中序遍历右子树。

中序遍历图 4.34 的二叉树，顺序为 *DBAEHGCF*。

后序遍历二叉树的定义为：若二叉树空，则空操作；否则，①后序遍历左子树，②后序遍历右子树，③访问根结点。

后序遍历图 4.34 的二叉树，顺序为 *DBHGEFCA*。

4.4 算 法 实 例

4.4.1 查找算法

查找是数据处理领域重要的内容。查找是指在一个给定的数据结构中查找某个指定的元素。通常不同的数据结构，采用不同的查找方法。以下介绍两种常见的查找算法。

1. 顺序查找

顺序查找是最常用的查找方法，其查找过程为：从第一个元素起，逐个将给定值与数据元素的关键字进行比较，若某个元素的关键字与给定值相等，则认为查找成功，否则，查找失败。

顺序查找方法既适合于顺序存储结构的线性表又适合于链式存储结构的线性表。

在进行顺序查找的过程中，如果表中的第一个元素就是要找的元素，则只需要一次比较就查找成功；但是如果被查找的元素是表中的最后一个元素或者表中根本不存在该元素，则为了查找这个元素需要与线性表中的所有元素进行比较，这是顺序查找的最坏情况。由此可以看出，对于大的线性表，顺序查找算法的效率很低。

2. 二分查找

二分查找法又称为折半查找，被查找的表必须是顺序存储的有序表，即表采用顺序存储结构，且元素按关键字值递增（或递减）排列。

首先，假设表中元素是按升序排列，将表中间位置记录的关键字与查找关键字比较，如果两者相等，则查找成功；否则利用中间位置记录将表分成前、后两个子表，如果中间位置记录的关键字大于查找关键字，则进一步查找前一子表，否则进一步查找后一子表。重复以上过程，直到找到满足条件的记录，使查找成功，或直到子表不存在为止，此时查找不成功。

例 4.1　假设我们需要在线性表{2，5，11，17，21，23，28，30，32，50}中查找关键字为 30 的元素，则查找步骤如图 4.35 所示。首先找到中值，中值为 21[下标：（0+10）/2=5]，将 30 与 21 进行比较，发现 30 比 21 大，则在 21 的后半部分找。在后半部分{23，28，30，32，50}中查找 30，首先找到中值，中值为 30[下标：（6+10）/2=8]，是我们要找的元素 30，查找结束。

图 4.35　查找 30 的二分查找过程

例 4.2　假设我们需要在线性表{2，5，11，17，21，23，28，30，32，50}中查找关键字为 18 的元素，则查找步骤如图 4.36 所示。首先找到中值，中值为 21[下标：(1+10)/2=5]，将 18 与 21 进行比较，发现 18 比 21 小，则在 21 的前半部分找、在前半部分{2，5，11，17}中查找 18，首先找到中值，中值为 5[下标：(1+4)/2=2]，将 18 与 5 进行比较，发现 18 比 5 大，则在 5 的后半部分找；在后半部分{11，17}中查找 18，首先找到中值，中值为 17[下标：(3+4)/2=3]，将 18 与 17 进行比较，发现 18 比 17 大，而 17 已是当前部分的最后一个元素，查找结束，没有找到与关键字 18 相等的元素，查找失败。

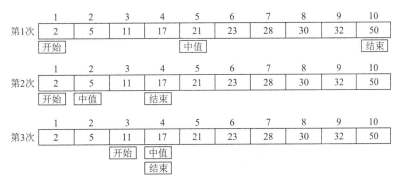

图 4.36　查找 18 的二分查找过程

二分查找大大降低了比较次数，它是一种效率较高的查找方法。二分查找的时间复杂度为 $O(\log_2 n)$。二分查找的优点是比较次数少，查找速度快，平均性能好；其缺点是要求待查表为有序表，且插入删除困难。因此，二分查找方法适用于不经常变动而查找频繁的有序列表。

想一想，分析一下

查找过程中在反复进行什么样的基本操作呢？顺序查找与二分查找法的效率，哪一个比较高呢？

查找过程中反复在进行比较，比较两个关键字值是否相同。假定线性表长度为 n。不同查找方式下：顺序查找的比较次数，最好的情况下是 1 次，最坏的情况下是 n 次；二分查找，最好的情况下，比较 1 次就能找到，最坏的情况下则需要比较 $[\log_2 n]+1$。有感觉面熟吗？想一想，为什么这个次数与 n 个结点的完全二叉树深度的公式是一样的呢？

通过分析可以得出结论：二分查找法的效率比较高（只是该算法必须针对有序表进行）。

4.4.2 排序算法

排序是指将一个无序的数据序列整理成按关键字值递增（或递减）排列的有序序列。排序的方法很多，根据排序序列的规模及数据处理的要求，可以采用不同的排序方法。按排序过程中依据的不同原则对排序方法进行分类，大致可分为插入排序、交换排序、选择排序、归并排序和计数排序五类。下面介绍三种常用的排序算法：简单选择排序、直接插入排序和冒泡排序。

排序可以在不同的数据结构上实现，本节主要介绍顺序存储结构的线性表的排序，顺序表的存储结构使用数组实现。

1. 简单选择排序

这是我们平常最常用的排序方法，在所有数据中找出最小数，放在第一个位置中，接着在不包含最小数的余下数据中，再找出最小值的数据元素，放置在第二个位置中，如此下去，一直到最后一个元素，这一排序策略被称为简单选择排序。

简单选择排序的实现过程是：首先找出表中关键字最小的元素，将其与第一个元素进行交换，然后，再在其余元素中找出关键字最小的元素，将其与第二个元素进行交换。依次类推，直到将表中所有关键字按由小到大的顺序排列好为止。

初始状态	[15, 14, 22, 30, 37, 15, 11]
第一趟	[11][14, 22, 30, 37, 15, 15]
第二趟	[11, 14][22, 30, 37, 15, 15]
第三趟	[11, 14, 15][30, 37, 22, 15]
第四趟	[11, 14, 15, 15][37, 22, 30]
第五趟	[11, 14, 15, 15, 22][37, 30]
第六趟	[11, 14, 15, 15, 22, 30][37]

图 4.37　简单选择排序法示意图

设待排数据元素的关键字为{15，14，22，30，37，15，11}，简单选择排序每一趟排序后的序列状态如图 4.37 所示。

2. 直接插入排序

类似于打扑克牌时，一边抓牌，一边理牌的过程，每抓一张牌就把它插入适当的位置，牌抓完了，也理完牌了，这种策略被称为直接插入排序。其基本思想是：把待排序的数据按顺序逐个插入一个已经排好序的有序数据序列中，直到所有的数据插入完为止，则得到一个新的有序序列。直接插入排序的基本操作就是将一个数据插入已经排好序的有序数据中，从而得到一个新的、个数加一的有序数据。该算法适用于少量数据的排序，时间复杂度为 $O(n^2)$，是稳定的排序方法。

例如，待排序的一组数据为{11，6，30，20，45，15}，用直接插入排序，初始值为11。假定 11 是已排序的序列，将第二个数插入这个序列，就得到新的已排好序的序列为{6，11}；依次将 30 插入序列{6，11}中，得到新序列{6，11，30}；再将第四个数 20 插入新序列中，得到{6，11，20，30}；再将第五个数 45 插入新序列中，得到{6，11，20，30，45}；再将第六个数 15 插入新序列中，得到{6，11，15，20，30，45}，这就是最后排好序的序列{6，11，15，20，30，45}，如图 4.38 所示。

步骤	插入数据	6	30	20	45	15
1	初始值　11					
2	6	11				
3	6	11	30			
4	6	11	20	30		
5	6	11	20	30	45	
6	6	11	15	20	30	45

图 4.38　直接插入排序法示意图

3. 冒泡排序

冒泡排序是一种简单又常用的排序方法。这种方法是每趟将相邻的两个元素的关键字两两进行比较，若不符合次序，则立即交换，这样关键字大（或小）的元素就像气泡一样逐步升起（后移）。

冒泡法排序的实现过程是从下标为 1 的元素开始，将相邻的两个数两两进行比较，若满足升序次序，则进行下一次比较，若不满足升序次序，则交换这两个数，直到最后。总的比较次数为 $n-1$ 次。这时最后的元素为最大数，此为一趟排序。接着进行第二趟排序，方法同前，只是这次最后一个元素不再参与比较，比较次数为 $n-2$ 次，依次进行。直到在某一趟排序中，没有任何元素交换，就认为此数列有序了，即可停止冒泡排序。

例如，设待排序的一组数据为{18，20，15，32，4，25}，第一趟冒泡排序后的序列状态如图 4.39（a）所示，最后一个元素不再参与后面的比较，第二、三、四、五趟排序，如图 4.39（b）～（e）所示。六个数冒泡排序需要五趟排序，如图 4.40 所示，灰色框的数据表示的是找出来的最大数，在下一趟排序中不参与比较。

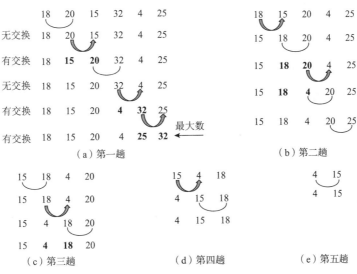

图 4.39　冒泡排序法的全过程

```
初始状态    {18, 20, 15, 32, 4, 25}
第一趟     {18, 15, 20, 4, 25, 32}
第二趟     {15, 18, 4, 20, 25, 32}
第三趟     {15, 4, 18, 20, 25, 32}
第四趟     {4, 15, 18, 20, 25, 32}
第五趟     {4, 15, 18, 20, 25, 32}
```

图 4.40　冒泡排序法

N 个数进行冒泡排序，若数据序列的初始状态是正序的，第一趟扫描数据都没有发生交换即可完成排序，所需的比较次数为 $N-1$，数据移动次数为 0，均为最小值，所以，冒泡排序最好的时间复杂度为 $O(n)$。若数据序列的初始文件是反序的，N 个数需要 $N-1$ 趟排序，第一趟需要 $N-1$ 次比较，第二趟需要 $N-2$ 次比较，最后一趟只比较 1 次，N 个数需要比较次数为 $\dfrac{N(N-1)}{2}$ 次，数据移动次数为 $\dfrac{N(N-1)}{4}$，在这种情况下，比较和移动次数均达到最大值，冒泡排序的时间复杂度为 $O(n^2)$。

想一想，分析一下

在排序过程中，基本操作是什么？这三种排序算法，你觉得哪种排序比较快呢？如果数据表很大，哪种排序好呢？如果你用程序设计语言实现，哪种程序最好写呢？

4. 排序算法比较

简单选择排序是在要排序的一组数中，选出最小的一个数与第一个位置的数交换；然后在剩下的数当中再找最小的数与第二个位置的数交换，如此循环，到倒数第二个数和最后一个数比较为止。

直接插入排序是在要排序的一组数中，假设前面 $n-1(n \geqslant 2)$ 个数已经是排好顺序的，现在要把第 n 个数插到前面的有序数中，使得这 n 个数也是排好顺序的。如此反复循环，直到全部排好顺序。

冒泡排序是在要排序的一组数中，对当前还未排好序的范围内的全部数，自上而下对相邻的两个数依次进行比较和调整，让较大的数往下沉，较小的往上冒。即：每当两相邻的数比较后发现它们的排序与排序要求相反时，就将它们互换。

简单选择排序和冒泡排序主要操作是数据比较和数据交换，都是 N 个数最多需要 $N-1$ 趟排序，简单选择排序每一趟只交换一次，冒泡排序前几趟排序需要交换的次数比较多，它的效率比较低，但由于它每次比较交换有规律，程序实现相对简单。

直接插入排序算法中，每次插入一个数，使有序序列增加 1 个结点，它的主要操作是数据比较和数据移动。直接插入排序和冒泡排序的速度较慢，但参加排序的序列局部或整体有序时，这种排序能达到较快的速度。

从表 4.1 可以看出，当大数据表需要排序时，三种排序方法需要的平均时间都与元素个数的平方成正比，直接插入排序和冒泡排序在初始序列基本有序时，所需时间少一些。排序算法可以说是程序设计的一项基本功，在解决实际问题中经常遇到。针对实际数据的特点选择合适的排序算法可以使程序获得更高的效率。

表 4.1　三种排序算法的空间复杂度、时间复杂度分析表

排序方式	空间复杂度	最坏情况时间复杂度	最好情况时间复杂度	平均时间复杂度
简单选择排序	$O(1)$	$O(n^2)$	$O(n^2)$	$O(n^2)$
直接插入排序	$O(1)$	$O(n^2)$	$O(n)$	$O(n^2)$
冒泡排序	$O(1)$	$O(n^2)$	$O(n)$	$O(n^2)$

习　题　4

一、单选题

1. 使用计算机解题的步骤，以下描述正确的是（　　）。

A. 正确理解题意→设计正确算法→寻找解题方法→编写程序→调试运行

B. 正确理解题意→寻找解题方法→设计正确算法→编写程序→调试运行

C. 正确理解题意→寻找解题方法→设计正确算法→调试运行→编写程序

D. 正确理解题意→寻找解题方法→设计正确算法→编写程序→调试运行

2. 计算机是一种按照设计好的程序，快速、自动地进行计算的电子设备。计算机开始计算之前，必须把解决某个问题的程序存储在计算机的（　　）中。

A. 硬盘　　　　　B. 软盘　　　　　　C. 内存　　　　　　D. CPU

3. 算法的特征是：有穷性、（　　）、可行性、有 0 个或多个输入和有一个或多个输出。

A. 稳定性　　　B. 确定性　　　　C. 正常性　　　　　D. 快速性

4. 关于算法的有穷性特征，以下描述正确的是（　　）。

A. 一个算法的步骤，只要能够终止，就符合有穷性特征

B. 一个算法的步骤能在合理的时间内终止，就符合有穷性特征

C. 一个算法能在 1 000 万个步骤内终止，就符合有穷性特征

D. 一个算法运行的时间不超过 24 h，就符合有穷性特征

5. 可以用多种方法来描述一个算法，算法的描述可以用（　　）。

A. 流程图、分支和循环

B. 顺序、流程图和自然语言

C. 流程图、自然语言和伪代码

D. 顺序、分支和循环

6. 采用盲目的搜索方法，在搜索结果的过程中，把各种可能的情况都考虑到，并对所得的结果逐一进行判断，过滤掉那些不合要求的，保留那些合乎要求的结果，这种方法叫作（　　）。

A. 递推法　　　B. 枚举法　　　　C. 选择法　　　　　D. 解析法

7. 用链表表示线性表的优点是（　　）。

A. 便于随机存取　　　　　　　　B. 花费的存储空间较顺序存储少

C. 便于插入和删除操作　　　　　D. 数据元素的物理顺序与逻辑顺序相同

8. 下列叙述中正确的是（　　）。

A. 线性链表是线性表的链式存储结构　　B. 栈与队列是非线性结构

C. 双向链表是非线性结构　　　　　　　　D. 只有根结点的二叉树是线性结构

9. 下面描述线性表的链式存储结构错误的是（　　）。

A. 线性表顺序存储

B. 线性表随机存储

C. 线性表的链式存储结构也称为线性链表

D. 线性表的链式存储结构只能顺序存取

10. 下列叙述中，正确的是（　　）。

A. 线性链表中的各元素在存储空间中的位置必须是连续的

B. 线性链表中的表头元素一定存储在其他元素的前面

C. 线性链表中的各元素在存储空间中的位置不一定是连续的，但表头元素一定存储在其他元素的前面

D. 线性链表中的各元素在存储空间中的位置不一定是连续的，且各元素的存储顺序也是任意的

11. 以下对线性表的顺序存储结构的描述，错误的是（　　）。

A. 逻辑上相邻的元素存储在物理上也连续的存储单元

B. 只要知道线性表中的第一个元素的位置，就可以计算出任意元素的位置

C. 可以实现随机访问

D. 适用于大型需要元素经常变换位置的线性表

12. 下列关于栈的描述中错误的是（　　）。

A. 栈是先进后出的线性表　　　　　　　　B. 栈必须链式存储

C. 栈具有记忆作用　　　　　　　　　　　D. 对栈的插入与删除操作中，不需要改变栈底指针

13. 若进栈序列为 1，2，3，4，则以下说法正确的是（　　）。

A. 出栈序列为 1，2，3，4　　　　　　　　B. 出栈序列为 4，3，2，1

C. 出栈序列为 3，4，2，1　　　　　　　　D. 出栈序列为 2，4，1，3

14. 栈底至栈顶依次存放元素 A、B、C、D，在第五个元素 E 入栈前，栈中元素可以出栈，则出栈序列可能是（　　）。

A. *ABCED*　　　　B. *DBCEA*　　　　C. *CDABE*　　　　D. *DCBEA*

15. 栈和队列的共同点是（　　）。

A. 都是先进后出　　　　　　　　　　　　B. 都是先进先出

C. 只允许在端点处插入和删除元素　　　　D. 没有共同点

16. 下列关于队列的叙述中正确的是（　　）。

A. 在队列中只能插入数据　　　　　　　　B. 在队列中只能删除数据

C. 队列是先进先出的线性表　　　　　　　D. 队列是先进后出的线性表

17. 下列叙述中正确的是（　　）。

A. 线性表是线性结构　　　　　　　　　　B. 栈与队列是非线性结构

C. 线性链表是非线性结构　　　　　　　　D. 二叉树是线性结构

18. 在一棵二叉树上第 5 层的结点数最多是（　　）。

A. 8　　　　　　　B. 16　　　　　　　C. 32　　　　　　　D. 15

19. 在深度为 7 的满二叉树中，叶子结点的个数为（　　）。

A. 32　　　　　　　B. 31　　　　　　　C. 64　　　　　　　D. 63

20. 一棵二叉树中共有 19 个叶子结点与 12 个度为 1 的结点，则该二叉树中的总结点数为（　　）。

A. 31　　　　　　　B. 19　　　　　　　C. 49　　　　　　　D. 50

21. 某二叉树有 5 个度为 2 的结点，则该二叉树中的叶子结点数是（　　）。

A. 10　　　　　　　B. 8　　　　　　　C. 6　　　　　　　D. 4

22. 设一棵完全二叉树共有 699 个结点，则在该二叉树中的叶子结点数为（　　）。

A. 349　　　　　　B. 350　　　　　　C. 255　　　　　　D. 351

23. 某二叉树中有 n 个度为 2 的结点，则该二叉树中的叶子结点为（　　）。

A. $n+1$　　　　B. $n-1$　　　　C. $2n$　　　　D. $n/2$

24. 二叉树是（　　）。

A. 度为 2 的树　　　　　　　　　　B. 所有结点的度都为 2

C. 二叉树必须采用链式结构存储　　D. 空二叉树是线性结构

25. 在长为 64 的有序线性表中进行顺序查找，最坏情况下需要比较的次数为（　　）。

A. 63　　　　　　　B. 64　　　　　　　C. 6　　　　　　　D. 7

26. 在长度为 n 的线性表中进行顺序查找，在最快情况下，所需要的比较次数为（　　）。

A. n　　　　　　　B. $n/2$　　　　　　C. 1　　　　　　　D. $n+1$

27. 对于线性表（5，8，3，2，7，1），按升序简单选择排序第一趟扫描的结果为（　　）。

A. 5，8，3，2，7，1　　　　　　　B. 5，3，2，7，1，8

C. 1，8，3，2，7，5　　　　　　　D. 1，2，3，5，7，8

28. 对于线性表（5，8，3，2，7，1），按升序直接插入排序第一趟扫描的结果为（　　）。

A. 5，8，3，2，7，1　　　　　　　B. 5，3，2，7，1，8

C. 1，8，3，2，7，5　　　　　　　D. 1，2，3，5，7，8

29. 对于线性表（5，8，3，2，7，1），按升序冒泡排序第一趟扫描的结果为（　　）。

A. 5，8，3，2，7，1　　　　　　　B. 5，3，2，7，1，8

C. 1，8，3，2，7，5　　　　　　　D. 1，2，3，5，7，8

30. 数据结构中，与所使用的计算机无关的是数据的（　　）。

A. 存储结构　　　　　　　　　　　B. 物理结构

C. 逻辑结构　　　　　　　　　　　D. 物理和存储结构

31. 数据的存储结构是指（　　）。

A. 数据所占的存储空间量

B. 数据的逻辑结构在计算机中的表示

C. 数据在计算机中的顺序存储方式

D. 存储在外存中的数据

32. 在计算机中，算法是指（　　）。

A. 查询方法　　　　　　　　　　　B. 加工方法

C. 解题方案的准确而完整的描述　　D. 排序

33. 链表不具有的特点是（　　）。

A. 可随机访问任一元素　　　　　　B. 插入和删除不需要移动元素

C. 不必事先估计存储空间　　　　　D. 所需空间与线性表长度成正比

34. 下面有关数据的存储结构的叙述中，正确的是（　　　）。

A. 顺序存储方式只能用于存储线性结构

B. 顺序存储方式的优点是存储密度大，且插入和删除运算效率高

C. 链表的每一个结点都恰好包含一个指针

D. 栈和队列的存储方式既可以顺序存储，也可以采用链式存储方式

二、填空题

1. 计算机中_____语言的书写方式接近于人们的思维习惯，使程序更易阅读和理解。

2. 常用的描述算法的方法有：用自然语言表达、用伪代码表达、用有流程线的_____和无流程线的_____。

3. 评价算法运行效率的两个重要指标是_____和_____。

4. 在采用一组地址连续的空间存放队列元素时，如果队头指针为 front，队尾指针为 rear，则判断队满的条件是_____；判断队空的条件是_____。

5. 设一棵二叉树中有 3 个叶子结点，有 6 个度为 1 的结点，则该二叉树中总的结点数为____个。

6. 某二叉树中度为 2 的结点有 12 个，则该二叉树中有_____个叶子结点。

7. 在深度为 7 的满二叉树中，叶子结点的个数为_____。

8. 在深度为 5 的完全二叉树中，度为 2 的结点数最多为_____个。

9. 设一棵完全二叉树共有 50 个结点，则在该二叉树中有_____个叶子结点。

10. 请分别写出下面二叉树的先序遍历的结果_____、中序遍历的结果_____和后序遍历的结果_____。

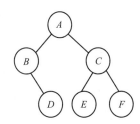

11. 在长度为 N 的线性表中进行二分查找，在最快的情况下，需要比较的次数为_____。

12. 选择排序的算法第一步，扫描整个线性表，从中找出最小的元素，与第_____个元素交换。

13. 对长度为 N 的线性表进行顺序查找，当查找失败时比较次数为_____次。

14. 栈的基本运算有三种：入栈、出栈和_____。

三、简答题

1. 试描述计算机语言的类型，它们各有什么特点。

2. 计算机执行用高级语言编写的程序有哪些途径？它们之间的主要区别是什么？

3. 列出你所知道的几种计算机语言，说说你会的或你想学的某种计算机语言的特点。

4. 什么叫算法，有哪些基本特征？

5. 试描述至少两种基本的算法设计策略。

6. 什么是程序，程序设计方法主要有哪两种？

7. 结构化程序设计的基本思想和控制结构是什么？

8. 什么叫数据结构，列举常见的数据结构并描述其特点：线性表、栈、队列。

9. 什么是数据的逻辑结构，什么是数据的物理结构，常见的物理结构有哪两种？它们之间的区别是什么？

10. 什么是树，什么是二叉树？

11. 二叉树的性质及遍历有哪些？

12. 基本的排序算法有哪些？选择其中一种对数据序列 7，34，77，25，64，20 进行排序，描述排序过程。

第 5 章 多媒体基础

多媒体是将计算机、电视机、录像机、录音机和游戏机等技术融为一体，形成计算机与用户之间可以相互交流的操作环境。它将计算机、声像、通信技术合为一体，可以接收外部的各种媒体信息，经计算机加工处理后以图、字、声、象等多种方式输出。多媒体技术的应用已经使人们的生产、生活、工作、学习及娱乐的方式发生了巨大的变化。而随着多媒体技术不断地进步发展，其有望继续为我们带来新的变革。

5.1 多媒体技术概述

5.1.1 多媒体基本概念

1. 媒体及其分类

媒体（media）一词来源于拉丁语"Medius"，意为两者之间。媒体是指传播信息的媒介，是指人借助用来传递信息与获取信息的工具、渠道、载体、中介物或技术手段。国际电信联盟电信标准化局（Internation Telecommunication Union-Telecommunication Standardization sector，ITU-T）把媒体分成以下五类。

（1）感觉媒体：指直接作用于人的感觉器官，使人产生直接感觉的媒体，如引起听觉反应的声音，引起视觉反应的图像等。

（2）表示媒体：指传输感觉媒体的中介媒体，即用于数据交换的编码，如语言编码、电报码、条形码等。

（3）显示媒体：指表现和获取信息的物理设备，如键盘、鼠标、扫描仪、麦克风、摄像机等为输入媒体，显示器、打印机、音箱等为输出媒体。

（4）存储媒体：指用于存放表示媒体的物理介质，如纸张、磁盘、光碟、闪存等。

（5）传输媒体：指传输表示媒体的物理媒体，如电缆、光纤等。

2. 多媒体和多媒体技术

计算机中的多媒体属于表示媒体，是指把文本、图形、图像、音频、动画、视频等信息都进行数字化处理。这些媒体数字化后可以存储在计算机中，也可以被整合在一定的交互式界面上，使计算机具有交互展示不同媒体的能力。

多媒体（multimedia）是指把文本、图形、图像、音频、动画、视频这六类媒体中的两种或两种以上融合在一起的人机交互式信息交流和传播的媒体。上面提到的六类媒体从时效上可以分为静态媒体（文本、图形、图像）和动态媒体（音频、动画、视频），多媒体应至少包含一种动态媒体。

多媒体技术是指以数字化为基础，将多种媒体信息进行采集、编码、存储、处理、再现等，使各种媒体信息之间建立起有机的逻辑联系，并集成一个具有交互性的系统。多媒体技术将计算机、视听、通信技术合为一体，可以形成人与机器、人与人、机器与机器之间互动交流的操作环境及身临其境的场景，各种媒体信息不是简单的单向或双向传输，而是可以通过网络进行传输，而且在信息传输时人们可以根据需要进行控制。

3. 计算机中的媒体

（1）文本（text）：是以文字和各种专用符号表达的信息形式，它也是现实生活中使用得最多的一种信息存储和传递方式。多媒体系统除了利用字处理软件实现对文本的输入、存储、编辑和输出外，还可以利用人工智能技术对文本进行识别、理解和发音等。

（2）图形（graphics）：是指通过绘图软件绘制直线、圆、曲线等组成的画面。图形文件中存放的是描述生成图形的指令（图形的大小、形状和位置），以矢量图形文件的形式存储。例如，使用计算机辅助设计软件进行房屋结构设计、制作效果图等。

（3）图像（image）：是指通过扫描仪、数码照相机、摄像机等输入设备捕捉的真实场景的画面，数字化存储在计算机的存储设备中。图像一般用图像处理软件进行编辑和处理。

（4）音频（audio）：是指包括话语、音乐及自然界（如雷、雨）发出的各种声音，是人们用来传递信息、交流感情最方便、最熟悉的方式之一。计算机的音频处理技术主要包括声音的采集、数字化、压缩、解压缩及播放等。

（5）动画（animation）：是利用人眼的视觉残留特性，当一系列图形和图像按一定的时间播放的时候，通过人眼反映到人脑，产生物体运动的印象。计算机动画一般通过FLASH、3DSMAX 等动画软件制作而成。

（6）视频（video）：视频主要来自摄影机、影碟机等视频信号源，通过对自然界场景的捕捉，具有时序性与丰富的信息内涵，常用于交代事物的发展过程。现在的电影和电视基本上都采用了数字视频技术。

4. 多媒体技术的特征

多媒体技术具有四个方面的显著特性，即多样性、集成性、交互性和实时性。

1）多样性

多媒体技术的多样性包括信息媒体的多样性和媒体处理方式的多样性。信息媒体的多样性指使用文本、图形、图像、音频、动画、视频等多种媒体来表示信息。对信息媒体的处理方式可分为一维、二维和三维等不同方式。例如，文本属于一维媒体，图形属于二维或三维媒体。信息载体的多样性使计算机所能处理的信息空间范围不断扩展和放大，从而使人与计算机的交互具有更广阔、更自由的空间。

2）集成性

多媒体技术的集成性是指以计算机为中心，综合处理多种信息媒体的特性，包括信息媒体的集成和处理这些信息媒体的设备与软件的集成。

集成性首先是信息媒体的集成，即把单一的、零散的媒体有效地集成在一起，成为一个完整的统一体，从而使计算机信息空间得到相对的完善，并得到充分利用；其次集成性还充分表现在存储信息的实体的集成，即多媒体信息由计算机统一存储和组织。

3）交互性

多媒体技术的交互性是指通过各种媒体信息，使参与的各方（发送方和接受方）都可以对有关信息进行编辑、控制和传递，如游戏程序一定要有用户的参与。

交互性向用户提供了更加有效地控制和使用信息的手段和方法，同时也为应用开辟了更加广阔的领域。交互可做到自由地控制和干预信息的处理，增加对信息的注意力和理解，延长信息的保留时间。

4）实时性

多媒体技术的实时性是指在多媒体系统中音频媒体和视频媒体是与时间因子密切相关的，从而决定了多媒体技术具有实时性。这意味着多媒体系统在处理信息时有着严格的时序要求和很高的速度要求。

5.1.2　多媒体系统

多媒体系统是指能对文本、图形、图像、音频、动画、视频等多媒体信息进行逻辑互连、获取、编辑、存储和播放的具有交互性的计算机系统。多媒体系统包括多媒体硬件系统和多媒体软件系统两大部分。一个完整的多媒体系统的组成如图 5.1 所示。

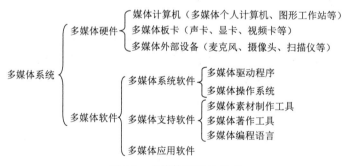

图 5.1　多媒体系统的组成

1. 多媒体硬件

多媒体硬件是在多媒体计算机的基础上，增加表现和获取各种媒体的物理设备及其接口卡，即各种媒体的输入输出设备及设备对应的接口卡。

多媒体计算机可以是普通的个人计算机，但在处理图像、音频、视频等媒体时，其数据量大，计算任务繁重，这需要计算机的性能要足够强大，因此可能会采用更专业的多媒体计算机如图形工作站等高性能计算机，当然其价格要昂贵得多。各种媒体的输入和输出设备见表 5.1。

表 5.1　各种媒体的输入和输出设备

媒体	输入设备	输出设备
文本	键盘、鼠标等	显示器、打印机
图像	数码照相机、摄像头、扫描仪等	显示器、打印机
音频	麦克风、MIDI 设备等	音箱、扬声器
视频	数码照相机、摄像机、影碟机等	显示器

其中，视频的输入设备既可以是数码照相机、数码摄像机，也可以是模拟摄像机、老式影碟机，后者需要视频采集卡（也叫视频卡）将其转换为数字信号输入计算机。一个典型的多媒体硬件组成如图 5.2 所示。

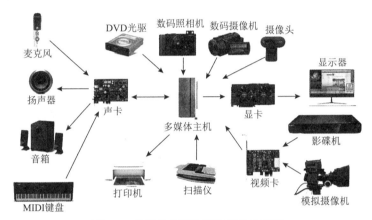

图 5.2　典型的多媒体硬件组成示意图

2．多媒体软件

1）多媒体系统软件

多媒体系统软件在一般系统软件的基础上增加了对多媒体技术的支持，如数据压缩、媒体硬件接口驱动、各种形式的交互等。多媒体系统软件包括多媒体操作系统和多媒体驱动程序。

多媒体操作系统是多媒体的核心系统，除了具有操作系统的基本功能外，还必须具有对多媒体数据和多媒体设备的管理和控制功能，负责多媒体环境下多任务的调度，保证音频、视频同步控制，以及实时处理多媒体信息，提供对多媒体信息的各种基本操作和管理，使多媒体硬件和软件协调地工作。

多媒体驱动程序是直接和媒体硬件接口打交道的软件，它完成设备的初始化，控制设备操作运行。只有安装驱动程序，多媒体设备才能正常使用。通常，多媒体操作系统会自带常用的多媒体设备驱动程序。

2）多媒体支持软件

多媒体支持软件是指多媒体开发人员用于获取、编辑和处理多媒体信息，编制多媒体应用软件的一系列工具软件的统称。多媒体支持软件可大致分为三类：多媒体素材制作工具、多媒体著作工具和多媒体编程语言。

多媒体素材制作工具用来为多媒体应用软件进行数据准备，如各种数字形式的文本、图像、音频、视频等。常见的多媒体素材制作工具见表 5.2。

表 5.2　常见的多媒体素材制作工具

媒体	多媒体素材制作工具
文本	Word 艺术字、COOL 3D 等
图形、图像	Corel DRAW、Photoshop、光影魔术手等
音频	Audition、Cakewalk、Sound Recorder、Media Player 等
动画	Adobe Flash、3D Studio MAX 等
视频	Ulead Video Edit、Adobe Premiere、绘声绘影等

多媒体著作工具（也称多媒体创作工具）是指能够集成处理和统一管理文本、图形、图像、音频、动画、视频等多媒体信息，使之能够根据用户的需要生成多媒体应用软件的编辑工具。多媒体著作工具可以帮助多媒体开发人员提高开发工作效率，大多是一些应用程序生成器，将各种媒体素材按照超文本结点和链结构的形式进行组织，形成多媒体应用程序。常见的多媒体制作工具如 Authorware、Director、Multimedia、Tool Book 等。

多媒体编程语言对开发人员的编程能力要求较高，可直接开发各种类型的多媒体应用软件。常见的多媒体编程语言如 VB、VC++、Delphi、Java 等。

3）多媒体应用软件

多媒体应用软件是多媒体开发人员使用多媒体著作工具或多媒体编程语言编制的最终面向用户的多媒体产品。它可以是根据多媒体系统终端用户的需求定制的应用软件，也可以是面向某一特定领域用户的应用软件系统，如媒体播放软件、辅助教学软件、游戏软件、电子工具书、电子百科全书等。

5.1.3　多媒体处理的关键技术

多媒体中的音频和视频等信息数字化后的数据量非常庞大，这对多媒体信息的处理、存储和传输提出了考验。随着计算机技术和多媒体技术的发展，这些问题已经逐步得到了解决。首先，大规模集成电路的发展，使计算机的运算速度及内存容量大幅度提高，为多媒体信息的实时处理创造了条件。其次，大容量的存储技术和各种媒体压缩技术的发展，为多媒体信息的存储和传输提供了保证。再次，网络与通信技术的发展使多媒体通信对网络带宽的要求得到了一定程度的满足。最后，各种媒体技术标准的制定和完善进一步推动了多媒体技术的发展。

多媒体信息处理所涉及的主要关键技术有以下几种。

1）多媒体数据压缩/解压缩技术

计算机要能综合处理声、文、图等信息，需要选用合适的数据压缩技术，将字符、音频、图像和视频等数据压缩到最小，这样处理起来才能方便、快捷。当前常用的压缩编码/解压缩编码的国际标准有 JPEG 和 MPEG。

2）多媒体数据的存储技术

多媒体信息数据量大，需要实现对大容量数据的存储和管理，为此，多媒体系统采用了集中式的海量存储、分布式存储、并行访问等各种技术。随着网络通信技术的进步，分布数据存储技术与多媒体存储技术已逐步实现了融合。

3）多媒体同步技术

在多媒体技术的应用中，视频、音频都明显地带有时间的依从特性；在各种媒体集成的信息中，各媒体间也会存在空间上的位置相关特性。因此，多媒体的集成、转换和传递受到时空同步的制约，这需要多媒体同步技术来解决。

4）多媒体网络技术

多媒体网络技术是用来实现多媒体通信和多媒体信息资源的共享，主要解决网络吞吐量、传输可靠性、传输实时性和服务质量等问题。目前，多媒体网络技术已经取得了许多新的进展，能够超越时空限制，实时快速地进行多媒体通信。例如，可视电话、多媒体会议系统、多媒体交互电视系统、远程教育、远程医疗、公共信息检索系统等。

5）虚拟现实技术

虚拟现实技术（virtual reality，VR）利用了计算机图形学、仿真技术、多媒体技术、人工智能技术、计算机网络技术、并行处理技术和多传感器技术，模拟人的视觉、听觉、触觉等感觉器官功能，使人能够沉浸在计算机生成的虚拟境界中，并能够通过语言、手势等自然的方式与之进行实时交互，创建一种适人化的多维信息空间。通过虚拟现实系统，使用者不仅能够感受到在客观物理世界中所经历的"身临其境"的逼真性，而且能够突破空间、时间及其他客观限制，得到真实世界中无法亲身经历的体验。

5.2　数字化的基本概念

5.2.1　模拟现象与离散现象

模拟现象是连续的，点与点之间没有分界，任意两点之间存在无数多的点。现实中的模拟现象比比皆是，如画在纸上的一条线，自然环境下气温的变化，老式收音机上的旋钮，等等。离散现象是不连续的，点是离散分布的，点与点之间有明确的分界，如果一个点（空间上或时间上）和另一个点相邻，那么它们之间不存在其他的点。流动的水是连续的模拟现象，未关紧的水龙头滴下的水则是离散现象。人所感受到的感觉媒体多是模拟形式的。例如，人眼看到的风景，管弦乐演奏的音乐（连续的声波），一套武术动作，等等。

将图像、声音和动作的连续现象用离散的形式表示，变成可以被计算机识别的数字媒体，这是一个模数转换的过程。将模拟信号转换为数字信号（也称为离散信号）一般通过 A/D 转换器（ADC）来实现。以计算机录制声音为例。管弦乐现场演奏的音乐是连续的声波，可以通过麦克风将其录制进计算机中。麦克风是一个模拟设备，可以检测声音信号并将其转化为一个按时序变化的连续电压信号。麦克风与声卡相连，声卡中包含有A/D 转换的模块，通过计算机中的录音软件就可以将其转换为数字形式的音乐文件了。如果将麦克风与老式录音机相连，录制成老式的录音带，则其是模拟形式的声音媒体。

数字媒体适合用计算机来进行存储和处理。模拟数据看上去含有无限的值，可以更平滑地运行，但随着计算机存储介质容量的增大，以及网络通信带宽的提升，数字媒体的分辨率随之提高，可以拥有更丰富的细节表现，足以满足人们的感官体验。同时，数字信号可以更好地实现通信。模拟数据的通信容易受到噪声的影响，在传输过程中会导致质量受损。数字数据由"0"和"1"组成，通过错误纠正策略可以保证正确的接收和解析。虽然，数字信号的数据量大，但可以通过好的压缩算法，在不牺牲质量的前提下，有效地减少数据量。数字通信在如今得到了更广泛的应用。

5.2.2　模拟声音和模拟图像

数字媒体的主要形式是图像和声音，两者结合在一起便可以生成视频。两者作为感觉媒体都是模拟现象，可以用函数和波形来表达。

声波由振动引起，是一种机械波，借助于麦克风可以将其转化为连续的电信号。可以将声音模拟成一个连续函数 $y = f(x)$，其中 x 是时间，y 是振幅。理想的单一频率的音调可以表示为一个正弦函数，而自然的声音可以看作大量简单波的叠加，如图 5.3 所示。

（a）单一音谱　　　　　　　　　　　　　　（b）叠加声音

图 5.3　单一音谱和叠加声音的波形

也可以反过来，把一个复杂的波形用数学方法分解为它的不同频率成分组合，这种方法叫作傅里叶变换。傅里叶分析表明，任何周期信号可以分解为无数个正弦波的叠加，简单的正弦波称为复杂波形的频率成分。因此，任意的声音都可以表示为连续的波，并用连续函数表达。

连续波形及对应的连续函数也可以用于图像中颜色幅值的变化。如图 5.4 所示，一副灰度平滑变化的图像，取一横线的像素，并将横线上像素点的颜色幅值（即灰度值）表示为纵轴，横轴为对应位置的像素点，则形成一个正弦波的形式，显然像素点颜色的变化也是连续的。如果将平滑灰度图的横线从上到下取满整个画面，则将会是一副三维坐标系的连续二维波形。

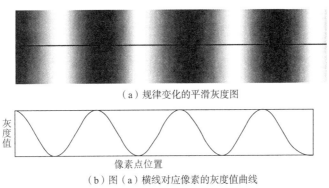

（a）规律变化的平滑灰度图

（b）图（a）横线对应像素的灰度值曲线

图 5.4　平滑灰度图及其横线对应像素的灰度值曲线

由此可知，模拟声音和模拟图像都是连续现象，可以表示为连续函数的形式。而要实现计算机中的声音和图像，则需将模拟声音和模拟图像转化为数字声音和数字图像。

5.2.3　模数转换

将模拟声音和模拟图像转换为数字声音和数字图像，是一个将连续现象用离散形式表示的过程，这称为模数转换。模数转换主要包括采样、量化和编码三个步骤。

模数转换第一步是采样。采样就是选择离散点来衡量连续的现象（或信号）。如果是图像，样本点应在空间内均匀分配；如果是声音，样本点应该在时间上均匀分布。每单位空间或时间采集的样本量称为分辨率或采样频率。分辨率或采样频率应满足一定的要求，过疏的采样会导致结果的不精确。

如图 5.5 所示，左边是一幅规律图像，其颜色规律变化；右边是对其采样后的样本示意图。如果将分辨率降低一半，即间隔一列采样并重构图像，将会看到整张黑色的图像，这就是过疏采样的后果。

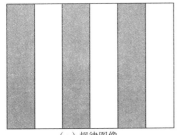

（a）规律图像

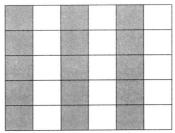

（b）采样后的样本示意图

图 5.5　规律图像及采样后的样本示意图

声音也有类似问题，如图 5.6 所示。在一段声音波形上采集样本点，如果采样频率过低，重构出来的波形频率则不同于原始声音，听到的效果也就不一样了。

（a）原始声音

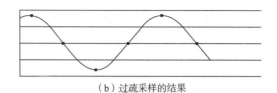

（b）过疏采样的结果

图 5.6　声音波形过疏采样的结果示意图

　　显然，过疏采样会造成失真。体现在图像上，会表现为不清晰，或是一个与源图像不同的图像；体现在音频上，表现为声音中出现原先不存在的声音频率。奈奎斯特采样定理规定，为了不失真地恢复模拟信号，采样频率应该不小于模拟信号频谱中最高频率的 2 倍。这个理论后来被 C.E.香农（C.E. Shannon）证明和扩展，也称为香农采样定理。

　　模数转换第二步是量化。量化是要求每个样本用固定数量的位表示，称为位深度。位深度决定了每个样本的精确程度。对于图像而言，位深度决定了颜色的数量。如果用 1 位，那么只能表示两种颜色；如果用 8 位，则可以表示 2^8=256 种颜色。对于数字音频，每个样本代表了声波在离散时间点上的振幅，假如位深度为 16，则有 2^{16}=65 536 个量化等级。每个样本将向最接近的量化等级近似，其与实际幅度值之差称为量化误差。显然，位深度的值越大，量化误差越小，但相应的存储容量也越大。

　　模数转换第三步是编码。编码是将量化值用二进制表示出来，一般量化和编码是在转换过程中同步实现的。图像和音频各有其相应的编码方案，这些在后面的内容中再详细阐述。

5.3　数字图像基础

5.3.1　图形和图像

1. 图形和图像的概念

　　计算机中的图主要有两种：图形和图像。图形通过使用对象定义和数学方程来描述形状和颜色，可以通过 Corel Draw 之类的软件创建。图像是通过逐像素指定各个点的颜色来创建，一般是由数码照相机、扫描仪、画图软件和图像处理软件等来生成。

　　图形：又称矢量图，它利用点、线、面和曲面等几何图形，生成物体的模型。图形使用数学方法来表示图，将其转变成若干的数学表达式，再编制程序用计算机语言来表达。图形一般用来反映物体的局部特征，是真实物体的模型化、抽象化、线条化。图形存放的是描述图形的指令，以矢量文件的形式存储，数据量小。绘制和显示图形的软件称为绘图软件，如 Adobe Illustrator、Freehand 和 Corel Draw 等。矢量图主要用于文字设计、图案设计、版式设计、标志设计、计算机辅助设计、工艺美术设计、插图等领域。

　　图像：又称位图，是由一些排成行列的像素组成，一般是由扫描仪、数码照相机、摄像机等输入设备捕捉的真实场景。图像反映物体的整体特征，是对物体原型的真实再现，存储的是构成图像的每个像素点的亮度和颜色，数据量大。用于生成或编辑图像的软件称为画图软件。位图主要用于表现自然景物、人物、动植物和一切引起人类视觉感受的景物，特别适用于逼真的彩色照片。典型的矢量图和位图，如图 5.7 所示。

（a）矢量图　　　　　　　　　　（b）位图

图 5.7　鹅的矢量图和位图

2. 图形和图像的区别

图形和图像的区别具体表现在以下几个方面。

（1）大小。图像的每个像素点都需要表示颜色，颜色数量越多，每个像素点的二进制位数就越长，其对应的文件就越大。图形中的颜色一般作为参数给出，颜色多少与文件大小无关。相对来说，图像的存储空间较大，而图形的存储空间较小。

（2）可操作度。图像基于具体的像素点构成，当将其放大至超过原始尺寸，会出现画面失真，放大导致的失真通常会表现出颗粒感。如图 5.8 所示，将鹅的位图放大后出现失真的情形。图形是基于绘图指令计算生成各个图形元素，放大后其线条依然可以保持良好的光滑性及比例相似性，图形整体不变形。

图 5.8　放大后失真的位图

（3）表现力。图像借助数码照相机之类的设备捕获，一般用来表现客观、真实的场景，其画面的层次感和色彩丰富，表现力强。图形则一般是由人主观创作而来的，若干图形元素的组合并不够真实，表现力较差。

（4）侧重点。图像侧重于获取、复制和技巧性。图形侧重于绘制、创造和艺术性。

3. 常见的图形文件格式

SVG 文件：是可缩放的矢量图形格式。它是基于 XML 进行开发的一种开放标准的矢量图形语言。用户可以直接用代码来描绘图像，可以用任何文字处理工具打开 SVG 图像，通过改变部分代码来使图像具有互交功能，并可以随时插入 HTML 中通过浏览器来观看。SVG 文件很小，适合用于设计高分辨率的 Web 图形页面。

WMF 文件：是常见的一种图元文件格式，具有文件短小、图案造型化的特点，整个图形常由各个独立的组成部分拼接而成，但图形往往较粗糙，并且只能在 Microsoft Office 中调用编辑，如 Office 中的剪贴画。

EMF 文件：是微软开发的一种 Windows 32 位扩展图元文件格式。其总体目标是要弥补使用 WMF 的不足，使得图元文件更加易于接受。

AI 文件：是 Adobe 公司的 Illustrator 软件的输出格式。AI 是一种分层文件，每个对象都是独立的，它们具有各自的属性，如大小、形状、轮廓、颜色、位置等。以这种格式保存的文件便于修改，可以在任何尺寸下按最高分辨率显示输出，它的兼容度比较高。

DXF 文件：是 AutoCAD 中的矢量文件格式，它以 ASCII 码方式存储，在图形的大小表现方面十分精确，主要用于工程制图。DXF 文件可以被许多软件调用或输出。

SWF 文件：是二维动画软件 Flash 中的矢量动画格式，主要用于 Web 页面上的动画发布。

5.3.2　图像的数字化

在计算机中处理图像，必须先把真实的图像（照片、画报、图书、图纸等）通过数字化转变成计算机能够接受的显示和存储格式，然后再用计算机进行分析处理。图像数字化是将连续色调的模拟图像经采样量化后转换成数字影像的过程。图像的数字化过程主要为采样、量化及编码三个步骤。

1. 采样

采样的实质就是要用多少点来描述一幅图像，即在空间上离散化。采样结果质量的高低可以用图像分辨率来衡量。简单来讲，对二维空间上连续的图像在水平和垂直方向上等间距地分割成矩形网状结构，所形成的微小方格称为像素点。一副图像被采样成有限个像素点构成的集合。例如，一副图像的分辨率为 640×480，表示这幅图像是由 640×480=307 200 个像素点组成。

如图 5.9 所示的图像采样中，图（a）是要采样的物体，图（b）是采样后的图像，每个小格即一个像素点。对于同一副图像，采样点之间的间隔越小，得到的图像样本越逼真，图像的质量就越高，但相应的所需的存储量也越大。

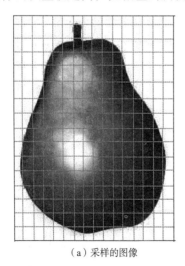
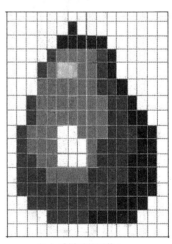

（a）采样的图像　　　　　　　　　　（b）采样后的图像

图 5.9　图像采样

2. 量化

量化是要将颜色离散化，将连续的颜色取值用有限的颜色数来表示，其结果是每一个像素用若干的二进制位来记录，称为颜色深度（或量化位数）。颜色深度为 n，可以表达 2^n 种颜色。量化位数越多，颜色划分的级数越多，点与点之间颜色的差异越小，图像越逼真，同时存储容量也越大。

以图 5.10 为例，对图像的颜色取白色时值最大，取黑色时值最小，划分 8 个级别的灰度颜色，线段 AB 上各像素点的颜色（灰度值）曲线如图 5.10（c）所示。这 0～7 的灰度值正好可以用 3 位二进制来表示，即颜色深度为 3。图像中的每个像素点都按这 8 级灰度值近似处理后，就变成了第二幅图的效果[图 5.10（d）]。显然，量化位数越多，颜色划分的级数越多，点与点之间颜色的差异越小，图像越逼真，同时存储容量也越大。

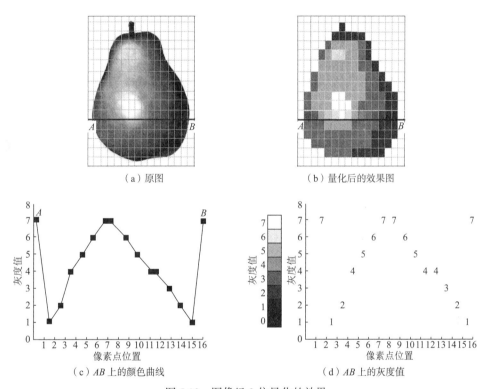

（a）原图　　　　　　　　　　　（b）量化后的效果图

（c）AB 上的颜色曲线　　　　　　　（d）AB 上的灰度值

图 5.10　图像经 3 位量化的效果

3. 编码

在图 5.9 的例子中，横向和纵向上各取 16 个间隔进行采样，得到 16×16 个像素点，假设只有黑白两种颜色，量化时可以只用 1 位二进制数来表示图像的颜色值。例如，1 代表黑色，0 代表白色，那么这副图像的编码如图 5.11 所示。

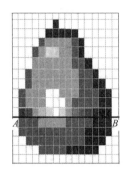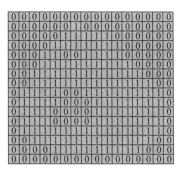

图 5.11　按黑白图像的编码

实际上，该图像不只有黑白两种颜色，还有灰度值。如果量化的灰度值有八种，用十进制的 0～7 表示，则对应的二进制编码为 000、001、010、011、100、101、110、111。线段 AB 的灰度值序列为 7、1、2、4、5、6、7、7、6、5、4、4、3、2、1、7，对应的二进制编码为 111、001、010、100、101、110、111、111、110、101、100、100、101、010、001、111，一共需要 6 字节来存储，如果按黑白图两种颜色量化，则这一行只需 2 字节存储。

对于更为常见的彩色图像，其颜色更加丰富，量化编码时需要考虑应用环境所适用的颜色模型来进行编码。

4. 图像的属性

1）图像分辨率

图像分辨率是数字图像的实际尺寸，它定义为水平方向（宽，w）和垂直方向（高，h）的像素数量，可以表示为 $w×h$。一副图像在采样时，横向和纵向包含多少个像素点，称为该图像的分辨率。例如，一副图像采样后，横向有 1600 个像素点，纵向有 1200 个像素点，则该图像的分辨率为 $1\,600×1\,200=1\,920\,000$，也可以称为 200 万像素；而 500 万像素的分辨率为 $2\,560×1\,920$。图像的分辨率越高，图像看起来就越逼真，占用的存储空间越大。

显示分辨率是显示器上能够显示出的像素数量，其表示与图像分辨率类似。如果显示器的分辨率为 $1\,024×768$，那么一幅 $512×384$ 的图像只占显示屏的 1/4；而 $1\,600×1\,200$ 的图像在这个显示器上就不能显示为一个完整的画面。通常，显示软件的自动缩放功能会将不同大小的图像显示相同的尺寸大小。200 万像素和 500 万像素的图片，在屏幕上粗看基本一样，但就图像上的细节来看是完全不一样的。

打印分辨率是指打印机在一定的区域内能够打印的点数，其单位是点每英寸（DPI）。500 万像素的图像如果采用 150 DPI 的最低冲印精度进行数码冲印，可得到 17 in 的照片；如果采用 300 DPI 的冲印精度进行数码冲印，可得到 8 in 的照片。可由此看出冲印数码照片除了与照片的像素有关，还和冲印精度有关。一般而言，DPI 达到 300，冲印出来的照片就非常清晰了，只要源文件的图像质量得到保证，即使是近距离也不会有任何瑕疵。

2）颜色深度

颜色深度是指记录每个像素所使用的二进制位数。颜色深度值越大，图像显示的色彩越丰富，画面越自然、逼真，但数据量也随之激增。

常见颜色深度的取值有 4 位、8 位、16 位、24 位和 32 位，其对应的颜色数量见表 5.3。

表 5.3　图像的颜色数量

颜色深度位	颜色数量	颜色评价
1	$2^1=2$	单色图像
4	$2^4=16$	简单色图像
8	$2^8=256$	基本色图像
16	$2^{16}=65\ 536$	增强色图像
24	$2^{24}=16\ 777\ 216$	真彩色图像
32	$2^{32}=4\ 294\ 967\ 296$	真彩色图像

大部分的数码照相机使用 RGB 颜色模型，它用 3 字节保存一个像素，每字节保存一个颜色通道，分别是红、绿、蓝，一共可以表示 $2^{24}=16\ 777\ 216$ 种颜色。这个颜色数量已经足够多，图像的色彩和表现力非常强，基本上还原了自然影像，习惯上把这种图像叫作真彩色图像。除 24 位真彩色外，还有更高的 32 位和 36 位真彩色。

3）图像大小

一副分辨率为 640×480 的 24 位真彩色图像，由于一个像素点就需要 24 位二进制，1 字节等于 8 位二进制，即每个像素点需要 3 字节，整幅图像需要 640×480×3=921 600 B=900 KB，约 1 MB 的存储空间。下面给出未压缩数字图像的大小计算公式：

$$图像的大小=图像的分辨率×颜色深度÷8$$

几种不同颜色深度的 640×480 分辨率的图像文件大小，见表 5.4。

表 5.4　几种不同颜色深度的图像文件大小

颜色深度/位	分辨率	文件大小计算
24	640×480	640×480×24÷8=921 600B=900KB
8	640×480	640×480×8÷8=307 200B=300KB
4	640×480	640×480×4÷8=153 600B=150KB
1	640×480	640×480×1÷8=38 400B=37.5KB

BMP 位图格式是一种非压缩的图像格式，其图像文件的大小可以直接用公式计算。而数码照相机的图像文件，是相机的 CCD 或 CMOS 在将光信号转换为电信号的原始数

据的记录，没有进行任何处理的图像数据，也是非压缩格式，其图像大小也可以按照公式计算得出。

例如，1 000 万像素即 3 888×2 592 像素点阵 24 位真彩色需要的存储空间为

$$3\ 888 \times 2\ 592 \times 24 \div 8 = 30\ 233\ 088\ B \approx 29\ 524\ KB \approx 28.8\ MB$$

1 000 万像素的一张照片就需要约 29 MB 的空间，一张 2 G 的存储卡上能存储（2×1 024÷29≈70.6）70 张照片。为了在相同大小的空间中存储更多的图像，需要对图像进行压缩。

常见的 JPG 格式是一种图像的压缩格式。例如，一幅 640×480 的 24 位真彩色图像，JPG 图像格式大小为 24 KB，其压缩比为 900 KB÷24 KB=37.5 倍，或者说压缩比是 37.5∶1。

5.3.3　颜色的编码

1. 光是一种波

光是一种电磁波，其电磁波谱的频率和波长都是连续的。能引起人的视觉反应的可见光，其电磁波频率范围为 $3.84 \times 10^{14} \sim 7.89 \times 10^{14}$ Hz，其真空波长为 380～780 nm，如图 5.12 所示。光是由光子的基本粒子组成，具有粒子性与波动性，即波粒二象性。光具有直线传播、反射和折射等粒子的特性，同时光又有干涉和衍射等波的特性。可见光与无线电、红外线、紫外线、X 射线、γ 射线等电磁波在本质上是一样的。作为电磁波，可见光不是常说的赤、橙、黄、绿、青、蓝、紫等有限的几种，而是波长在一定范围内连续分布的无限多种。

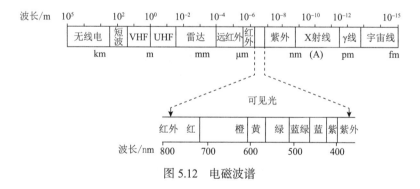

图 5.12　电磁波谱

2. 什么是颜色

人们看到的各种颜色，是可见光进入人眼，经人脑的处理后所产生的视觉感受。生理学研究表明，人的视网膜有两类视觉细胞：一类是对微弱光敏感的杆状体细胞；另一类是对红色、绿色和蓝色敏感的三种椎体细胞。不同波长的可见光对这些细胞的刺激作用不同，体现为视觉神经的不同感受，并反应为人们所理解的各种颜色。

从人的视觉系统来看，颜色具有三个特性，即色调、饱和度和亮度（也叫颜色三要素）。其中，色调与光波的波长有直接关系，而亮度和饱和度与光波的幅度有关。

1）色调

色调（又称为色相），指颜色的外观，用于区别颜色的名称或颜色的种类。色调是视觉系统对一个区域所呈现颜色的感觉，这种感觉就是与红、绿、蓝三种颜色中的哪一种相似，或者与它们组合的颜色相似。

2）饱和度

饱和度是颜色的深浅或鲜艳程度，可用来区别颜色明暗的程度。当一种颜色渗入其他光的成分越多时，就说颜色越不饱和。完全饱和的颜色是指没有渗入白光所呈现的颜色。例如，仅由单一波长组成的光谱色就是完全饱和的颜色。掺入白光仅引起饱和度的变化，而掺入其他彩色的光还会引起色调的变化。

色调与饱和度合起来统称为色度，它表示颜色的类别与深浅程度。

3）亮度

亮度是指某种颜色在人眼视觉上引起的明暗程度，它直接与光的强度有关。人眼感受到的物体的明暗，是物体表面反射光的强度差异所导致的结果。光的强度越大，物体就显得越亮，光的强度变小，物体就会变暗。

3. 颜色模型

颜色模型是计算机系统表示颜色的数字方法，以实现颜色的显示或者打印。在不同的应用领域，往往采用不同的颜色模型。常见的颜色模型如，计算机显示器采用 RGB 模型显示颜色，彩色打印机使用 CMYK 模型打印颜色，画家采用 HSB 模型表现颜色，彩色电视机使用 YUV/YIQ 模型显示颜色。

1）RGB 颜色模型

RGB（red green blue）颜色模型通常用在使用彩色 CRT 的显示设备中。CRT 显示器在工作时，其内部的 R、G、B 电子枪发出三束电子束，分别激发荧光屏上的 R、G、B 三种颜色的荧光粉发出不同亮度的光线，通过相加混合产生各种颜色。LCD 采用液晶控制透光度，其背部作为光源的灯管发射出的光线，经液晶的控制通过后，再由 R、G、B 三种颜色构成的彩色滤光片过滤分离出三原色然后混合相加，使用的也是 RGB 模型。

理论上，任何一种颜色都可以使用 R、G、B 三种基本色按不同比例混合得到。当三种基本颜色按不同强度相加时，总的光强增强，并可得到任何一种颜色。例如，当三种基本颜色等量相加时，得到白色或灰色；等量的红绿相加而蓝为 0 值时得到黄色；等量的红蓝相加而绿为 0 值时得到品红色；等量的绿蓝相加而红为 0 值时得到青色，如图 5.13 所示。

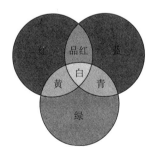

图 5.13　相加混色

2）CMY、CMYK 颜色模型

CMY（cyan magenta yellow）颜色模型主要应用于印刷工业，打印机使用的就是这种颜色模型。与 RGB 模型的相加混色不同，CMY（青、品红、黄）模型基于相减混色的原理。印刷品所呈现的颜色是照射光经过纸张表面颜料吸收了一部分波长的光，而反射未吸收波长的光所呈现出来的。

印刷业通过青（C）、品红（M）、黄（Y）三原色油墨的不同网点面积率的叠印来表现丰富多彩的颜色和阶调，这便是 CMY 颜色模型。在相减混色中，当三种基本颜色等量相减时得到黑色或灰色；等量黄、品红相减而青为 0 值时得到红色；等量青、品红相减而黄为 0 值时得到蓝色；等量黄、青相减而品红为 0 值时得到绿色。

理论上，利用 C、M、Y 三种基本颜色混合可以制作出所需要的各种彩色，但实际上同量的 CMY 混合后并不能产生纯正的黑色或灰色。实际印刷中，一般采用青（C）、品（M）、黄（Y）、黑（BK）四色印刷，在印刷的中间调至暗调增加黑版，这称为 CMYK 颜色模型。

RGB 模型与 CMYK 模型是互补模型，可以相互转换。在印刷过程中要经过一个分色的过程，所谓分色就是将计算机中使用的 RGB 颜色转换成印刷使用的 CMYK 颜色。但这两个颜色模型在表现颜色的范围上不完全一样，RGB 的色域较大而 CMYK 较小，显示器上的颜色并不能精确地在彩色打印机上复制出来，转换的结果会有一定程度的失真，因此这种转换的次数应尽可能少。

3）HSL 颜色模型

HSL（hue saturation lightness）颜色模型，主要用于计算机中图形程序的颜色表示。HSL 即色调、饱和度和亮度，HSL 模型通过这三个颜色通道的变化，以及它们相互之间的叠加来得到各式各样的颜色。HSL 模型描述颜色比较自然，但实际使用却不方便，在显示时要转换成 RGB 模型，在打印时要转换成 CMYK 模型。大部分的图形程序同时提供了 RGB 和 HSL 两种颜色模型。例如，Word 2010 中的自定义颜色对话框可选择切换使用 RGB 或 HSL 两种颜色模型，如图 5.14 所示。

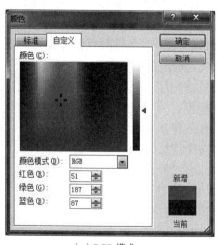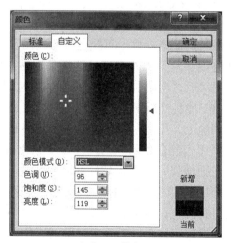

（a）RGB 模式　　　　　（b）HSL 模式

图 5.14　同一种颜色的 RGB 模式与 HSL 模式对比

4）YUV、YIQ 颜色模型

在彩色电视系统中，通常采用三管彩色摄像机或彩色 CCD（电荷耦合器件）摄像机，它把拍摄得到的彩色图像信号，经分色，分别放大校正得到 RGB，再经过矩阵变换电路得到亮度信号 Y 和两个色差信号 R-Y、B-Y，最后发送端将这三个信号分别进行编码，用同一信道发送出去，这就是 YUV 颜色模型。

YUV 颜色模型的亮度信号 Y 和色度信号 U、V 是分离的。如果只有 Y 信号分量而没有 U、V 分量，那么表示的就是黑白灰度图。彩色电视采用 YUV 颜色模型正是为了解决彩色电视机与黑白电视机的兼容问题，使黑白电视机也能接收彩色信号。

目前全球主要使用的电视广播制式是 PAL 和 NTSC。PAL 制式使用的是 YUV 模型，而 NTSC 制式使用的是 YIQ 模型（Y 表示亮度，I、Q 表示两个彩色分量）。由于 RGB 模型的广泛采用，YUV 模型和 YIQ 模型需要把各自的彩色分量转换成 RGB 值来使用，这种对应关系可以近似地用方程式描述。例如，YIQ 模型的亮度公式为 $Y = 0.3R + 0.59G + 0.11B$。

5）灰度模型、黑白模型

灰度模型、黑白模型一般用于非彩色图像效果的显示。灰度模型采用 8 字节来表示颜色，将纯黑和纯白之间划分 256 级，形成 256 级灰度模型，可以用于黑白照片的显示。黑白模型只用 1 字节来表示颜色，只能显示黑色和白色两种颜色，常用于黑白线条图的显示。

5.3.4　图像的压缩编码技术

1. 图像压缩的基本原理

图像能被压缩是因为图像存在大量冗余，当图像被压缩后，非图像专家并不能看出与原图像的差别。图像冗余主要包括空间冗余、时间冗余、结构冗余和视觉冗余等。

1）空间冗余

空间冗余是静态图像中存在的最主要的一种数据冗余。同一景物表面上采样点的颜色之间往往存在着空间连贯性，但是基于离散像素采样来表示物体颜色的方式通常没有利用这种连贯性。例如，图像中有一片连续的区域，其像素为相同的颜色，空间冗余产生。

2）时间冗余

时间冗余是序列图像中经常包含的冗余。一组连续的画面之间往往存在着时间和空间的相关性，但是基于离散时间采样来表示运动图像的方式通常没有利用这种连贯性。图像序列中不同帧之间存在的相关性可引起时间冗余。

3）结构冗余

在某些场景中，存在着明显的图像分布模式，这种分布模式称作结构。结构可以通过特定的过程来生成。结构冗余是图像中重复出现或相近的纹理结构。例如，方格状的地板、蜂窝、砖墙、草席等图结构上存在冗余。

4）视觉冗余

人的视觉系统对于图像的注意是非均匀的、非线性的，视觉系统并不能对于图像的任何变化都有所感知。事实上，人类视觉系统的一般分辨能力约为 26 灰度级，而一般图像的量化采用的是 28 灰度级，这样的冗余称为视觉冗余。通常情况下，人类视觉系统对亮度变化敏感，而对色度的变化相对不敏感。在高亮度区，人眼对亮度变化敏感度下降，对物体边缘敏感，内部区域相对不敏感；对整体结构敏感，而对内部细节相对不敏感。

利用这些冗余，采用压缩算法就可对数字图像进行压缩，减少存储空间，且对图像的视觉效果没有太大影响。

2. 图像压缩的类型

图像压缩算法可以分成两种：无损压缩和有损压缩。

无损压缩顾名思义是指在压缩和解压缩的步骤中没有信息的丢失。压缩将文件大小降低到更少的字节，然后解压缩将数据值精确地还原到它们压缩之前的样子。有损压缩牺牲了一些信息，然而这些算法损失的信息对人们的理解通常不重要，可能是眼睛难以察觉的颜色的微妙变化。

对于如绘制的技术图、图表或者漫画应优先使用无损压缩，这是因为有损压缩，尤其是在低数据率条件下将会导致压缩失真。而诸如医疗图像或者用于存档的扫描图像等有价值内容的压缩也应尽量选择无损压缩方法。有损压缩方法非常适合自然的图像，一些应用中图像的微小损失是可以接受的（有时是无法感知的），这样可以大幅度地减小数据率。

除了有损压缩和无损压缩的分类外，还有基于词典、熵、算数、自适应、感知和差分的压缩方法，这里就不赘述了。

3. 静态图像压缩标准

静态图像中的像素与像素之间、行与行之间存在着较强的相关性，这就使压缩成为可能，从而产生了静态图像压缩标准，随着技术的发展，标准从 JPEG 发展到 JPEG 2000。

1）静态图像压缩的标准 JPEG

JPEG 是一个通用的静态图像压缩标准，该标准定义了有损压缩和无损压缩的编码方案，使用范围广，既可以用于灰度图像，也可以用于彩色图像。

JPEG 标准于 1986 年开始制定，1994 年后成为国际标准，广泛应用于打印机、扫描仪、数码照相机等设备。JPEG 标准包括基于 DPCM（差分脉冲编码调制）的无损压缩编码，基于 DCT（离散余弦变换）和哈夫曼（Huffman）编码有损压缩算法两个部分。前者不会产生失真，但压缩比很小；后者进行图像压缩信息虽有损，但压缩比可以很大。JPEG 压缩技术十分先进，它用有损压缩方式去除冗余的图像数据，在获得极高的压缩率的同时能展现十分丰富生动的图像，并支持多种压缩级别。JPEG 格式压缩的主要是高频信息，对色彩的信息保留较好，支持 24 位真彩色，同时由于 JPEG 格式的文件尺寸较小，网页可以用较短的下载时间提供大量精美的图像，使得 JPEG 成为网络上最受欢迎的图像格式。

2）JPEG 2000 标准

随着多媒体应用领域的激增，传统 JPEG 压缩技术已无法满足人们对多媒体图像资料的要求。因此，更高压缩率及更多新功能的新一代静态图像压缩技术 JPEG 2000 随之诞生。JPEG 2000 作了大幅改进，其中最重要的是用 DWT（离散小波变换）替代了 JPEG 标准中的 DCT。在文件大小相同的情况下，JPEG 2000 压缩的图像比 JPEG 质量更高，其压缩比高约 30%，精度损失更小，同时支持有损和无损压缩。JPEG 2000 格式有一个极其重要的特征是能实现渐进传输，即先传输图像的轮廓，然后逐步传输数据，不断提高图像质量，让图像由朦胧到清晰显示。此外，JPEG 2000 还支持所谓的"感兴趣区域"特性，可以任意指定影像上感兴趣区域的压缩质量，还可以选择指定的部分先解压缩。

JPEG 2000 和 JPEG 相比优势明显，且向下兼容，因此取代了传统的 JPEG 格式。JPEG 2000 既可应用于传统的 JPEG 市场，如扫描仪、数码照相机等，又可应用于新兴领域，如网路传输、无线通信等。

5.3.5 常见的图像文件格式

1. BMP 格式

BMP（位图格式）是 Windows 采用的图像文件存储格式，特点是包含的图像信息较丰富，它的颜色存储格式有 1 位、4 位、8 位及 24 位等。它几乎不进行压缩，占用磁盘空间较大，多应用在单机上，网络环境很少使用。

2. JPEG 格式

JPEG 格式是目前最主流的图片格式，文件后缀名为"jpg"或"jpeg"。在获取极高的压缩率的同时能展现十分丰富生动的图像，同时还具有调节图像质量的功能，允许用不同的压缩比例对文件压缩。在 Photoshop 软件中以 JPEG 格式储存时，提供 13 级压缩级别，以 0～12 级表示，其中 0 级压缩比最高，图像品质最差。采用细节几乎无损的 10 级质量保存时，压缩比可达 5∶1。第 8 级压缩是存储容量与图像质量兼得的最佳比例。目前，各类浏览器均支持 JPEG 格式，因其文件数据量较小，下载速度快。

3. GIF 格式

GIF（图形交换格式）使用 LZW 无损压缩算法，具有较高的压缩比，允许用户为图像设置背景的透明属性。GIF 格式的另一个特点是能在一个 GIF 文件中存放多幅彩色图像。如果把存于一个文件中的多幅图像数据逐幅读出并显示到屏幕上，就可构成一种最简单的动画。目前，Internet 上大量采用的彩色动画文件多为这种格式的文件。此外，考虑到网络传输中的实际情况，GIF 图像格式还增加了渐显方式。

4. TIFF 格式

TIFF（标记图像文件格式）用于在应用程序之间交换文件。TIFF 是一种灵活的图像格式，被所有绘画、图像编辑和页面排版应用程序所支持，主要用于黑白图像。几乎所有的桌面扫描仪都可以生成 TIFF 图像，而且 TIFF 格式还可加入作者、版权、备注及自定义信息，存放多幅图像，细微层次的信息较多，有利于原稿阶调与色彩的复制。

5. PSD 格式

PSD（Photoshop 的专用图像格式）保存了图像在创建和编辑过程中的许多信息，如层、通道、路径信息等，所以修改起来非常方便。随着 Photoshop 越来越广泛地应用，这个格式也逐渐流行起来。

6. PNG 格式

PNG（可移植性网络图像）是较新的图像文件格式，可直接作为素材使用，它有一个非常好的特点——背景透明。PNG 用来存储灰度图像时，灰度图像的深度可多达 16 位；存储彩色图像时，彩色图像的颜色深度可多达 48 位，并且还可存储多达 16 位的 α 通道数据。PNG 格式能把图像文件压缩到极限以利于网络传输，又能保留所有与图像品质有关的信息，因为采用无损压缩方式来减少文件的大小，显示速度很快，只需下载 1/64 的图像信息就可以显示出低分辨率的预览图像，受最新的 Web 浏览器支持。

7. PDF 格式

PDF（可移植文档格式）是一种电子文件格式，与操作系统平台无关，由 Adobe 公司开发而成。PDF 文件格式可以将文字、字形、格式、颜色，以及独立于设备和分辨率的图形、图像等封装在一个文件中。该格式文件支持超级链接，支持特长文件，集成度和安全可靠性都较高。对普通读者而言，用 PDF 制作的电子书具有纸版书的质感和阅读效果，可以"逼真地"展现原书的原貌，而显示大小可任意调节，给读者提供了个性化的阅读方式。

8. RAW 格式

RAW 格式是数码照相机上专用的图像文件格式，该格式包含了原图片文件在传感器后到进入图像处理器之前的一切照片信息。图像处理软件可以对 RAW 图像进行参数调整，如对照片的锐度、白平衡、色阶和颜色的调节，其他图片文件不具备这个功能。另外还可以从 RAW 图片的高光或昏暗区域榨取照片细节。由于 RAW 文件较大，打开和处理RAW文件要耗费更多的时间。有些数码照相机在拍照时可以同时以RAW与JPEG格式存储。

5.3.6 显卡的功能

显卡（video card，graphics card）全称显示接口卡，又称显示适配器，是计算机最基本、最重要的配件之一。显卡用于连接主机和显示器，是计算机进行数模信号转换的接口设备，承担输出显示图形的任务。对于从事专业图形设计的人来说显卡非常重要。

显卡上最核心的部件是图形处理单元（graphics processing unit，GPU）和显存。计算机中的数据一般需要通过四个步骤，才会到达显示屏上。

（1）将 CPU 送来的数据经北桥（主桥）送到 GPU 里面进行处理。

（2）将 GPU 处理完的数据送到显存。

（3）数据从显存进入随机存储器数模转换器（RAM DAC），实现从数字信号到模拟信号的转换。如果显示器连接的是 DVI 接口，则不需要经过数模转换器，可直接输出数字信号。

（4）将转换完的模拟信号送到显示屏。

在此转换过程中，显卡的性能好坏主要体现为 GPU 处理数据的速度和显存传输数据的速度。

挑选显卡主要看以下几方面。

（1）GPU：包括芯片型号、制造工艺、核心频率、流处理单元、渲染管线等。

（2）显存：包括显存类型、显存容量、显存位宽、显存频率、最高分辨率等。

（3）技术支持：包括像素填充率、顶点着色引擎、3D API、RAM DAC 频率等。

（4）其他：显卡接口、输出接口、散热装置等。

显卡按其形式可分为核显、板卡式显卡和外置式显卡。显卡与主板的连接接口主要有 AGP、PCI 和 PCI-E 三种。显卡的输出接口主要有 VGA、DVI、HDMI 和 DP 等，显卡的输出接口决定了显卡与显示器的连接方式。

VGA（视频图形阵列）接口：针数为 15 的视频接口，主要用于老式模拟显示器的输出。VGA 输出传递模拟信号，使用 VGA 的接口会经历一次数模转换和一次模数转换，信号有损失。

DVI（数字视频接口）：DVI 接口有两个标准，25 针和 29 针。DVI 接口传输的是数字信号，可以传输高分辨率的视频信号。DVI 连接数字接口的显示器时不发生转换，所以信号没有损失。

HDMI（高清多媒体接口）：HDMI 接口传输的也是数字信号，所以在视频质量上和 DVI 接口传输所实现的效果基本相同。HDMI 接口还能够传送音频信号。如果显示器除有显示功能外，还带有音响时，HDMI 的接口可以同时将计算机的视频和音频的信号传递给显示器。

DP 接口（显示接口）：DP 是 DisplayPort 的简称，是一个由个人计算机及芯片制造商联盟开发，经视频电子标准协会（Video Electronics Standard Association，VESA）标准化的数字式视频接口标准。该接口免认证、免授权金，主要用于视频源与显示器等设备的连接，并支持携带音频、USB 和其他形式的数据。DP 接口被设计用来取代传统的 VGA、DVI 和 FPD-Link（LVDS）接口。通过主动或被动适配器，DP 接口可与传统接口（如 HDMI 和 DVI）向后兼容。

显卡四种输出接口的外观如图 5.15 所示。

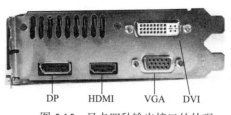

图 5.15 显卡四种输出接口的外观

5.4 数字音频基础

5.4.1 声音的基本概念

声音是通过一定介质（如空气、水、金属等）传播的一种连续的波，称为声波。例如，当弹奏乐器时，乐器弦的振动会推挤前方的空气（压缩），并使后方的空气扩张（稀薄化），在这个过程中产生了在空气中行进的声波。

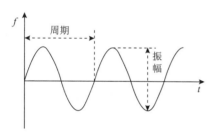

图 5.16 声音的波形表示

声音的音调包含音量、音高和音质（或称音色）三种属性。声音可用随时间变化的连续波形来表示，如图 5.16 所示。声波的振幅反映了声音的大小（即音量），振幅越大，声音越响；声波的频率决定了声音的音调，频率越大，音调越高；声音的音质则取决于声波的平滑程度，大量简单波的叠加，最终形成音调的音色。

声音按其频率的不同可分为三种：次声波、可听声波和超声波。人耳可以感知声音的频率为 20 Hz～20 kHz，低于 20 Hz 的为次声波，高于 20 kHz 的为超声波。此外，人说话时的声音频率范围为 300 Hz～3 kHz，该范围内的声音又称为语音。

多媒体计算机中处理的声音信息主要指的是可听声波，也叫音频信息（audio）。音频信息的质量与其频率范围有关，频率范围也叫频带。频带越宽，表现力越好，层次越丰富。一般公认的声音质量标准分为四种：电话的话音（200 Hz～3.4 kHz）、调幅广播 AM（50 Hz～7 kHz）、调频广播 FM（20 Hz～15 kHz）及数字激光唱盘 CD-DA（10 Hz～20 kHz）。

5.4.2 声音的数字化

声音是一种连续的波，为便于观察可以将其通过麦克风转化为电信号。当麦克风接收到声波时，会引起其振动膜的振动，带动磁场中的线圈位移，进而产生电流信号，这种电流信号是随时间连续变化的，可以看作声音的模拟电信号，如图 5.17 所示。

计算机可以通过麦克风将声音录制进来，但声音经麦克风处理后得到是模拟电信号，还需进一步转换为数字信号。把声音的模拟电信号转变为数字信号的过程，即声音的数字化。声音的数字信号是对声音模拟信号进行采样、量化和编码后生成的，这个过

图 5.17 声音的模拟电信号波形

程也称为脉冲编码调制（pulse-code modulation，PCM）。

1. 采样

早在 20 世纪 40 年代，信息论的奠基者香农就证明了采样原理：在一定的条件下，用离散的序列可以完全代表一个连续函数。这是数字化技术的一个重要基础。

采样的过程是每隔一个时间间隔在模拟声音的波形上截取一个幅度值，把时间上的连续信号变成时间上的离散信号，如图 5.18 所示。采样的时间间隔称为采样周期，其倒数即采样频率。采样频率可理解为每秒钟取得的声音样本（幅度值）的个数，采样频率越高，单位时间内采集的声音样本就越多，对声音波形的描述就越精确，但相应地所需的存储容量也越大。

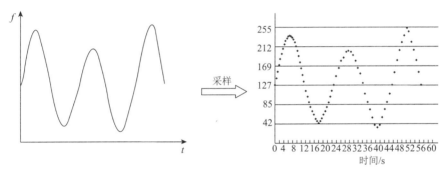

图 5.18 声音的采样

到底采样频率要达到多少才能使获得的离散信号较好地表现声音的连续信号呢？根据奈奎斯特采样理论：如果采样频率不低于信号最高频率的 2 倍，就能把以数字表达的声音还原成原来的声音。例如，电话语音的频带宽度为 200～3 400 Hz，最高频率为 3 400 Hz，所需的采样频率为 6 800 Hz，实际应用中其采样频率为 8 000 Hz；CD 存储的音频信号频带宽度为 10 Hz～20 kHz，采样频率在 40 kHz 以上，就能还原出原来的声音，实际应用中其采样频率为 44.1 kHz。根据人耳感知声音频率的上限 20 kHz，CD 音质已能满足人的感官需要。而更高的采样频率则会在 DVD Audio 或专业领域中采用。

2. 量化

采样是对模拟电信号在时间上进行了离散化，但采样点的幅度值仍旧是连续的。声音数字化的第二步是量化，它实现对采样点幅度值的离散化，即将连续的幅度值变成若干有限的量化等级。

量化时，用来区分所有量化级所需的二进制位数就是量化位数。n 位量化位数可实现 2^n 的量化等级。量化位数反映了数字声音信号对输入声音信号描述的准确程度。量化位数越大，分辨率就越高，录制和回放的声音就越真实，同时得到的数据所需的存储空间就越大。

采样频率越高，量化位数越多，声音信号的失真越小，音质就越好。不同音质的采样频率和量化位数见表 5.5。

表 5.5　不同音质的采样频率和量化位数

声音质量	采样频率/kHz	量化位数/位
电话	8	8
调幅广播 AM	11.025	8
调频广播 FM	22.050	16
数字激光唱盘 CD-DA	44.1	16

3. 编码

声音数字化的第三步是编码，编码通常和量化同时进行。例如，将采样点的幅度值量化为四个等级，如果电压的变化幅度为 0.1～0.5，可以将它分为四个区段，[0.1，0.2）、[0.2，0.3）、[0.3，0.4）、[0.4，05），然后每个区段的量化值可以用二进制表示为 00、01、10、11。图 5.19 是 3 位量化（8 个量化级）后采样点的二进制编码形式。

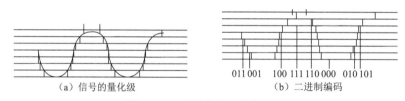

图 5.19　3 位量化的二进制编码

4. 声道数

反映音频数字化质量的另一个因素是声道数。声道是指声音在录制或播放时在不同空间位置采集或回放的相互独立的音频信号。记录声音时，如果每次生成一个声波数据，称为单声道；如果每次生成二个声波数据，称为双声道（stereo，立体声）。

自然界的声音是充满立体感的，因为在人的四周都有声源，人耳可以感知这些声源的方向、远近。如果录制的声音只通过一个音箱播放，声源就是一个固定的位置，其对原始声音的方位、远近等效果的呈现是很差的。为增强声音播放的临场感，就需要增加声道数。声道数就是声音录制时的音源数量，并与回放时扬声器的数量相对应。例如，常见的家庭影院的 5.1 声道，需要录制 6 道声音信号，播放时需要布置中央声道、前置左/右声道、后置左/右环绕声道，以及所谓的"0.1"重低音声道，总共 6 个音箱，如图 5.20 所示。

图 5.20　5.1 声道布局示意图

5. 声音文件的计算

通过以上的介绍，影响数字化音频质量的指标有三个：采样频率、量化位数和声道数。各指标的值越大，音质越好，同时容量越大。实际中，一般采用数据率表示音质的好坏，它由上面三个指标相乘得到。

数据率即数字音频传输时每秒传递的比特数（或者说数字音频每秒生成的比特数），未压缩的数字音频的数据率（单位，比特每秒）可按下式计算：

数据率=采样频率（赫兹）×量化位数（比特）×声道数

显然，将数据率再乘以秒为单位的时间就是未压缩数字音频文件的大小（单位，字节），计算公式如下：

数字音频大小=采样频率（赫兹）×量化位数（比特）×声道数×时间（秒）÷8

例如：44.100 kHz 采样频率，16 位量化位数，双声道立体声，1min 的音频文件大小为

44.1 kHz×1 000×16 bit×2×60 s÷8=10 584 000 B≈10.09 MB

未压缩的数字音频（wav 格式），一首仅 5 min 的歌曲其音频文件的大小就要 50 MB 左右，显然太大了，为此需要对音频进行压缩。压缩后的音频文件会变小，如果是有损压缩声音质量会有所损失，但一般这种损失人很难察觉，是可以接受的。

5.4.3　音频压缩标准

1. 音频压缩的基本原理

数字音频的质量取决于采样频率、量化位数和声道数。为了声音保真，在时间变化方向上取样点尽量密，采样频率要高；在幅度取值上尽量细，量化位数要多；要增强临场感，声道数也要多，这样就导致音频文件的数据量相当大。文件容量大对于传输或存储都会形成巨大的压力，音频的压缩是在保证一定声音质量的条件下，尽可能以最小的数据率来表达和传送声音信息。

声音信号能进行压缩编码的基本依据主要有以下三条。

（1）声音信号中存在着很大的冗余度，包括时域冗余、频域冗余和听觉冗余，通过

识别和去除这些冗余度，便能达到压缩编码率的目的。

（2）音频信息的最终接收者是人，人的听觉器官具有某种不敏感性，人耳对低频端比较敏感，而对高频端不太敏感。舍去人的感官所不敏感的信息对声音质量的影响很小，甚至可以忽略不计。例如，人耳听觉中有一个重要的特点，即听觉的"掩蔽"，它是指一个强音能抑制一个同时存在的弱音的听觉现象。利用该性质，可以抑制与信号同时存在的量化噪声。

（3）对声音波形采样后，相邻采样值之间存在着很强的相关性。

音频数据的压缩编码主要分为无损压缩和有损压缩两大类。无损压缩主要包含各种熵编码；而有损压缩则可分为波形编码、参数编码、感知编码和同时利用多种技术的混合编码。波形编码可以获得很高的声音质量，因而在声音编码方案中应用较广。

2. 音频压缩编码标准

在音频压缩编码标准中取得巨大成功的是 MPEG 系列音频标准（MPEG-1/2/4 等）和 Dolby 音频压缩标准。

1）MPEG-1 标准

MPEG-1 标准是国际上第一个高保真声音数据压缩的国际标准，它分为三个层次。
层 1（layer 1）：编码简单，用于数字盒式录音磁带。
层 2（layer 2）：算法复杂度中等，用于数字音频广播（digital audio broadcast，DAB）和 VCD 等。
层 3（layer 3）：编码复杂，用于互联网上的高质量声音的传输和数字音频专业的制作、交流、存储。例如，MP3 音乐，压缩比达到 10∶1。

2）MPEG-2 标准

MPEG-2 标准采用与 MPEG-1 标准相同的编译码器，层 1、层 2 和层 3 的结构也相同，但它能支持 5.1 声道和 7.1 声道的环绕立体声。

3）MPEG-4 标准

MPEG-4 标准是一种针对交互式多媒体应用的格式、框架的定义，具有高度的灵活性和扩展性，支持自然声音、合成声音及自然声音与合成声音混合的编码方式，以算法和工具形式对音频对象进行处理和控制，以求用最少的数据获得最佳的质量。

4）MPEG-7 标准

MPEG-7 标准被称为"多媒体内容描述接口"，其目标就是产生一种多媒体内容数据的标准，满足实时、非实时及推-拉应用的要求，解决日渐庞大的图像声音信息的管理和迅速的搜索。

5）Dolby AC-3 技术

它由美国杜比实验室针对环绕声开发的一种音频压缩技术。Dolby AC-3 是一种感知型压缩编码技术，在 5.1 声道的条件下，可将码率压缩至 384 Kbit/s，压缩比约为 10∶1。

Dolby AC-3 最初是针对影院系统开发的，目前已成为应用广泛的环绕声压缩技术。

3. MP3 压缩技术

MP3 的全称是 MPEG audio layer III，它是 MPEG 的一个音频压缩标准。MP3 的压缩比高达 10 : 1，而人耳却感受不到明显的失真，在 Internet 上得到了广泛应用，成为事实上的网络音频编码标准。

将音频文件压缩成 MP3 文件，其实就是利用 MP3 编码器找到并删除音频文件中人耳听不到的声音。正常的人耳只能听到频率在 20 Hz～20 kHz 的声音，音频文件中包含的一些声音可能超出了人耳所能听到的范围，另外还有一些细微的声音可能被更大的声音掩盖，还有一些音乐中的声音可能根本就是多余的，编码软件能将代表这类声音的信息找出来并删除。这样，原先臃肿的音频文件就变小了。

MP3 格式在音乐质量做很小牺牲的情况下将文件大小缩小，能以不同的比率压缩，但压缩得越多，声音质量下降得也越多。标准的 MP3 压缩比是 10 : 1～12 : 1，一个 3 min 长的音乐文件压缩后大约是 4 MB。

从音乐品质方面来看，由于 MP3 是采用 10 : 1 的数字压缩格式，在 64 Kbit/s 压缩率下，过滤掉了 10 kHz 以上的声音来节省空间，但音乐的细节部分特别是高频会受到损耗，所以，在听感上仍无法和采用传统模拟技术的磁带及采用无损编码方式的 CD 唱片相媲美。

5.4.4　常见的音频文件格式

1. WAVE

WAVE（*.wav）格式记录声音的波形，只要采样率高、采样字节长、机器速度快，WAV 格式记录的声音文件能够和原声基本一致，质量非常高，由于是非压缩的，文件容量大。

2. MP3

MP3（*.mp3）是现在最流行的声音文件格式，因其压缩率大，在网络音频通信方面应用广泛，但和 CD 唱片相比，音质不能令人非常满意。网络上一般有：标准品质 mp3（128 Kbit/s）、高品质 mp3（192 Kbit/s）和超高品质 mp3（320 Kbit/s）三种 MP3 文件，以满足不同人的需求。

3. RealAudio

RealAudio 主要适用于在网络上的在线音乐欣赏，其文件格式主要有 RA、RM 和 RMX。这些格式的特点是可以随网络带宽的不同而改变声音的质量，在保证大多数人听到流畅声音的前提下，令带宽较富裕的听众获得较好的音质。

4. WMA

WMA（*.wma）是 Windows Media Audio 的文件格式，它通过减少数据流量但保持音质的方法来达到比 MP3 更高的压缩比，一般都在 18∶1。此外，WMA 的内容提供商可以提供防复制保护。

5. CD

CD（*.cda）即 CD 唱片采用的格式，也叫"红皮书"格式，记录的是波形流，绝对的纯正、高保真。但缺点是无法编辑，文件长度太大。

6. MIDI

MIDI（*.mid）是音乐人经常使用的音频文件格式。MIDI 允许数字合成器和其他设备交换数据。MIDI 文件并不是一段录制好的声音，而是记录声音的信息，是告诉声卡如何再现音乐的一组指令。MIDI 文件主要用于电子计算机作曲领域，可以制作原始乐器作品、流行歌曲的业余表演、游戏音轨及电子贺卡等。

5.4.5　乐器数字接口 MIDI

1. 什么是 MIDI

乐器数字接口（musical instrument digital interface，MIDI）是乐器、计算机、软件制造商制定的一个标准协议，规定了计算机和 MIDI 设备之间进行信息交换的一整套规则，包括各种电子乐器之间传送数据的通信协议等，它实际上是一段音乐的描述。

MIDI 是另一种以数字方式存储声音的方法，与数字化波形声音完全不同，它不对声波进行采样、量化和编码。MIDI 是将数字式电子乐器的弹奏过程记录下来，如按了哪一个键、力度多大、时间多长等。它实际上是一串时序命令，用于记录电子乐器键盘弹奏的信息，包括键、通道号、持续时间、音量和力度等，这些信息称为 MIDI 消息，是乐谱的一种数字式描述。当需要播放时，只需从相应的 MIDI 文件中读出 MIDI 消息，生成所需要的乐器声音波形，经放大后由扬声器输出。

与波形文件相比，MIDI 文件要小得多。例如，半小时的立体声音乐，MIDI 文件只有 0.2 MB 左右，而波形文件则差不多 300 MB。

2. MIDI 的工作过程

制作 MIDI 音乐的基本设备是音源库、音序器和 MIDI 输入设备，其工作过程如图 5.21 所示。

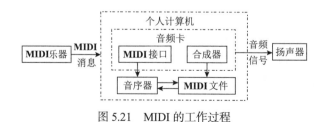

图 5.21　MIDI 的工作过程

1）音源库

音源库中存储了大量实际乐器的数字化声音，如钢琴的音色样本、吉他的音色样本等。如何调用音源库是由 MIDI 制作的心脏——音序器来完成的。目前，几乎所有的声卡都有 128 种以上的音色库，档次越高的声卡，声音模拟的效果越好。

2）音序器

音序器的主要功能是把 MIDI 键盘传来的 MIDI 信号分轨地记录下来，供作曲者进行修改、编辑等，再将这些信号送至音源发声。音序器既可以是硬件形式，也可以是软件形式。音序器的作用是把一首曲子所需的音色、节奏、音符等按照一定的序列组织好让音源发声。它记录了音乐的组成要素，如拍子、音高、节奏、音符时值等。音序器是以数字的形式记录下这些要素的，MIDI 文件的内容实际上就是音序内容。

3）MIDI 输入设备

如果仅仅是欣赏 MIDI 音乐，是无须输入设备的，而如果是制作 MIDI 音乐，就需要输入设备了。人们制造了各种与传统乐器形式一致的 MIDI 乐器，如 MIDI 键盘、MIDI 吹管、MIDI 吉他、MIDI 小提琴等，用户演奏这些 MIDI 乐器，所形成的乐曲的各种信息就可以通过 MIDI 接口告诉音序器。

演奏 MIDI 文件时，音序器把 MIDI 消息从文件送到合成器，合成器解释 MIDI 文件中的指令符号，生成所需要的模拟声音波形信号，经放大后由扬声器输出，产生实际的声音。通常，MIDI 合成器内置于计算机的声卡上。

用计算机制作 MIDI 音乐最简单的方式是：配置 MIDI 的声卡和音箱，并安装音序器软件。具体方法是：运行音序器软件（如 Cakewalk），选择一种乐器或虚拟乐器，选择音色，通过 MIDI 键盘演奏一段音乐；音序器录制这段音乐，将演奏结果转化为音序内容存放到音序器，在需要时可进行音序内容的编辑、修改、试播；最后以 MIDI 文件存盘。图 5.22 是一种简单 MIDI 系统的组成示意图。

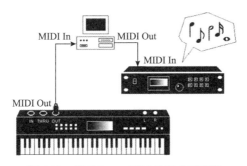

图 5.22 简单 MIDI 系统的组成示意图

3. MIDI 音乐制作

如果把数字化音频比成位图，那么 MIDI 就可以类比为矢量图。音乐作曲软件提供了输入音符、指定乐器、打印 MIDI 乐谱及播放 MIDI 音乐等功能。图 5.23 是用记谱软件 Overture 打开的 ove 格式文件，它是以五线谱的形式记录音乐，可进行音乐文件的编辑，编辑好后选择一种乐器，单击播放按钮即可听见音乐。ove 也是一种 MIDI 文件格式，文件容量非常小。

图 5.23 记谱软件 Overture 窗口

如果在计算机上装备了高级的 MIDI 软件库，可将音乐的创作、乐谱的打印、节目的编排、音乐的调整、音响的幅度、节奏的速度、各声部之间的协调、混响都由 MIDI 来控制完成。播放 MIDI 音乐时，MIDI 文件的内容除了送至 MIDI 合成器外，也同时送到声卡的 MIDI 输出口，可由外部合成器读取。为了获取满意的效果，可以配置专门的外部合成器。

现代流行音乐基本上都是以多轨录音和电子音响合成技术制作出来的，利用 MIDI 技术将电子合成器、电子节奏机（电子鼓机）和音序器连接在一起即可演奏模拟出气势雄伟、音色变化万千的音响效果，又可将演奏中的多种按键数据存储起来，极大地改善了音乐演奏的能力和条件。MIDI 文件的主要限制是它缺乏重现真实自然声音的能力，因此不能用在需要语音的场合。

5.4.6 声卡的功能

声卡又称声音卡或音频卡，是组成多媒体计算机的必要部件，也是计算机进行所有与声音相关处理的硬件单元。当前，声卡已经从最早的 8 位/单声道发展到了 24 位、192 kHz/7.1 声道，其总线接口也经历了从 ISA 到 PCI 的变化，外观形式可分为集成式、板卡式和外置式。

声卡的基本功能是把来自话筒、磁带、光碟的原始声音信号加以转换，输出到耳机、扬声器、扩音机、录音机等声响设备，或通过 MIDI 模拟乐器发出美妙的声音。

声卡由各种电子器件和连接器组成。电子器件用来完成各种特定的功能；连接器用来连接输入输出信号。声卡中的电子器件主要有以下几种。

（1）声音控制芯片：从输入设备中获取声音模拟信号，通过模数转换器，将声波模拟信号转换成数字音频信号，存储到计算机中；重放时，数字信号被送到数模转换器还原为模拟波形，经放大后送到扬声器发出声音。

（2）DSP 芯片：通过编程实现各种功能。它可以处理有关声音的命令，执行压缩和解压缩程序，增加特殊声效和传真 MODEM 等。DSP 芯片大大减轻了 CPU 的负担，加速了多媒体软件的执行。通常高档声卡才配有 DSP 芯片。

（3）FM 合成芯片：低档声卡一般采用 FM 合成声音，以降低成本。FM 合成芯片的作用就是产生合成声音。

（4）波形合成表 ROM：在波形合成表 ROM 中存放有实际乐音的声音样本，供播放 MIDI 使用。一般中高档声卡都采用波表方式，可以获得十分逼真的使用效果。

（5）波表合成器芯片：该芯片的功能是按照 MIDI 命令，读取波形合成表 ROM 中的样本声音，合成并转换成实际的乐音。通常高档声卡才会配备波表合成器芯片。

5.5　数字视频基础

5.5.1　视频的基本概念

1. 什么是视频

视频（video）就是其内容随时间变化的一组动态图像，又叫作运动图像或活动图像。视频是信息量最为丰富、表现力最强的媒体形式。视频信号具有两个特点：①内容随时间的变化而变化；②伴随有与画面同步的声音。

视频利用了人眼的"视觉滞留"效应。人眼观看物体时，成像于视网膜上，并由视神经输入人脑，感觉到物体的像；但当物体移去时，视神经对物体的印象不会立即消失，而要延续一段时间（大约 0.1 s）。利用这一原理，在一幅画面还没有消失前播放下一幅画面，就会给人一种流畅的视觉变化效果。当连续的图像变化超过每秒 24 帧画面时，人眼无法辨别每幅单独的静态画面，看上去是平滑连续的视觉效果。视频是时间上连续的一系列图像的集合，与加载的同步声音共同呈现动态的视觉和听觉效果。

2. 视频的分类

按照处理方式的不同，视频主要分为模拟视频（analog video，AV）和数字视频（digital video，DV）。

1）模拟视频

模拟视频是一种用于传输图像和声音的随时间连续变化的电信号。模拟视频信号的缺点是：视频信号随存储时间、拷贝次数和传输距离的增加衰减较大，会引起信号的损失，不适合网络传输，也不便于分类、检索和编辑。

2）数字视频

计算机要能够对视频进行处理，必须把模拟视频信号进行数字化，形成数字视频信号。视频数字化是将模拟视频信号经模数转换和彩色空间变换，转为计算机可处理的数字信号，使得计算机可以显示和处理视频信号。模拟信号向数字信号的转换需要相应的软硬件进行压缩、快速解压及播放。

视频信号数字化以后，有着模拟信号无可比拟的优点：适合于网络应用、再现性好、便于计算机处理等。数字视频的缺点在于处理速度慢、所需要的存储空间大，从而使得数字视频的处理成本增高，因此对数字视频的压缩变得尤为重要。目前数字视频的使用非常广泛，如有线电视、卫星通信、数字电视、VCD、DVD、数字便携式摄像机等。

3. 电视的制式

所谓电视制式是一种电视显示的标准，包括对视频信号的解码方式、色彩处理方式及屏幕扫描频率的要求。早期的彩色电视节目采用模拟方式来传输视频信号，视频信号由视频模拟数据和视频同步数据构成，接收端可以解析视频信息并正确地显示图像。而新的数字电视传输和接收的都是数字化的视频数据。如果发送端和接收端的电视制式不同，视频在播放时效果会明显下降，甚至没有图像。

常见的彩色电视制式有以下几种。

1）NTSC 制式

NTSC 制式是 1952 年由美国国家电视标准委员会定义的彩色电视广播标准。美国、加拿大等大部分西半球国家，以及日本、韩国、菲律宾等均采用这种制式。NTSC 制式规定：每秒 30 帧，每帧 525 行，宽高比 4：3，隔行扫描，场扫描频率 60 Hz，颜色模型为 YIQ。

2）PAL 制式

PAL 制式是联邦德国在 1962 年指定的彩色电视广播标准。德国、英国等一些西欧国家，新加坡、中国、澳大利亚、新西兰等国家采用这种制式。PAL 制式规定：每秒 25 帧，每帧 625 行，宽高比 4：3，隔行扫描，场扫描频率 50 Hz，颜色模型为 YUV。

3）SECAM 制式

SECAM 制式是由法国在 1956 年提出、1966 年制定的一种新的彩色电视制式。使用 SECAM 制式的国家主要集中在法国、东欧和中东一带。SECAM 制式规定：每秒 25 帧，每帧 625 行，宽高比 4：3，隔行扫描，场扫描频率 50 Hz。

4）HDTV

HDTV 与前面几个采用模拟信号传输的传统电视系统不同，它采用了数字信号传输。HDTV 从电视节目的采集、制作到电视节目的传输，以及用户终端的接收，全部实现数字化，拥有极高的清晰度，分辨率最高可达 1 920×1 080，帧率高达 60 帧/s。此外，HDTV 的屏幕宽高比也由原先的 4：3 变成了 16：9。在声音系统上，支持杜比 5.1 声道传送。

HDTV 有三种显示格式：720P（1 280×720，逐行，场频为 24 Hz、30 Hz、60 Hz）、1080 i（1 920×1 080，隔行，场频 60 Hz）和 1 080 P（1 920×1 080，逐行，场频为 24 Hz、30 Hz）。

5.5.2　视频的数字化

视频数字化通常采用两种方法：一种是将模拟视频信号输入计算机中，通过视频采集卡对视频信号的各个分量进行数字化，经过压缩编码后生成数字化视频信号；另一种是由数字摄像机从视频源采集视频信号，将得到的数字视频信号输入计算机中，再通过软件进行编辑处理，这是真正意义上的数字视频技术。

人眼所看到的动态影像是图像按时间的连续分布，每一秒都有无限多幅图像，是一种模拟视频形式。对模拟视频按时间逐帧进行数字化得到的图像序列即数字视频，这个过程也遵循采样、量化和编码的处理步骤。

在图 5.24 的三维坐标系中，x 和 y 轴分别代表水平和垂直的图像分布，t 轴代表时间。在某一时刻，所有 x、y 平面上的像素点构成了当前时刻的图像帧，而每一像素点的颜色或亮度 E 可表示为函数 $E(x,y,t)$。如果每个图像帧的时间间隔低于人眼视觉暂留的时间长度，则当这些图像连续播放时，就可以形成连续运动的画面。

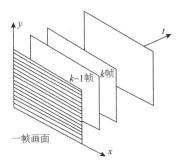

图 5.24　数字化视频示意图

对模拟视频进行采样的过程也就是获取按一定时间间隔的每个时刻所对应图像帧的所有像素点的过程。把模拟视频分成若干帧图像的过程，是在时间方向上进行了离散化；而把每帧图像分成若干像素的过程，是在平面方向上进行了离散化。

对模拟视频的量化过程是指对采样后的每个像素点的颜色或亮度进行评估的过程，即对颜色划分级数。量化精度越高，图像色彩越丰富，表现力越强，越能再现原始图像的效果。

最后的编码跟颜色的编码类似，即采用怎样的格式，以二进制的形式表达每个像素。

基于以上的原理，视频文件大小的计算公式如下：

$$数字视频大小 = 每帧的像素数量 \times 颜色深度 \times 帧率 \times 时间 \div 8$$

例如，每帧图像分辨率 720×576，24 位真彩色，每秒 25 帧的帧率，1 h 的非压缩数字视频大小为

$720 \times 576 \times 24\ \text{bit} \times 25\ 帧/\text{s} \times 60\ 帧/\text{s} \times 60\ 帧/\text{s} \div 8 = 111\ 974\ 400\ 000\ \text{B} \approx 104.28\ \text{GB}$

以高清视频为例，宽屏高清分辨率为 $1\ 280 \times 720$，24 位真彩色，每秒 25 帧，1 min 的非压缩数字视频大小为

$$1\,280 \times 720 \times 24\,\text{bit} \times 25\,帧/s \times 60\,帧/s \div 8 = 4\,147\,200\,000\,\text{B} \approx 3.86\,\text{GB}$$

可见，非压缩的数字视频容量巨大，实现存储、播放和处理都很困难。为此需要对数字视频进行压缩处理。

数字视频中有五个重要的技术参数将最终影响视频图像的质量，分别为帧速、分辨率、颜色数、压缩比和关键帧。

（1）帧速：帧速越高，数据量越大，质量越好。

（2）分辨率：视频分辨率越大，数据量越大，质量越好。

（3）颜色数：指视频中最多能使用的颜色数。颜色数越多，色彩越逼真，数据量也越大。

（4）压缩比：压缩比较小时对图像质量不会有太大影响，而超过一定倍数后，将会明显看出图像质量下降，而且压缩比越大的在回放时花费在解压的时间越长。

（5）关键帧：视频数据具有很强的帧间相关性，动态视频压缩正是利用帧间相关性的特点，通过前后两个关键帧动态合成中间的视频帧。因此对于含有频繁运动的视频图像序列，关键帧数少就会出现图像不稳定的现象。

5.5.3 视频压缩标准

数字视频技术广泛应用于通信、计算机、广播电视等领域，带来了会议电视、可视电话、数字电视、媒体存储等一系列应用，促使了许多视频编码标准的产生。

1. 视频压缩的基本原理

视频压缩是指运用数据压缩技术将数字视频数据中的冗余信息去除，降低表示原始视频所需的数据量，以便视频数据的传输与存储。实际上，原始视频数据的数据量往往过大，如未经压缩的电视质量视频数据的比特率高达 216 Mbit/s，绝大多数的应用无法处理如此庞大的数据量，因此视频压缩是必要的。

视频压缩通常包含了一组编码器（encoder）和解码器（decoder）。编码器将原始的视频数据转换成压缩后的形式，以便进行传输与存储。解码器则是将压缩后的形式转换回视频数据的表示形式。一组成对的编码器与解码器通常称为编解码器。

数据压缩是通过去除数据中的冗余信息而达成的。就视频数据而言，数据中的冗余信息有以下几种。

（1）相邻的帧与帧之间通常有很强的关联性，这样的关联性即时间上的冗余信息。

（2）在同一张帧之中，相邻的像素之间通常有很强的关联性，这样的关联性即空间上的冗余信息。

（3）欲编码的符号的概率分布是不均匀的，这称为统计上的冗余信息。

（4）人在观看视频时，人眼无法察觉的信息称为感知上的冗余信息。

在进行当前信号编码时，编码器首先会产生对当前信号做预测的信号，预测的方式可以是使用先前帧的信号做预测，或是使用同一张帧之中相邻像素的信号做预测。得到预测信号后，编码器会将当前信号与预测信号相减得到残余信号，并只对残余信号进行编码，如此一来，可以去除一部分时间上或是空间上的冗余信息。接着，编码器将残余信号经过变换（通常为离散余弦变换），然后量化，以进一步去除空间上和感知上的冗余信息。量化后得到的量化系数会再通过熵编码，去除统计上的冗余信息。这就是视频信息压缩。

在解码端，通过类似的相反操作，可以得到重建的视频数据。

2. 视频压缩标准

ITU-T 与 ISO/IEC 是制定视频编码标准的两大组织。ITU-T 的标准包括 H.261、H.263、H.264，主要应用于实时视频通信领域，如会议电视；MPEG 系列标准是由 ISO/IEC 制定的，主要应用于视频存储（DVD）、广播电视、Internet 或无线网上的流媒体等。两个组织也共同制定了一些标准，H.262 标准等同于 MPEG-2 的视频编码标准，而更新的 H.264 标准则被纳入 MPEG-4 的第 10 部分。

1）MPEG-1 标准

MPEG-1 标准被广泛地应用在 VCD 的制作和一些视频片段下载的网络应用上面，它的画面尺寸：PAL 制式为 352×288，NTSC 制式为 320×240，码率 $1 \sim 1.5$ Mbit/s，常见文件格式为 mpg 格式。大部分的 VCD 都是用 MPEG-1 格式压缩的（刻录软件自动将 MPEG-1 转为 dat 格式），使用 MPEG-1 的压缩算法，可以把一部 120 min 长的电影压缩到 1.2GB 左右。

2）MPEG-2 标准

MPEG-2 标准被应用在 DVD 的制作，HDTV 和一些高要求的视频编辑、处理方面。DVD 的视频标准画面尺寸：PAL 制式为 720×576，NTSC 制式为 720×480，码率 $4 \sim 8$ Mbit/s，常见文件格式为 mpg 格式。广播电视编辑用的视频标准带宽为 22 Mbit/s，后缀通常为avi。使用 MPEG-2 的压缩算法压缩一部 120 min 长的电影可以压缩到 $5 \sim 8$ GB。

3）MPEG-4 标准

MPEG-4 标准是针对低速率的视频压缩标准，同时还注重基于视频和音频对象的交互性。MPEG-4 支持 5 Kbit/s $\sim$ 4 Mbit/s 的码率，除支持 MPEG-1 和 MPEG-2 提供的视频功能外，还支持基于内容的视频功能，即能够按视频内容分别编码、解码和重建。

4）MPEG-7 标准

MPEG-7 标准是多媒体内容描述接口，与前述标准集中在音频/视频内容的编码和表示不同，它集中在对多媒体内容的描述。目标就是对日渐庞大的图像、声音信息的管理和迅速搜索。网络应用最重要的目标之一就是进行多媒体通信，而其中的关键就是多媒体信息的检索和访问，MPEG-7 将对各种不同类型的多媒体信息进行标准化的描述，并将该描述与所描述的内容相联系，以实现快速有效的搜索。

5）H.26X 标准系列

H.26X 标准系列包括 H.261、H.262、H.263、H.263+、H.263++和 H.264。H.261 标准是为 ISDN（综合业务数字网）设计，主要针对实时编码和解码设计。H.263 标准是其低码率的图像编码国际标准，它一方面以 H.261 为基础，其基本原理框图和 H.261 十分相似，另一方面 H.263 也吸收了 MPEG 等其他一些国际标准中有效、合理的部分，使它的性能优于 H.261。

H.264 集中了以往标准的优点，并吸收了以往标准制定中积累的经验，采用简洁设计，使它比 MPEG4 更容易推广。H.264 创造了多参考帧、多块类型、整数变换、帧内预测等新的压缩技术，使用了更精细的分像素运动矢量（1/4、1/8）和新一代的环路滤波器，使得压缩性能大大提高，系统更加完善。

5.5.4　常见的视频文件格式

1. AVI 格式

音频视频交错（audio video interleaved，AVI）格式于 1992 年被微软公司推出。所谓"音频视频交错"，就是可以将视频和音频交织在一起进行同步播放。这种视频格式的优点是图像质量好，可以跨多个平台使用，但是其缺点是体积过于庞大，且压缩标准不统一。

2. MPEG 格式

MPEG 格式有三个压缩标准，分别是 MPEG-1、MPEG-2、和 MPEG-4，而 MPEG-7 与 MPEG-21 仍处在研发阶段。

MPEG-1：也就是我们通常所见到的 VCD 制作格式，这种视频格式的文件扩展名包括 mpg、mlv、mpe、mpeg，以及 VCD 光碟中的 dat 文件等。

MPEG-2：这种格式主要应用在 DVD/SVCD、HDTV 和一些高要求视频编辑、处理的应用上。这种视频格式的文件扩展名包括 mpg、mpe、mpeg、m2v，以及 DVD 光碟上的 vob 文件等。

MPEG-4：MPEG-4 是为了播放流式媒体的高质量视频而专门设计的，它可利用很窄的带度，通过帧重建技术，压缩和传输数据，以求使用最少的数据获得最佳的图像质量。这种视频格式的文件扩展名包括 asf、mov、DivX、AVI 等。

3. DivX 格式

DivX 格式是由 MPEG-4 衍生出的另一种视频编码（压缩）标准，即我们通常所说的 DVDrip 格式。它采用 DivX 压缩技术对视频图像进行高质量压缩，同时用 MP3 或 AC3 对音频进行压缩，其画质直逼 DVD 并且体积只有 DVD 的数分之一。

4. MOV 格式

MOV 格式是 Apple 公司开发的一种视频格式，默认的播放器是 Apple 的 QuickTime

Player。它具有较高的压缩比和较完美的视频清晰度等特点，但是其最大的特点还是跨平台性，不仅能支持 macOS 操作系统，也能支持 Windows 操作系统。

5. WMV 格式

WMV（Windows media video）格式是微软推出的一种采用独立编码方式并且可以直接在网上实时观看视频节目的文件压缩格式。WMV 格式的主要优点包括：本地或网络回放、可扩充的媒体类型、可伸缩的媒体类型、多语言支持、环境独立性、丰富的流间关系及扩展性等。

6. RM 格式

RM（RealMedia）是 RealNetworks 公司所制定的音频视频压缩规范，用户可以使用RealPlayer 或 RealOne Player 对符合 RM 技术规范的网络音频/视频资源进行实况转播，并且 RealMedia 还可以根据不同的网络传输速率制定出不同的压缩比，从而实现在低速率的网络上进行影像数据实时传送和播放。

7. RMVB 格式

RMVB 是由 RM 视频格式升级延伸出的新视频格式，相比 RM 的平均压缩采样，RMVB 在静止和动作场面少的画面场景采用较低的编码速率，这样可以留出更多的带宽空间，而这些带宽会在出现快速运动的画面场景时被利用。RMVB 格式在保证了静止画面质量的前提下，大幅地提高了运动图像的画面质量，从而在图像质量和文件大小之间就达到了微妙的平衡。

5.5.5 流媒体

随着互联网的普及，利用网络传输声音与视频信号的需求越来越大。广播电视等媒体也都希望通过互联网来发布自己的音视频节目。但是，音视频在存储时文件的体积一般都十分庞大。在网络带宽还很有限的情况下，花十几分钟甚至更长的时间等待一个音视频文件的传输，显然是无法让人接受的。流媒体技术的出现，在一定程度上使互联网传输音视频难的局面得到了改善。

传统的网络传输音视频信息的方式是完全下载后再播放，而采用流媒体技术，就可实现流式传输，将声音、影像或动画由服务器向用户计算机进行连续、不间断传送，用户不必等到整个文件全部下载完毕，而只需经过几秒或十几秒的启动延时即可进行观看。当声音视频等在用户的计算机上播放时，文件的剩余部分还会从服务器上继续下载。

如果将文件传输看作一次接水的过程，过去的传输方式就像是对用户做了一个规定，必须等到一桶水接满才能使用它，这个等待的时间自然要受到水流量的大小和桶的大小的影响。而流式传输则是，打开水龙头，等待一小会儿，水就会源源不断地流出来，而且可以随接随用。因此，不管水流量的大小，也不管桶的大小，用户都可以随时用上水。从这个意义上看，流媒体这个词是非常形象的。

1. 流式传输技术

流式传输技术分两种，一种是顺序流式传输，另一种是实时流式传输。

顺序流式传输是顺序下载，在下载文件的同时用户可以观看。但用户的观看与服务器上的传输并不是同步进行的，用户是在一段延时后才能看到服务器上传出来的信息，或者说用户看到的总是服务器在若干时间以前传出来的信息。在这过程中，用户只能观看已下载的那部分，而不能要求跳到还未下载的部分。顺序流式传输比较适合高质量的短片段，因为它可以较好地保证节目播放的最终质量，一般用于网站上发布的供用户点播的音视频节目。

在实时流式传输中，音视频信息可被实时观看到。在观看过程中用户可快进或后退以观看前面或后面的内容，但是在这种传输方式中，如果网络传输状况不理想，则收到的信号效果比较差。

2. 流媒体格式

在网上进行流媒体传输，所传输的文件必须制作成适合流媒体传输的流媒体格式文件。通常格式存储的多媒体文件容量十分大，若要在现有的网络上传输则需要花费比较长的时间，若遇网络繁忙，还将造成传输中断。另外，通常格式的多媒体文件也不能按流媒体传输协议进行传输。因此，对需要进行流媒体格式传输的文件应进行预处理，将文件压缩生成流媒体格式文件。这里需要注意两点：一是选用适当的压缩算法进行压缩，这样生成的文件容量较小；二是在多媒体文件中添加流式信息。

3. 传输方面需解决的问题

流媒体的传输需要合适的传输协议。目前，在 Internet 上的文件传输大部分都是建立在传输控制协议（transmission control protocol，TCP）的基础上，也有一些是以文件传送协议（file transfer protocol，FTP）的方式进行传输。但这些传输协议都不能实现实时方式的传输。随着流媒体技术的深入研究，目前比较成熟的流媒体传输一般都是采用的建立在用户数据报协议（user data protocol，UDP）上的 RTP/RTSP 实时传输协议。

UDP 是与 TCP 相对应的协议。它是面向非连接的协议，在正式通信前不必与对方先建立连接，不管对方状态就直接把数据包发送过去。这与现在的手机短信非常相似——你在发短信的时候，只需要输入对方手机号就好了。

为何要在 UDP 而不在 TCP 上进行实时数据的传输呢？这是因为 UDP 和 TCP 在实现数据传输时的可靠性有很大的区别。TCP 中包含了专门的数据传送校验机制，当数据接受方收到数据后，将自动向发送方发出确认信息，发送方在接收到确认信息后才继续传送数据，否则将一直处于等待状态。而 UDP 则不同，其本身并不能做任何校验。可以看出，TCP 注重传输质量，而 UDP 则注重传输速度。因此，对于对传输质量要求不是很高，而对传输速度有很高的要求的视音频流媒体文件来说，采用 UDP 则更合适。

4. 传输过程中需要的支持

Internet 是以包为单位进行异步传输的，因此多媒体数据在传输中要被分解成许多包。因为网络传输的不稳定性，各个包选择的路由不同，所以到达客户端的时间次序可能发生改变，甚至产生丢包的现象。为此，必须采用缓存技术来纠正由于数据到达次序发生改变而产生的混乱状况。利用缓存对到达的数据包进行正确排序，从而使音视频数据能连续正确地播放。缓存中存储的是某一段时间内的数据，数据在缓存中存放的时间是暂时的，缓存中的数据也是动态的，不断更新的。流媒体在播放时不断读取缓存中的数据进行播放，播放完后该数据便被立即清除，新的数据将存入缓存中。因此，在播放流媒体文件时并不需占用太大的缓存空间。

5. 播放方面需解决的问题

流媒体播放需要浏览器的支持。通常情况下，浏览器是采用 mime（multipurpose internet mail extension type，多用途互联网邮件扩展类型）来识别各种不同的简单文件格式，而 mime 内建于超文本传送协议（hyper text transfer protocol，HTTP）之中。所以，各种的 Web 浏览器都能通过 HTTP 中内建的 mime 来标记 Web 上众多的多媒体文件格式，包括各种流媒体格式。

6. 流媒体文件格式

在运用流媒体技术时，音视频文件要采用相应的格式，不同格式的文件需要用不同的播放器软件来播放，所谓 "一把钥匙开一把锁"。目前，采用流媒体技术的音视频文件主要有以下几种。

1）RM 格式

RM 文件（rm/rmvb）是 RealNetworks 公司开发的流式视频文件格式，主要用在低速率的广域网上实时传输活动视频影像，文件对应的播放器是 RealPlayer。

2）MOV 格式

MOV 格式是 Apple 公司开发的一种视频格式，默认的播放器是 QuickTime Player。QuickTime 为多种流行的浏览器软件提供了相应的 QuickTime Viewer 插件（Plug-in），能够在浏览器中实现多媒体数据的实时回放。3gp/mp4 是 Apple 公司提出并得到 ISO 标准支持作为 NOKIA 等手机的默认视频格式，3gp 是 mp4 格式在手机上的简化版。

3）ASF 格式

这类文件的后缀是 asf 和 wmv，与它对应的播放器是微软公司的 Media Player。

4）FLV 格式

FLV 格式是一种新的视频格式，全称为 Flash Video。它形成的文件小、加载速度快，已经成为当前的主流格式，目前各在线视频网站均采用此视频格式。

此外，mpeg、avi、dvi、swf 等都是适用于流媒体技术的文件格式。

7. 流媒体技术应用

流媒体技术在一定程度上突破了网络带宽对多媒体信息传输的限制，因此被广泛运用于网上直播、网络广告、视频点播、远程教育、远程医疗、视频会议、企业培训、电子商务等多个领域。

对于新闻媒体来说，流媒体带来了机遇，也带来了挑战。流媒体技术将过去传统媒体的"推"式传播，变为受众的"拉"式传播，受众不再是被动地接受来自广播电视的节目，而是在自己方便的时间来接收自己需要的信息。这将在一定程度上提高受众的地位，使他们在新闻传播中占有主动权，也使他们的需求对新闻媒体的活动产生更为直接的影响。

流媒体技术的广泛运用也将模糊广播、电视与网络之间的界限。网络既是广播电视的辅助者与延伸者，也将成为它们的有力竞争者。利用流媒体技术，网络将提供新的音视频节目样式，也将形成新的经营方式，如收费的点播服务。发挥传统媒体的优势，利用网络媒体的特长，保持媒体间良好的竞争与合作，是未来网络的发展之路，也是未来传统媒体的发展之路。

5.5.6　计算机动画

1. 什么是动画

视频和动画（animation）都属于动态图像的范畴。动态图像是连续渐变的静态图像或者图形序列，沿时间轴顺次更换显示，从而产生运动视觉感受的媒体形式。然而，动画和视频又是两个不同的概念。动画的每帧图像都是由人工或计算机产生的，根据人眼的特性，用 15～20 帧/s 的速度顺序地播放静止图像帧，就会产生运动的感觉。视频的每帧图像都是通过实时摄取自然景象或者活动对象获得的，视频信号可以通过摄像机、录像机等连续图像信号输入设备来产生。

也就是说动画与视频是从画面产生的形式上来区分的，动画着重研究怎样将数据和几何模型变成可视的动态图像，这种动态图像可能是自然界根本不存在的，是人工创造的动态画面。视频处理侧重于研究如何将客观世界中原来存在的实物影像处理成数字化动态影像，研究如何压缩数据、如何还原播放。

2. 计算机动画的基本原理

计算机动画的原理与传统动画基本相同，只是在传统动画的基础上把计算机技术用于动画的处理和应用，它不仅缩短了动画制作的周期，而且产生了原有动画制作不能比拟的具有震撼力的视觉效果。

计算机动画以人眼的视觉暂留特性为依据，利用计算机二维和三维图形处理技术，并借助动画编程软件直接生成，或者对一系列人工图形进行动态处理后生成的一系列可供实时演播的连续画面。由于采用数字处理方式，动画的运动效果、画面色调、纹理、光影效果等可以不断改变，输出方式也多种多样。

运动是动画的要素，计算机动画是采用连续播放静止图像的方法产生物体运动的效果的。动画中的当前帧画面是对前一帧的部分修改，下一帧又是对当前帧的部分修改，因而帧与帧之间有着明显的内容上的时间延续关系。如图 5.25 所示的动画片段从第一帧到第六帧是猎豹奔跑的一个连贯动作，帧与帧之间存在着奔跑动作上的连贯性。

图 5.25　猎豹奔跑动画的多帧连续图像

要使动画到达平滑运动的效果，图片更换的速度必须达到大约 12 帧/s。到 70 帧/s 的时候，真实感和平滑度不能再有改善了，这是人眼和人脑处理图像的速度极限。12 帧/s 以下的帧率，会让人觉察到播放新图片所引起的跳跃性，这使得真实运动的假象受到干扰。传统手工卡通动画经常使用 15 帧/s 的帧率以节约所需的画数，就卡通的风格是可以接受的。更多的帧数能提高真实感，通常计算机动画要求有更高的帧率。

计算机动画具有以下特点。

（1）动画的前后帧之间在内容上有很强的相关性，因而其内容具有时间延续性，这更适合于表现事件的"过程"，这也使得该类媒体具有更加丰富的信息内涵。

（2）动画具有时基媒体的实时性，即画面内容是时间的函数。改变播放频率（每秒画面刷新率）就可以改变动画中事物的动态频率。

（3）无论是实时变换生成并演播的动画，还是三维真实感动画，由于计算数据量太大，必须采用合适的压缩方法才能按正常时间播放。因此，从媒体处理角度来看，由于压缩的需要，常常不以帧为单位，而以节段为单位，一般采用 10 帧左右为一组的节段来处理，声音也依照节段来进行同步配音。

（4）与静态图形与图像相比，动画对计算机性能有更高的要求，要求信息处理速度、显示速度、数据读取速度都要达到动画生成或播放的实时性要求。

3. 计算机动画的分类

1）按动画的系统功能分类

根据计算机动画的系统功能强弱，可以将计算机动画系统分成五个等级。

第一级：只用于交互式产生、着色、存储、检索和修改图像，由于不考虑时间因素，它的作用相当于一个图像编辑器。

第二级：可以实现中间帧的计算，并能使物体沿着某条轨迹运动。该系统考虑了时间因素，使图像变化运动，可以用来代替人工制作中间帧。

第三级：可以给动画制作者提供一些形体的操作，如平移、旋转等，同时包括虚拟摄像机的操作，如镜头的推移、平转、倾斜变化等。

第四级：提供了角色定义的方法，这些角色具有自己的运动特色，它们的运动可能会受到约束，如行为约束、对象之间的约束等。

第五级：是一种具有智能的动画系统，具有自学习能力。随着计算机动画系统的反复工作，其系统功能和性能会变得越来越完善。

2）按动画的制作原理分类

根据动画的制作原理可以将计算机动画分成两类：计算机辅助动画和计算机生成动画。计算机辅助动画属于二维动画，计算机生成动画属于三维动画。

二维动画一般是指计算机辅助动画，又称为关键帧动画，是通过计算机制作的只显示平面效果的动画形式。其主要作用是辅助动画制作者完成动画的制作。该类动画系统属于第二级。

三维动画是指计算机生成动画，是利用计算机制作的具有三维空间感的立体形象及其运动的动画形式。由于造型处理比较复杂，必须借助计算机来实现，该类动画系统属于第三级或第四级。

3）按运动的控制方法分类

根据运动的控制方法不同可将计算机动画分成关键帧动画和算法动画。

关键帧动画是通过一组关键帧或关键参数值而得到中间的动画帧序列，既可以是插值关键帧本身而获得中间动画帧，也可以是插值物体模型的关键参数值来获得中间动画帧，这两种形式分别称为形状插值和关键参数插值。

算法动画又称为模型动画或过程动画。算法动画是采用算法实现对物体运动的控制或模拟摄像机的运动控制，一般适用于三维动画。根据不同算法可分为以下几种。

运动学算法：由运动学方程确定物体的运动轨迹和速度。

动力学算法：从运动的动因出发，由力学方程确定物体的运动形式。

逆运动学算法：已知链接物末端的位置和状态，反求运动学方程以确定运动形式。

逆动力学算法：已知链接物末端的位置和状态，反求动力学方程以确定运动形式。

随机运动算法：在某些场合下加进运动控制的随机因素。

算法动画按照物理或化学等自然规律对运动进行控制，针对不同类型物体的运动方式，从简单的质点运动到复杂的涡流、有机分子的碰撞等；按物体运动的复杂程度可分为质点、刚体、可变软组织、链接物、变化物等类型。

4. 制作动画的软硬件环境

计算机动画所生成的是一个虚拟的世界，是人工创造的产物，其创作水平除依赖于创作者的素质外，更多地依赖于计算机动画制作的软件及硬件的功能。

硬件配置：主机应配备高速 CPU、足够大的内存和大容量的硬盘，最好选用图形工作站或高配置电子计算机。显示器尽量选用大尺寸、小点距、色彩还原度好的。鼠标要反应灵敏、移动连续、无跳跃、手感舒适，可选配笔形鼠标。有时还需要配置如扫描仪、摄像机、视频卡等输入输出设备。

软件配置：一是系统软件如操作系统、高级语言、诊断程序等；二是各类动画制作软件，可根据需要进行选择。常用的动画制作软件介绍如下。

（1）Animator Studio：基于 Windows 系统下的一种集动画制作、图像处理、音乐编辑、音乐合成等多种功能为一体的二维动画制作软件，用于制作帧动画，绘制功能较强。

（2）Adobe Flash（简称 Flash）：是美国 Macromedia 公司（现已被 Adobe 公司收购）所设计的一种二维动画软件。通常包括 Macromedia Flash（用于设计和编辑 Flash 文档）和 Adobe Flash Player（用于播放 Flash 文档）。Flash 基于矢量技术制作，能够用比较小的体积来表现丰富的多媒体形式，是一种交互式动画设计工具，可以将音乐、声效、动画及富有新意的界面融合在一起，以制作出高品质的网页动态效果。

（3）Ulead GIF Animator：是友立公司出版的动画 GIF 制作软件，有许多现成的特效可以套用，可将 AVI 文件转成动画 GIF 文件，还能将动画 GIF 图片最佳化。

（4）3D Studio Max（简称 3ds Max 或 MAX）：是 Discreet 公司（后被 Autodesk 公司合并）开发的一款著名 3D 动画软件，升级版本为 Autodesk 3ds Max。3ds Max 是世界上应用最广泛的三维建模、动画、渲染软件，广泛应用于游戏开发、角色动画、电影电视视觉效果和设计行业等领域。

（5）Ulead Cool 3D：可以将文字和形状轻松地自定义成醒目的三维作品，简单易学，效果很好。

（6）Maya：是美国 Autodesk 公司出品的世界顶级的三维动画软件，应用对象是专业的影视广告、角色动画、电影特技等。Maya 功能完善，工作灵活，易学易用，制作效率极高，渲染真实感极强，是电影级别的高端制作软件。

使用动画制作工具软件不需要用户更多地编程，只要通过简单的交互式操作就能实现计算机的各种动画功能。虽然各种软件的操作方法和功能各有不同，但动画制作的基本原理是一致的，这体现在画面创建、着色、生成、特技剪辑、后期制作等各个环节，最后形成动画过程。

5. 常见的动画文件格式

1）GIF 格式

GIF 格式文件可保存单帧或多帧图像，支持循环播放。GIF 文件小，是网络上非常流行的动画图形格式。

2）SWF 格式

SWF 格式文件（swf/fla/as/flv）是 Macromedia 公司的 Flash 动画文件格式。swf 格式是一个完整的影片档，无法被编辑；fla 格式是 Flash 的原始档，可以编辑修改；as 格式是一种编程语言的简单文字档案，以方便共同工作和更进阶的程序修改；flv 格式是一种流媒体视频格式，用于播放。

3）3ds 格式

3ds 格式文件（3ds/max/fli/flc）是 3D Studio Max 文件。3ds 格式是最终的模型，修改起来比较麻烦，体积较小；max 格式一般是可以修改的；fli 格式是基于 320×200 分辨率的动画文件格式；flc 格式采用了更高效的数据压缩技术，其分辨率不再局限于 320×200。

6. 计算机动画的应用

如今计算机动画的应用十分广泛，它可以使应用程序更加生动，可以增添多媒体的感官效果。计算机动画的主要应用如下。

1）制作电视广告、卡通片、电影片头和电影特技等

计算机动画可制作出神奇的视觉效果，以取得特殊宣传效果和艺术感染力。《侏罗纪公园》是计算机动画在影视制作中的得意之作，曾获奥斯卡最佳视觉效果奖。

2）科学计算与工程设计

科学计算可视化：通过计算机动画以直观的方式将科学计算过程及结果转换为几何图形图像显示出来，便于研究和交互处理。

工程设计：工程图纸设计完后，指定立体模型材质，制作三维动画，如建筑行业中楼房建筑的透视和整体视觉效果。

3）模拟与仿真

计算机动画技术第一个用于模拟的产品是飞行模拟器，它在室内就能训练飞行员模拟起飞和着陆。飞行员可以在模拟器中操纵各种手柄，观察各种仪器，以及在舷窗能看到机场跑道和山、水等自然景象。

在航天、导弹和原子武器等复杂的系统工程中，先建立模型，再用计算机动画模拟真实系统的运行，通过调节参数以获得最佳的运行状态。

4）教育与娱乐

多媒体教学：计算机动画为教师改进教学手段、提高教学质量提供了强有力的工具。

娱乐：利用计算机动画产生模拟环境，使人有身临其境的感觉。

5）虚拟现实技术

虚拟现实是利用计算机动画技术模拟产生一个三维空间的虚拟环境。人们可借助系统提供的视觉、听觉甚至嗅觉和触觉等多种设备，身临其境地沉浸在虚拟的环境中，就像在真实世界中一样。

习 题 5

一、单选题

1. 用于处理文本、图形、图像、音频、动画和视频等计算机编码的媒体是（　　）。

A. 感觉媒体　　　　　　B. 表示媒体　　　　　　C. 传输媒体　　　　　　D. 显示媒体

2. 下面设备中（　　）不是多媒体计算机中常用的图像输入设备。

A. 数码照相机　　　　　B. 彩色扫描仪　　　　　C. 绘图仪　　　　　　　D. 彩色摄像机

3. 声音信号是声波振幅随时间变化的（　　）信号。

A. 模拟　　　　　　　　B. 数字　　　　　　　　C. 无规律　　　　　　　D. 有规律

4. 音频数字化的采样和量化过程所用的主要硬件是（　　）。

A. 数字编码器

B. 数字解码器

C. 模拟到数字的转换器（A/D 转换器）

D. 数字到模拟的转换器（D/A 转换器）

5. 下列说法错误的是（　　）。

A. 图像都是由一些排成行列的点（像素）组成的，通常称为位图或点阵图

B. 图形是用计算机绘制的画面，也称矢量图

C. 图像的最大优点是容易进行移动、缩放、旋转和扭曲等变换，放大不失真

D. 图形文件中只记录生成图的算法和图上的某些特征点，数据量较小

6. 图像分辨率是指（　　）。

A. 屏幕上能够显示的像素数目

B. 用像素表示的数字化图像的实际大小

C. 用厘米表示的图像的实际尺寸大小

D. 图像所包含的颜色数

7. 下列关于 DPI 的叙述（　　）是正确的。

A. 每英寸的 bit 数　　　　　　　　　　B. 每英寸像素点

C. DPI 越高图像质量越低　　　　　　　D. 描述量化的单位

8. 一副 640×480 的 JPEG 数字图像，颜色深度是 24 位，文件大小是 64KB，该数字图像的压缩比是（　　）。

A. 15∶1　　　　　B. 14∶1　　　　　C. 10∶1　　　　　D. 20∶1

9. 一副未经压缩的图像分辨率为 1 600×1 200，则它包含的像素数是（　　）。

A. 192 万　　　　B. 1920 KB　　　　C. 1.83 MB　　　　D. 160 万

10. 一幅彩色（RGB）静态图像，设分辨率为 640×480，每一种颜色用 8bit 表示，则该彩色静态图像的数据量为（　　）。

A. 921.6 KB　　　　B. 900 KB　　　　C. 307.2 KB　　　　D. 300 KB

11. BMP 格式文件的特点不包括（　　）。

A. 几乎不进行压缩，占磁盘空间较大

B. 多媒体制作的编辑和处理时使用，最后保存很少使用

C. 由于不压缩，很少在网络上使用

D. 进行压缩，流行于网络

12. 下列文件格式不属于图像格式的是（　　）。

A. JPG　　　　　B. GIF　　　　　C. PNG　　　　　D. WMF

13. 目前多媒体计算机系统采用的数字化图像压缩国际标准具体是（　　）。

A. JPEG 标准　　　　　　　　　　　B. MPEG 系列标准

C. H.26X 标准　　　　　　　　　　　D. 以上都是

14. 下述声音分类中质量最好的是（　　）。

A. CD　　　　B. 调频无线电广播　　C. 调幅无线电广播　　D. 电话

15. 以下（　　）会使数字音频文件越大。

A. 采样次数越多　　B. 量化位数越多　　C. 时间越长　　D. 以上都是

16. 下列采集的波形声音（　　）的质量最好。

A. 单声道、8 位量化、22.05 kHz 采样频率

B. 双声道、8 位量化、44.1 kHz 采样频率

C. 单声道、16 位量化、22.05 kHz 采样频率

D. 双声道、16 位量化、44.1 kHz 采样频率

17. 双声道立体声、采样频率为 44.1 kHz、采样位数为 16 位的激光唱盘（CD-A），用一个 650 MB 的 CD-ROM 可存放（　　）min 的音乐。

A. 60　　　　　　　B. 64　　　　　　　C. 120　　　　　　　D. 3863

18. 目前多媒体计算机系统采用的数字化音频压缩国际标准具体是（　　）。

A. JPEG 标准　　　B. MPEG 系列标准　　C. H.26X 标准　　　D. 以上都是

19. Windows XP 中使用录音机录制的声音文件是非压缩的，其格式为（　　）。

A. MIDI　　　　　　B. WAV　　　　　　C. MP3　　　　　　D. CD

20. 声音信号能进行压缩编码的基本依据是（　　）。

A. 声音信号中存在着很大的冗余度，通过识别和去除冗余度，便能达到压缩的目的

B. 音频信息的最终接收者是人，人听觉器官具有某种不敏感性。舍去人听觉所不敏感的信息对声音质量的影响很小，甚至可以忽略不计

C. 对声音波形采样后，相邻采样值之间存在着很强的相关性

D. 以上都是

21. 人眼具有视觉暂留的生物现象，即物体映像能在眼睛的视网膜上停留（　　）。

A. 1 s　　　　　　　B. 0.1 s　　　　　　C. 0.01 s　　　　　　D. 0.001 s

22. 属于数字化信号的电视制式是（　　）。

A. NTSC　　　　　　B. PAL　　　　　　C. HDTV　　　　　　D. SECAM

23. 关键帧动画可以通过（　　）得到中间的动画帧序列。

A. 二维动画和三维动画

B. 形状插值和关键参数插值

C. 形状差值和算法动画

D. 运动学算法和关键参数插值

二、填空题

1. 多媒体技术主要有＿＿＿＿、＿＿＿＿、＿＿＿＿、＿＿＿＿四个特点。

2. 模数转换一般包括三个步骤：采样、量化和＿＿＿＿。

3. 颜色的三要素包括＿＿＿＿、＿＿＿＿和＿＿＿＿。

4. 显示设备和视频设备多使用＿＿＿＿颜色空间。

5. 图像处理时一般要考虑图像＿＿＿＿、图像颜色深度和图像文件的大小三个因素。

6. 图像的色彩值称为图像的颜色深度，黑白图像的颜色深度为＿＿＿＿位。

7. 图像压缩技术分为有损压缩和＿＿＿＿。

8. 已知一副未经压缩的 65 536 色的彩色图像文件的大小为 16 KB，则它包含的像素数是＿＿＿＿。

9. 用计算机对音频信息进行处理，要将模拟信号转换为数字信号，这个过程称为模拟音频的＿＿＿＿。

10. 1 min、双声道、8 位采样、采样频率 11.025 kHz 的声音文件大小为＿＿＿＿MB（保留两位小数）。

11. 乐器数字接口的英文缩写是_____。

12. 高清晰度电视信号的画面宽高比是_____。

13. 能够定义角色功能的计算机动画系统属于第_____级。

三、简答题

1. 试说明图形与图像的区别。

2. 简述图像分辨率、显示分辨率和扫描仪分辨率的区别。

3. 图像信息为什么可以压缩？常用的压缩标准是什么？

4. 简述 WAV 文件和 MIDI 文件的区别。

第6章 计算机网络和 Internet 基础

6.1 计算机网络概述

随着计算机与通信技术的紧密结合和飞速发展，使得计算机网络产生并广泛应用于各领域。当今世界，信息技术创新日新月异，数字化、网络化、智能化深入发展，在推动经济社会发展、促进国家治理体系和治理能力现代化、满足人民日益增长的美好生活需要方面发挥着越来越重要的作用。21世纪一个重要的特征就是数字化、网络化、信息化，这是一个以网络为核心的信息时代。

6.1.1 计算机网络的发展历史

计算机网络从20世纪60年代发展至今，其发展历史可以分为四个阶段。

1. 第一阶段——面向终端的计算机网络

20世纪50年代初，美国为了自身的安全，建立了一个半自动地面防空系统，简称SAGE系统。它将分布在美国海岸线上的多台远程雷达与其他测量设施测到的信息通过通信线路与控制中心的一台IBM计算机连接，进行集中的防空信息处理与控制。在开发这套系统的基础上，人们开始研究将地理位置分散的多个终端通信线路连到一台中心计算机上。用户通过终端键入命令，命令通过通信线路传送到中心计算机，结果再通过通信线路回送到用户终端显示或打印。这种以单个主机为中心的系统称作面向终端的远程联机系统。

这种远程联机系统在20世纪60年代初美国航空公司建成的全美航空订票系统中被使用。为了节省通信费用，在远程终端比较集中的地方加一个集中器。集中器的一端用多条低速线路和各个终端相连，另一端则用一条高速线路和计算机相连，这可以利用一些终端的空闲时间来传送其他处于工作状态的终端的数据，这样高速线路的容量就可以小于各低速线路容量的总和，可以明显降低通信线路的费用，如图6.1所示。

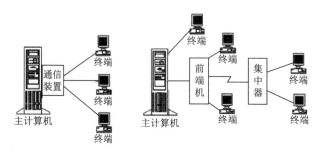

图 6.1　第一阶段计算机网络

在计算机网络的第一阶段，随着用户对主机资源需求量的增加，第一代的计算机网络开始将通信任务从主机中逐渐独立出来，使用通信控制 CPU 来完成通信任务，让主机能专注数据处理，提高数据处理效率。

2. 第二阶段——分组交换网

为了克服第一代计算机网络的缺点，提高网络的可靠性和可用性，专家开始研究多台计算机相互连接的方法，形成了以多 CPU 为中心的网络，利用通信线路将多台主机连接起来为用户提供服务。其中最典型的网络就是 Internet 的前身 ARPANET。

在有线电话出现不久，人们就认识到在所有用户之间架设直达线路，不仅线路投资太大，而且没有必要，可以采用交换机实现用户之间的联系。一百多年来，电话交换机从人工转接发展到现在的程控交换机，经过多次更新换代，但交换方式始终没有改变，都是采用电路交换（ circuit switching ），即通过交换机实现线路的转接，在两个用户之间建立起一条专用的通信线路。用户通话之前，先要申请拨号，当建立一条从发端到收端的物理通路后，双方才能互相通话。在通话的全部时间内，用户始终占用端到端的固定线路，直到通话结束挂断电话，线路才被释放。

用电路交换来传送计算机数据，其线路的传输速率是很低的。因为计算机数据是突发式地出现在传输线路上的。例如，当用户阅读终端屏幕上的信息或用键盘输入和编辑一份文件时或计算机正在进行处理而结果尚未返回。传送这种信号真正占用线路的时间很少，往往不到 10% 甚至 1%，宝贵的通信线路资源被浪费了。

20 世纪 60 年代末，冷战期间，美国国防部领导的高级研究计划局（ Advanced Research Project Agency，ARPA ）提出要研制一种崭新的网络对付来自苏联的核攻击威胁。虽然当时传统的电路交换的电信网已经四通八达，但战争期间，一旦正在通信的电路有一个交换机或链路被炸，则整个通信电路就要中断，如要立即改用其他迂回电路，还必须重新拨号建立连接，这将要延误一些时间。所以这个新型网络必须满足以下的基本要求。

（1）网络的目的是用于计算机之间的数据传送。

（2）网络能连接不同类型的计算机。

（3）网络中的网络结点都同等重要，这就大大提高了网络的生存性。

（4）计算机在通信时，必须有迂回路由。当链路或结点被破坏时，迂回路由能使正在进行的通信自动地找到合适的路由。

（5）网络结构要尽可能地简单，并要非常可靠地传送数据。

1964 年人们提出了"存储转发"的概念，信息并不是直接传递到对方，而是先传递到交换机的存储器中暂时存储，等相应的输出电路空闲时再输出。基于这种原理，人们提出了报文交换方式。所谓报文，可以理解为我们要发送的整块数据。如图 6.2 所示，假如结点 A 和结点 D 要进行通信，在电路交换时首先建立连接，然后开始直接传送数据，而在报文交换中则不需要建立连接，当有数据需要传送时，直接将数据报文发送给中间的结点交换机 B 存储，B 接收了完整的报文后开始将报文向下一个结点 C 发送，依次类推直到传递到 D。在 A 将数据发送到 B 后，A 到 B 之间的线路就可以被别的数据所使用，不用像电路交换一样必须等到整个通信完全结束后才能重新分配使用这条线路。

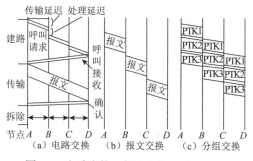

图 6.2　电路交换、报文交换和分组交换

报文交换的一个缺点是有时结点收到过多的数据而无空间存储或不能及时转发时，就不得不丢弃报文，而分组交换则是在报文交换的基础上将大的输出数据分成一个个小的分组再进行存储转发，对分组长度有限制。这样分组可以存储在内存中，提高交换的效率。1969 年美国的分组交换网 ARPANET 建成。

分组交换网的出现将计算机网络的研究分成了通信子网和资源子网两个部分。通信子网处于网络的内层，负责通信设备和通信链路，完成网络中数据传输和转发等通信处理任务。而资源子网处于网络的外围，由主机、外设及相应的软件和信息资源组成，负责网络中的数据处理工作。

20 世纪 70 年代中期，各个国家开始建立全国性公用通信子网，即公用数据网。典型的公用分组交换数据有美国的 TELENET、加拿大的 DATAPAC、法国的 TRANSPAC、英国的 PSS、日本的 DDX 等。而我国在 1980 年铁道部率先开始进行计算机联网实验，我国的第一个公用分组交换网（简称 CNPAC）于 1989 年 11 月建成运行。

3. 第三阶段——计算机网络互联

随着计算机网络的发展，摆在人们面前的一个问题是不同厂家的网络协议和设备是不兼容的，无法进行互联互通。很多公司都提出了自己的网络体系结构，如 1974 年 IBM 提出的 SNA 和 DEC 公司提出的 DNA。这些标准的提出使得各个公司自己的网络都能很容易的互相通信，也就是同一体系结构的网络互联非常容易，但是不同体系结构的网络互联非常困难。这样用户如果一旦购买了一家公司的产品，当其需要扩大网络规模的时候只有购买原来公司的产品，否则就只能将以前的网络设备弃之不用重新购置，这使得网络的发展受到了极大的限制。

为了能够使计算机网络能够实现互连互通，ISO 在 1983 年提出了开放系统互联(open system interconnection，OSI) 参考模型，使计算机网络开始向统一的标准迈进。但是这个标准的制定花费的时间太长，而且过分复杂，加上没有很强的商业驱动力，因此几乎没有厂家生产出符合该标准的商用产品。而随着 Internet 的快速发展，TCP/IP 体系结构反而受到了广泛的承认，成为事实上的工业标准。

4. 第四阶段——高速网络时代

20 世纪 80 年代末期开始，计算机网络进入第四代。第四代网络是随着数字通信的出现和光纤的接入而产生的，特别是 1993 年 9 月 15 日美国政府发表的《国家信息基础设施行动动议》中宣布建立国家信息基础设施（national information infrastructure，NII）。与此同时，还出现了 NII 的同义词——信息高速公路，并在全世界掀起了建立自己国家信息基础设施的浪潮。这一阶段其主要标志可归纳为：网络传输介质光纤化；信息高速公路建设；多媒体网络及宽带综合业务数字网（broadband integrated service digital network，BISDN）的开发应用；智能网络的发展；分布式计算机系统及集群（cluster）；计算机网格（grid）。通过这些研究促进了高速网络技术的发展和广泛的应用，并相继出现了高速以太网（即所谓的千兆网）、光纤分布式数据接口（fiber distributed data interface，FDDI）、快速分组交换技术等。作为目前世界上最大的国际互联网 Internet 是这一时期的典型代表。

从网络角度讲，关键之关键是要解决好接入、互联和智能三大问题。

6.1.2　计算机网络的协议与体系结构

1. 网络协议的分层思想

采用分层次的体系结构是人们对复杂问题进行处理的基本方法。以邮政通信系统为例，从写信到收信的整个过程是很复杂烦琐的，这里面涉及个人、邮局、运输部门等多个对象。但人们并不觉得发信有多难，信件的投送也很安全可靠。因为这里就用到了分层的思想，整个信件的传递过程分为了个人、邮局和运输部门三个层次。

人们写信时，信件都有固定的格式。例如，信件的开头是对方的称谓，信件的结尾是落款。这样，对方收到信后就知道信是谁写的，什么时候写的。信写好后需由邮局寄发，这时个人需要按要求的格式写好信封并贴上邮票。邮局收到信后，按信封上的信息对信件进行分拣和分类，然后交付运输部门进行运输（航空、铁路、海运、公路）。这时，邮局和运输部门也有约定，为了保证运输安全可靠，需写清到站地点、时间、包裹形式等内容。信件经运输后到达目的地，其处理过程正好相反，先由运输部门交付邮局，邮局再根据信件地址将信件送到收信人手中。

以上整个过程的操作可以分为三个层次：个人、邮局和运输部门。每层都有各自的约定。例如，对个人用户来说，信件的格式就是约定，它保证写的信对方能看懂；邮局对信件地址的格式也是约定，它保证能寄送到正确的位置；运输部门之间也有约定，如发货的时间、地点、方式等，它保证信件按时按点送达目的地。同时，层和层之间打交道时，并不需要知道较低层的具体细节。例如，邮局不需要知道信件的具体内容和格式，它只看地址的格式是否正确；同样，运输部门不需要知道信封上写的什么，它只需要知道什么时候送到什么地方。这样，层和层之间是透明，通信好像只发生在对应层之间。例如，收信人只知道谁给他写信，具体怎么投递怎么运输并不需要了解。

网络通信也是一个非常复杂的问题，为了减少设计上的错误，提高协议实现的有效性和高效性，计算机网络也采用了分层的层次结构。也就是按照信息的流动过程将网络的整体功能分解为一个个的功能层，不同机器上的同等功能层之间采用相同的协议，同一机器上的相邻功能层之间通过接口进行信息传递。采用分层设计的好处是显而易见的，主要有以下几方面。

（1）有利于将复杂的问题分解成多个简单的问题。

（2）独立性强，上层只需了解下层通过层间接口提供什么服务。

（3）适应性好，只要服务和接口不变，层内实现方法可以任意改变。

（4）有利于网络的互联。进行协议转换时，只涉及一个或几个层次而不是所有层次。

（5）分层可以屏蔽下层的变化，新的底层技术的引入不会对上层的协议产生影响。

（6）有利于促进标准化工作。每一层的功能及提供的服务都有详细精确的说明。

2. 什么是网络协议

分层设计的计算机网络，层层之间需要沟通协调，即按统一的规则约定来通信，这就是网络协议。

网络协议是指为了在计算机网络中进行数据交换而建立的规则、标准或约定的集合。一个网络协议至少包括以下三个要素。

（1）语法：用来规定信息格式，数据及控制信息的格式、编码及信号电平等。

（2）语义：用来说明通信双方应当怎么做，用于协调与差错处理的控制信息。

（3）时序：详细说明事件的先后顺序，速度匹配和排序等。

怎么理解语义、语法和时序呢？网络协议是要保证通信，所以它的规则与现实的其他通信有相似之处，我们以打电话为例。甲要打电话给乙，首先甲拨通乙的电话号码，对方电话振铃，乙拿起电话，然后甲乙开始通话，通话完毕后，双方挂断电话。在这个过程中，甲乙双方都遵守了打电话的协议。

其中，电话号码就是"语法"的例子。电话号码有固定的格式，一般常见的电话号码由七到八位阿拉伯数字组成，如果是长途要加拨区号，国际长途还要有国家代码等。

甲拨通乙的电话后，乙的电话振铃，振铃是一个信号，表示有电话打进；听到电话铃声后，乙选择接电话，然后讲话。这一系列的动作包括了控制信号、响应动作等内容，就是"语义"的例子。

甲拨了电话，乙的电话才会响，乙听到铃声后才会考虑要不要接，这一系列事件的因果关系十分明确，不可能没有人拨乙的电话而乙的电话会响，也不可能在电话铃没响的情况下，乙拿起电话却从话筒里传出甲的声音。这就是"时序"的例子。

没有规矩，不成方圆，协议设计的好坏直接影响到通信是否能够完成，在制定网络协议时，通常按以下规则指定网络协议的层次结构。

（1）结构中的每一层都规定有明确的任务及接口标准。

（2）把用户的应用程序作为最高层。

（3）除了最高层外，中间的每一层都向上一层提供服务，同时又是下一层的用户。

（4）把物理通信线路作为最低层，它使用从最高层传送来的参数，是提供服务的基础。

3. OSI 参考模型

ISO 是专门制定各种国际标准的组织。著名的 OSI 参考模型就是 ISO 制定的有关通信协议的模型。OSI 参考模型体系结构如图 6.3 所示。

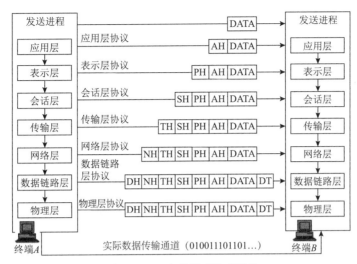

图 6.3　OSI 参考模型体系结构

OSI 参考模型的七层结构中由低到高分别是物理层、数据链路层、网络层、传输层、会话层、表示层、应用层。其中 OSI 参考模型的物理层、数据链路层和网络层归于通信子网的范畴，会话层、表示层和应用层归于资源子网的范畴。传输层起着承上启下的作用。七层的功能见表 6.1。

表 6.1　OSI 模型各层功能说明

层次名称	层次的功能	通俗理解	数据单元格式
应用层	与用户应用进程的接口	做什么	原始数据+本层协议控制信息
表示层	数据格式的转换	对方看起来是什么样	上层数据+本层协议控制信息
会话层	会话管理与数据传输的同步	轮到谁讲话、从何处讲	上层数据+本层协议控制信息
传输层	端到端经网络的透明传送报文	对方在何处	报文段
网络层	分组交换、寻址、路由选择和流量控制	走哪条路可到该处	分组
数据链路层	在网络上无差错的传送帧	每一步该怎么走	数据帧
物理层	经物理媒体透明地传送比特流	每一步使用物理媒体怎样实现	比特流

在 OSI 参考模型中，数据自上而下的递交过程是一个不断封装的过程，每一层在上一层的数据上加上必要的控制信息，再传给下一层。到达物理层就以比特流的形式传送，到达目的站点后，自下而上的递交过程就是反向的解拆过程，每一层在剥去本层的控制信息后，将剩余的数据提交给上一层。这个复杂的传送过程，由于层与层之间的屏蔽，感觉好像是在层与层之间直接对话。

4. TCP/IP 模型

与 OSI 参考模型不同，TCP/IP 不是作为标准制定的，而是产生于广域网的研究和应用实践中，已成为事实上的网络标准。

TCP/IP 模型实际上是 OSI 参考模型的一个浓缩版本，它只有四个层次。

（1）网络接口层（主机-网络层）：接收 IP 数据报并进行传输，从网络上接收物理帧，抽取 IP 数据报转交给下一层，对实际的网络媒体的管理，定义如何使用实际网络来传送数据。该层对应着 OSI 参考模型的数据链路层和物理层。

（2）互联网络层：负责提供基本的数据封包传送功能，让每一块数据包都能够到达目的主机（但不检查是否被正确接收），如 IP。该层对应着 OSI 参考模型的网络层。

（3）传输层：在此层中，它提供了结点间的数据传送，应用程序之间的通信服务，主要功能是数据格式化、数据确认和丢失重传灯。例如，TCP 和 UDP 给数据包加入传输数据并把它传输到下一层中，这一层负责传送数据，并且确定数据已被送达并接收。该层对应着 OSI 参考模型的传输层。

（4）应用层：应用程序间沟通的层，如简单邮件传送协议（simple mail transfer protocol，SMTP）、FTP、远程上机协议（telnet protocol）等。该层对应着 OSI 参考模型的应用层、表示层和会话层。

OSI 参考模型与 TCP/IP 模型的比较，见表 6.2。

表 6.2　OSI 参考模型与 TCP/IP 模型的比较

OSI 参考模型	TCP/IP 模型
应用层	应用层（SMTP、FTP、telnet、protocol 等）
表示层	
会话层	
传输层	传输层（TCP、UDP 等）
网络层	互联网络层（IP、ICMP 等）
数据链路层	网络接口层（ARP、RARP 等）
物理层	

6.1.3　计算机网络的分类

计算机网络的分类方式有很多，按传输介质可以分为有线网和无线网；按通信速率可以分为低速网、中速网和高速网；按网络使用者可以分为公用网和专用网等。本书重点介绍两种分类方式。

1. 网络的作用范围分类

（1）广域网（wide area network，WAN）：作用范围可从几十公里到几千公里，覆盖面广，因为距离较远，信息衰减比较严重，一般采用光纤作为传输的介质。广域网是互联网的核心部分，连接广域网各结点交换机的链路一般都是高速链路。

（2）城域网（metropolitan area network，MAN）：作用范围一般是一个城市，连接距离可以在 10～100 km。城域网可以是一个或几个单位所有，有时也作为一种公共设施。相对于局域网而言，城域网的扩展距离更长，连接的计算机数量更多，在地理范围上可以说是 LAN 网络的延伸，从技术上基本与局域网类似。在一个大型城市或都市地区，一个城域网通常连接着多个局域网。例如，连接政府机构的 LAN、医院的 LAN、电信的 LAN、公司企业的 LAN 等。

（3）局域网（local area network，LAN）：作用范围一般在 10 km 以内，一个机房、一栋大楼或者一个部门或单位组建的网络。局域网的特点是：连接范围窄、用户数少、配置容易、连接速率高（100 Mbit/s～10 Gbit/s）。

（4）个人区域网（personal area network，PAN），作用范围 10 m 左右，指个人范围（随身携带或数米之内）的计算设备（如计算机、电话、掌上电脑、数字相机等）组成的通信网络。个人区域网一般采取无线技术，作用范围很小。

2. 网络的拓扑结构分类

计算机网络的拓扑结构是指网络中各个结点的相互位置和它们连接成的几何图形，主要有五种：总线型、星型、环型、树型和网状型，如图 6.4 所示。其中树型网和网状型网是以前三种拓扑结构为基础的混合型。

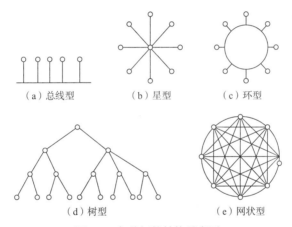

（a）总线型　　　　（b）星型　　　　（c）环型

（d）树型　　　　（e）网状型

图 6.4　各种拓扑结构示意图

（1）总线型拓扑：由一条高速公用主干电缆即总线连接若干个结点构成的网络。网络中所有的结点通过总线进行信息的传输，由于其传输方向是由发射站点向两端扩散的，人们也常把它叫广播式计算机网络。总线型网络的优点是结构简单灵活、建网容易、使用方便、性能好。其缺点是主干总线对网络起决定性作用，总线故障将影响整个网络。在早期的局域网中多使用这种结构。

（2）星型拓扑：由中央结点集线器与各个结点连接组成。这种网络各结点必须通过中央结点才能实现通信。星形结构的特点是结构简单，建网容易，便于控制和管理。其缺点是中央结点负担较重，容易形成系统的"瓶颈"，中央结点的故障也会引起整个网络瘫痪。目前局域网大都采用这种连接方式。

（3）环型拓扑：是将网络结点连接成闭合结构，由各结点首尾相连形成一个闭合环形线路。环型网络中的信息传送是单向的，即沿一个方向从一个结点传到另一个结点；每个结点需安装中继器，以接收、放大、发送信号。这种结构的特点是结构简单，建网容易，便于管理。其缺点是当结点过多时，将影响传输效率，不利于扩充。

（4）树型拓扑：树型拓扑是一种分级结构。在树型结构的网络中，任意两个结点之间不产生回路，每条通路都支持双向传输。这种结构的特点是扩充方便、灵活，成本低，易推广，适合于分主次或分等级的层次型管理系统。

（5）网状型拓扑：主要用于广域网，因为结点之间有多条线路相连，所以网络的可靠性较高。由于结构比较复杂，建设成本较高。

6.2　数据通信基础

6.2.1　数据通信的有关概念

1. 模拟信号与数字信号

在通信系统中，被传输的信号从传输方式上可以分为两类：模拟信号和数字信号。

模拟信号，也叫连续信号，其特点是幅度连续（连续的含义是在某一取值范围内可以取无限多个数值），并且在时间上也是连续的。模拟信号分布于自然界的各个角落。例如，声音、温度、广播电视信号都是模拟信号。

数字信号，也叫离散信号，指幅度的取值是离散的，幅值表示被限制在有限个数值之内的信号。二进制码就是一种数字信号。二进制码受噪声的影响小，易于用数字电路进行处理，所以得到了广泛的应用。计算机中处理的就是二进制数字信号。

2. 调制和解调

模拟信号便于传输，所以通常将数字信号转换成模拟信号进行传输，在接收端再还原成数字信号，在这过程中要用到调制解调技术。调制是将数字信息变换成适合于模拟信道上传输的模拟信息；解调是将模拟信道上接收到的模拟信息还原成相应的数字信息。对于数据通信而言，调制和解调总是成对出现的。例如，在使用拨号上网的计算机上，通常会看到调制解调器（modem）这样的设备。

模拟信号的数字化需要三个步骤：采样、量化和编码。采样是指用每隔一定时间的信号样值序列来代替原来在时间上连续的信号，也就是在时间上将模拟信号离散化。量化是用有限个幅度值近似原来连续变化的幅度值，把模拟信号的连续幅度变为有限数量的有一定间隔的离散值。编码则是按照一定的规律，把量化后的值用二进制数字表示，然后转换成二值或多值的数字信号流。这样得到的数字信号可以通过电缆、微波干线、卫星通道等数字线路传输。在接收端则与上述模拟信号数字化过程相反，再经过后置滤波又恢复成原来的模拟信号。

3. 通信系统的常用性能指标

性能指标从不同方面衡量网络的性能，通信系统的主要性能指标如下。

1）速率

计算机发送出的信号都是数字形式的。网络技术中的速率指的是数据的传输速率，它也称为数据率或比特率。速率的单位是比特每秒（bit/s）。需要注意的是现在我们看到的网络的速率，往往指的是额定速率或标称速率，而并非网络实际上运行的速率。

2）带宽

带宽指信道传输的信号的频带宽度。信号的带宽是指该信号所包含的各种不同频率成分所占据的频率范围。带宽体现了信道的传输性能，带宽的单位是赫兹（或千赫、兆赫、吉赫等）。

由于信道的最大传输速率与信道带宽存在明确关系，人们经常用带宽来表示信道传输速率，但从技术角度上看，这是两个不同的概念。

3）吞吐量

吞吐量表示在单位时间内通过某个网络的实际数据量。吞吐量和速率不同，速率反应的是吞吐量的上限。

4）时延

时延是指数据从网络的一端传送到另一端所需的时间。根据产生延迟的原因，时延主要分为以下几种。

（1）传输时延是主机或路由器发送数据帧所需要的时间，也就是从发送数据帧的第一个比特算起，到该帧的最后一个比特发送完毕所需的时间。

（2）传播时延是电磁波在信道中传播一定的距离所需要的时间。传播时延发生在传输信道媒体上，而与信道的发送速率无关。信号传送的距离越远，传播时延就越大。

（3）处理时延是主机或路由器在收到分组时需要花费一定时间进行处理，如分析分组的首部，从分组中提取数据部分、进行差错检验或查找合适的路由等。

（4）分组在进行网络传输时，要经过许多路由器，但分组在进入路由器后要先在输入队列中排队等待，在路由器确定了转发接口后，还要在输出队列中排队等待转发，这就产生了排队时延。排队时延的长短取决于网络当时的通信量。

6.2.2　网络传输介质

传输媒体是数据传输系统中发送装置和接收装置间的物理媒体，作为通信的传输媒体有很多，一般可以分为有线媒体和无线媒体两大类。

1. 有线媒体

1）双绞线

双绞线是由两条相互绝缘的导线按照一定的规格互相缠绕（一般以逆时针缠绕）在一起而制作成的通信传输介质。这种绞合结构可以减少相邻导线的电磁干扰，可以有效提高数据传输过程中的可靠性。双绞线既可以用于模拟传输，也可以用于数字传输。在计算机网络中一般用于数字传输。

　　双绞线一般分为非屏蔽双绞线（unshielded twisted pair，UTP）和屏蔽双绞线（shielded twisted pair，STP）。屏蔽双绞线在双绞线与外层绝缘封套之间有一个金属屏蔽层。双绞线按照线径粗细分类，又可以分为七类双绞线，一般线径越粗传输速率越大。通常，计算机网络所使用的是三类双绞线和五类双绞线，其中 10 M 以太网使用的是三类线，100 M 以太网使用的是五类线。双绞线为了与计算机相连，一般使用 RJ-45 接头。五类非屏蔽双绞线及 RJ-45 接头如图 6.5 所示。

（a）五类非屏蔽双绞线　　　　　　　　（b）RJ-45 接头

图 6.5　五类非屏蔽双绞线及 RJ-45 接头

　　虽然双绞线与其他传输介质相比，在传输距离、信道宽度和数据传输速率等方面均受到一定的限制，但这些限制在一般快速以太网中影响甚微，且其价格较低廉，所以双绞线仍是企业局域网中首选的传输介质。随着网络技术的发展和应用需求的提高，双绞线这种传输介质标准也得到了一步步的发展与提高。例如，新的七类双绞线标注已达到 10 Gbit/s 的传输速率，支持千兆位以太网的传输。

　　2）同轴电缆

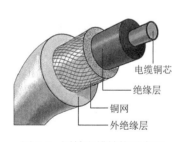

图 6.6　同轴电缆结构示意图

　　同轴电缆由内部导体环绕绝缘层及绝缘层外的金属屏蔽网和最外层的护套组成，如图 6.6 所示。因为同轴电缆传导交流电而非直流电，中心电线会发射无线电而导致信号衰减，所以设计了网状导电层的金属屏蔽网来防止中心导体向外辐射电磁场，同时也可用来防止外界电磁场干扰中心导体的信号。

　　同轴电缆从用途上可分为基带同轴电缆（阻抗 50 Ω，用于网络传输）和宽带同轴电缆（阻抗 75 Ω，用于有线电视）。基带同轴电缆仅仅用于数字传输，数据率可达 10 Mbit/s。宽带同轴电缆主要用于有线电视，它既可使用频分多路复用方式进行模拟信号传输，也可传输数字信号。

　　同轴电缆的抗干扰性比双绞线强，但其体积大，成本高。使用同轴电缆组建的网络一般都为总线型拓扑结构，即一根缆上接多部机器。这种拓扑适用于机器密集的环境，但是当其中一个触点发生故障会串联影响到整根电缆上的所有机器，故障诊断和修复都很麻烦。因此，现在的局域网环境中，同轴电缆基本已被双绞线所取代。

　　3）光纤

　　光纤是一种利用玻璃或塑料制成的纤维，其传输原理是"光的全反射"。通常，在光纤的一端使用发射装置（发光二极管或一束激光）将光脉冲传送至光纤，在光纤的另一端使用接收装置（光敏元件）检测脉冲，以此来传输信号。光纤必须由几层保护结构包覆，这些保护层和绝缘层可防止周围环境对光纤的伤害，其结构与同轴电缆相似，只是没有网状金属屏蔽层。光缆内部结构如图 6.7 所示。

图 6.7　光缆内部结构图

　　光纤是目前最有前途的传输介质。光纤传输的是光信号而非电信号，因此光纤信号不受电磁的干扰，传输稳定，传输距离远，质量高，光纤的带宽也很高。例如，一对金属电话线至多只能同时传送 1 000 多路电话，而一对细如蛛丝的光纤理论上可以同时传送 100 亿路电话！此外，光纤本身的成本也很低，铺设 1 000 km 的同轴电缆大约需要 500 t 铜，改用光纤通信则只需几公斤石英，而石英是从沙石中提炼的，几乎取之不尽。

　　由于光纤的种种优点，光纤非常适用于高速网络和骨干网。而随着光纤技术研究的深入，光纤也开始逐渐走进了家庭。可以想象，随着宽带互联网的发展，光纤将大有作为。

　　2. 无线媒体

　　无线传输媒体不需要架设或铺埋线缆，而是通过大气传输，主要有无线电通信、微波通信、红外通信和卫星通信等几种方式。

　　1）无线电通信

　　无线电很容易产生并且可以容易穿过建筑物传播，而且在某些波段的无线电波会在电离层反射，可以传输很长距离，因此被广泛用于通信。无线电传播是全方向传播，因此发射和接收装置不需要很精确地对准，如广播电台的广播。但是无线电通信也有缺点，主要是容易受到电磁干扰。例如，将收音机靠近电视、冰箱等时，干扰明显增强从而影响收听质量。

　　2）微波通信

　　微波是波长在 0.1 mm～1 m 的电磁波。使用微波通信时，微波信号沿直线传播，因此发射和接收微波必须精确。这种通信方式可以使成排的多个发射设备和接收设备不会发生串扰，但是地球是圆的，而微波通信沿直线传播，因此微波的传输距离受到了限制，100 m 高的微波塔可以传输距离为 80 km，如果要传送更远的距离就要依靠建立中继站通过接力的方式完成。

　　3）红外通信

　　红外通信，顾名思义，就是通过红外线传输数据。红外通信对于短距离通信比较有效，在电视遥控器上使用的就是红外线。红外通信的特点是相对的方向性，并且不能穿透坚实的物体，因此不同房间里的电视遥控器不会互相干扰。红外通信主要应用在如笔记本电脑、掌上电脑、移动电话之间或与计算机之间进行的数据交换上，以及电视机、空调等电器的遥控器上。

4）卫星通信

卫星通信就是利用地球同步轨道卫星作为微波中继站进行通信，由于地球同步轨道卫星在 36 000 km 的高空时，其发射角可以覆盖地球 1/3 的地区，理论上 3 颗这样的卫星就可以实现全球的通信。对于有线通信难以到达的地区，卫星通信是比较有效的一种方式。

6.3 局 域 网

自 20 世纪 70 年代末期，计算机广泛使用，使得局域网技术得以飞速发展，并在计算机网络中占有了重要地位。局域网主要有以下特点。

（1）一般一个局域网为一个单位所有，地理范围较近，站点数目有限。

（2）在局域网内应能提供较高的数据传输速率。

（3）在局域网内应能提供低的误码率和比较低的时间延迟。

（4）价格低，结构简单，便于维护。

局域网如果按拓扑结构分类，可以分为星型结构、环型结构和总线型结构，目前最为常见的是星型结构的局域网。

6.3.1 局域网的组成

局域网系统是由网络硬件和网络软件组成的。其中网络硬件是构成局域网的硬件实体，是影响局域网性能的基础和关键。当然，光有硬件还不行，网络软件也很重要，在网络软件的作用下，局域网才能发挥出资源共享和信息交换的功能。

1. 局域网硬件

局域网中的硬件主要包括计算机设备、网络接口设备、网络传输媒体和网络互联设备等。

1）计算机设备

局域网中的计算机主要分为两种：服务器和工作站。

服务器是网络系统的核心，用来对网络进行管理并提供网路服务。服务器的配置要比个人使用的计算机要高，其对工作速度、硬盘和内存容量及速度等的指标要求较高。不同功能的服务器系统可以提供文件、打印、邮件等不同的服务。

工作站可以独立工作，也可以使用服务器提供的服务。工作站的要求并不高，其配置一般比服务器要低。需要注意的是，并不是配置高的计算机就是服务器，配置低的计算机就是工作站，而应该看这台计算机是提供服务还是享受其他计算机提供的服务。例如，一台低档计算机对外提供服务时，它就是服务器；而当个人用户利用一台高档计算机上网，享受其他计算机提供的网络服务时，它就是工作站。

2）网络接口设备

网络接口卡，又称网卡，是局域网中不可缺少的连接设备。要将计算机联入局域网，计算机中必须要安装网卡。老式计算机中的网卡是个独立的部件，通过插在主板上工作，而现在的计算机主板都集成有网卡，不需要再单独配置。

不同的局域网使用不同类型的网卡，目前主要使用的是以太网卡。以太网卡有不同的速率标准，如 10 Mbit/s、100 Mbit/s、1 000 Mbit/s 和 10 Gbit/s 等。同时根据使用的传输媒体不同，网卡采用不同类型的接口，常见的接口有 BNC 接口（适用同轴电缆）、RJ-45 接口（适用双绞线）和光纤接口（适用光纤）。此外，随着无线局域网技术的发展，无线网卡也流行起来，只需插在计算机上就可使用，十分方便。不同接口的网卡及网线如图 6.8 所示。

（a）网卡及接口　　　　　（b）同轴电缆的 BNC 接口　　　　（c）双绞线的 RJ-45 接口

图 6.8　网卡的接口及网线

3）网络传输媒体

网络传输媒体就是连接计算机的通信线路。局域网常用的传输媒体可分为有线媒体和无线媒体。有线媒体主要有双绞线、同轴电缆和光纤三种，无线媒体主要有无线电波、红外线等。

4）网络互联设备

网络互联是将几个不同的网络连接在一起，使用户能够跨越网络进行通信。网络互联时，一般不能简单地直接相连，而是通过一个中间设备互联。这个中间设备称为中继（relay）系统。在两个网络的连接路径中可以有多个中继系统。如果某中继系统在进行信息转换时与其他系统共享共同的第 N 层协议，那么这个中继系统就称为第 N 层中继系统。这样就可以把中继系统划分成以下四种。

（1）中继器，物理层的中继系统。中继器是用于同种网络的物理层的中继系统，主要完成物理层的功能，完成信号的复制、调整和放大功能，以此来延长网络的长度。中继器是最简单的网络互联设备。集线器（hub）是有多个端口的中继器。集线器以星型拓扑结构将通信线路集中在一起，是局域网中应用最广的连接设备。

（2）网桥，数据链路层的中继系统。网桥（桥接器）是在数据链路层对帧信息进行存储转发的中继系统。网桥是一个局域网与另一个局域网之间建立连接的桥梁，它的作用是扩展网络和通信手段，在各种传输介质中转发数据信号，扩展网络的距离。网桥数据转发是有选择的，如果是发往本地局域网内部主机的数据将不进行转发。交换机是多端口的网桥，可以同时建立多个传输路径。交换机和集线器外形相似但工作方式差别很大：集线器采用广播技术将收到的数据向所有端口转发；而交换机则采用交换技术将收到的数据向指定端口转发。

（3）路由器（router），网络层的中继系统。路由器在网络层存储转发分组，主要用于为经过该设备的数据寻找一条最佳的传输路径。路由器比网桥的功能更为强大，路由器可以用于拓扑结构非常复杂的网络互联，在不兼容的协议之间进行转换，即可用于局域网互联，又可用于广域网互联，如高校的校园网接入 Internet 可以利用路由器进行网络互联。

集线器和交换机是网内互联设备，在一个局域网内用于计算机之间的互联。路由器是网际互联设备，用来连接不同的网络。例如，一个网吧的网络结构如图 6.9 所示。

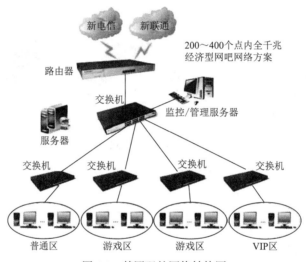

图 6.9　某网吧的网络结构图

（4）网关（gateway），网络层以上的中继系统。网关，又称网间连接器、信关或联网机。网关是对传输层及传输层以上的协议进行转换，它实际上是一个协议转换器。它可以是双向的，也可以是单向的。网关是最为复杂的网络互联设备，用于不同类型而协议差别又较大的网络互联，网关通常体现在 OSI 参考模型的传输层以上，它将协议进行转换，将数据重新分组，以便在两个不同类型的网络系统之间进行通信。网关既可用于广域网互联也可用于局域网互联，如电子邮件网关、IP 电话网关、各门户网站的短信网关等。

2. 局域网软件

1）网络操作系统

组建局域网，除了要完成硬件的安装，还要安装相应的网络操作系统，对资源进行全面的管理。常见的网络操作系统有 Netware、Windows 2000、Windows 2003、UNIX、Linux 等。

2）网络协议

一般在安装网络操作系统中都会安装相应的网络协议，常见的局域网的网络协议有 NetBEUI、IPX/SPX、TCP/IP 等，其中 TCP/IP 作为 Internet 上的传输协议而被广泛使用。

6.3.2　局域网工作模式

1. 专用服务器结构

专用服务器结构（server-based）又称为"工作站/文件服务器"结构，由若干台计算机工作站与一台或多台文件服务器通过通信线路连接起来组成工作站，存取服务器文件，共享存储设备。

文件服务器一般以共享磁盘文件为主要目的。对于一般的数据传递来说已经够用了，但是当数据库系统和其他复杂而被不断增加的用户使用的应用系统到来的时候，服务器已经不能承担这样的任务了，因为随着用户的增多，为每个用户服务的程序也增多，每个程序都是独立运行的大文件，给用户感觉极慢，所以产生了客户机/服务器模式。

2. 客户机/服务器模式

客户机/服务器（client / server）模式简称 C/S 模式。在这种模式下，其中一台或几台较大的计算机作为服务器，集中进行共享数据库的管理和存取；其他的应用处理工作分散到网络中其他计算机上去完成，构成分布式的处理系统。由于服务器已由文件管理方式上升为数据库管理方式，它也称为数据库服务器。该模式主要注重于数据定义、存取安全、备份及还原、并发控制及事务管理，执行诸如选择检索和索引排序等数据库管理功能。它把通过其处理后的用户所需的那一部分数据而不是整个文件通过网络传送到客户机，减轻了网络的传输负荷。C/S 模式是应用数据库技术与局域网技术相结合的结果。

与 C/S 模式相类似的还有浏览器/服务器（browser/server，B/S）模式。B/S 模式是一种特殊形式的 C/S 模式，该模式的客户端为浏览器，由于不需要安装其他软件，有着很强的通用性和易维护性。目前，B/S 模式发展迅速，越来越多的网络应用基于 Web 来进行管理。

3. 对等式网络（peer-to-peer）

对等式网络与 C/S 模式不同，在对等式网络结构中，每一个结点的地位对等，没有专用服务器，在需要的情况下，每一个结点既可以起客户机的作用也可以起服务器的作用。

对等式网络一般常采用星型拓扑结构，除了共享文件外，还可以共享打印机和其他网络设备。由于对等式网络的网络结构相对简单，既不需要专门的服务器来支持，也不需要额外的组件来提高网络的性能，其价格相对于其他模式要便宜很多，广泛应用于家庭或其他小型网络。

6.3.3　常见局域网介绍

IEEE 于 1980 年 2 月成立了局域网标准委员会（简称 IEEE802 委员会），专门从事局域网标准化工作，并制定了一系列标准，统称为 IEEE802 标准。目前，最为常用的局域网标准有两个，IEEE802.3（以太网）和 IEEE802.11（无线局域网）。

1. 以太网

以太网即有线局域网，最早由 Xerox 公司创建，于 1980 年 DEC、Intel 和 Xerox 三家公司联合开发成为一个标准。以太网包括标准的以太网（10 Mbit/s）、快速以太网（100 Mbit/s）和 10 G 以太网（10 Gbit/s），它们都符合 IEEE 802.3 标准。以太网是当前应用最普遍的局域网技术，它很大程度上取代了其他局域网标准，如令牌环、FDDI 和 ARCNET。

在有线局域网中，如何保证传输介质有序、高效地为许多结点提供传输服务，是网络协议要解决的一个非常重要的问题。以太网采用的是 CSMA/CD（载波监听多路访问及冲突检测）访问控制法，其工作原理是：发送数据前，先侦听信道是否空闲。若空闲，则立即发送数据；若信道忙碌，则等待一段时间至信道中的信息传输结束后再发送数据。若在上一段信息发送结束后，同时有两个或两个以上的结点都提出发送请求，则判定为冲突。若侦听到冲突，则立即停止发送数据，等待一段随机时间再重新尝试。可简单总结为：先听后发，边发边听，冲突停发，随机延迟后重发。

有人将 CSMA/CD 的工作过程形象地比喻成很多人在一间黑屋子中举行讨论会：参加会议的人都是只能听到其他人的声音。每个人在说话前必须先倾听，只有等会场安静下来后，他才能够发言。人们将发言前监听以确定是否已有人在发言的动作称为"载波侦听"；将在会场安静的情况下每人都有平等机会讲话称为"多路访问"；如果有两人或两人以上同时说话，大家就无法听清其中任何一人的发言，这种情况称为发生"冲突"。发言人在发言过程中要及时发现是否发生冲突，这个动作称为"冲突检测"。如果发言人发现冲突已经发生，这时他需要停止讲话，然后随机后退延迟，再次重复上述过程，直至讲话成功。如果失败次数太多，他也许就放弃这次发言的想法。

CSMA/CD 控制方式的优点是：原理比较简单，技术上易实现，网络中各工作站处于平等地位，不需集中控制，不提供优先级控制。但在网络负载增大时，发送时间增长，发送效率急剧下降。

以太网的连接主要有总线型和星型两种。总线型所需的电缆较少，价格便宜，管理成本高，不易隔离故障点，采用共享的访问机制，易造成网络拥塞。由于总线型的固有缺陷，已经逐渐被以集线器和交换机为核心的星型网络所代替。星型网络虽然需要的线缆比总线型多，但布线和连接器比总线型的要便宜。此外，星型拓扑可以通过级联的方式很方便地将网络扩展到很大的规模，因此得到了广泛的应用，被绝大部分的以太网所采用。

2. 无线局域网

随着网络技术的发展，无线网络出现并流行起来，现在无论是家庭还是企业都能见到无线网络的身影。无线局域网络（wireless local area networks，WLAN）基于 IEEE802.11 标准，利用射频技术进行无线连接，没有烦琐的线缆铺设和检测，真正实现了"信息随身化、便利走天下"的理想境界。

IEEE802.11 标准，又叫无线保真（wireless fidelity，Wi-Fi），是 IEEE 最初制定的一个无线局域网标准，主要用于解决办公室局域网和校园网中用户与用户终端的无线接入，业务主要限于数据访问，速率最高只能达到 2 Mbit/s。IEEE802.11 标准后被 IEEE802.11b 标准所取代，其数据传输速率最高可达 11 Mbit/s，扩大了 WLAN 的应用领域。

IEEE802.11a 标准是 IEEE802.11b 的后续标准，数据传输速率可达 54 Mbit/s，但其工作频段在 5.15～5.825 GHz，需要申请执照。而 IEEE802.11b 标准使用的是开放的 2.4 GHz 频段，不需要申请就可使用。

后来又推出了 IEEE802.11g 标准，其传输速率与 IEEE802.11a 标准相同，而载波频率则为 2.4 GHz（跟 IEEE802.11b 标准相同）。

无线局域网最新的标准是 2009 年通过的 IEEE802.11n 标准，其传输速率将提高到 300 Mbit/s 甚至 600 Mbit/s；在覆盖范围方面，IEEE802.11n 标准采用智能天线技术，其覆盖范围可以扩大到几平方公里，使 WLAN 移动性得到极大提高。

组建无线局域网与有线局域网相似，除了计算机设备外，同样需要网络接口设备和网络互联设备，主要有以下几种。

（1）无线网卡。无线网卡属于网络接口设备，相当于有线局域网中的网卡。它作为无线局域网的接口，能够实现无线局域网各个客户机之间的连接与通信。

（2）无线接入点（access point，AP）。无线 AP 是无线局域网的接入点，其作用与有线局域网中的集线器相当，用来扩展无线网络，扩大无线覆盖范围。

（3）无线路由器。无线路由器不仅具有无线 AP 的功能，还具有路由器的功能，所以能够接入 Internet，是目前家庭上网常用的设备。

无线局域网的组网方式主要有对等式网络和结构化网络两种。对等式网络组建灵活，是最简单的无线局域网，但该方式不能接入有线网络。结构化网络使用"无线 AP+无线网卡"或"无线路由器+无线网卡"的连接模式，相当于星型网络，可以和有线网络相连，是目前家庭上网常见的组网模式。例如，目前家庭都有 2 台以上的计算机，而上网多为有线方式，如果不想重新铺设网线，那么就可以让 1 台计算机以有线方式联网，而其他的计算机则使用无线接入方式联网，如图 6.10 所示。

图 6.10　家庭无线局域网组成示例

6.4　Internet　基　础

6.4.1　Internet 概述

1. Internet 的发展历史

Internet 中文名为"因特网"，是将分布在全球的广域网、局域网及单机按照一定的通信协议组成的国际计算机网络，是世界上最大的计算机网络。

Internet 的前身是美国国防部高级研究计划局主持研制的 ARPANET。20 世纪 60 年代末，正处于冷战时期。当时美国军方为了使自己的计算机网络在受到袭击时，即使部分网络被摧毁，其余部分仍能保持通信联系，便由美国国防部的高级研究计划局建设了一个军用网，叫作"阿帕网"（ARPANET）。阿帕网于 1969 年正式启用，当时仅连接了 4 台计算机，供科学家进行计算机联网实验用，这就是 Internet 的前身。

到了 20 世纪 70 年代，ARPANET 已经有了好几十个计算机网络，但是每个网络只能在网络内部的计算机之间互联通信，不同计算机网络之间仍然不能互通。为此，ARPANET 又设立了新的研究项目，研究用一种新的方法将不同的计算机局域网互联，形成"互联网"，研究人员称为"internetwork"，简称"Internet"。这个名词就一直沿用到现在。

1982 年，高级研究计划局选定 TCP/IP 为 Internet 主要的计算机通信协议。后来，ARPANET 分成两部分：一部分军用，称为 MILNET；另一部分仍称 ARPANET，供民用。

1986 年，美国国家科学基金组织（National Science Foundation，NSF）将分布在美国各地的 5 个为科研教育服务的超级计算机中心互联，并支持地区网络，形成 NSFNET。1988 年，NSFNET 替代 ARPANET 成为 Internet 的主干网。1989 年，ARPANET 解散，Internet 从军用转向民用。

随着 Internet 的不断发展，利用 Internet 进行商业活动成为下一个的发展目标。1992

年，美国的 IBM、MCI、MERIT 三家公司联合组建了一个高级网络服务公司（ANS），建立了一个新的网络，叫作 ANSNET，成为 Internet 的另一个主干网，从而使 Internet 开始走向商业化。

1995 年 4 月 30 日，NSFNET 正式宣布停止运作。同时，以美国的 Internet 为中心的网络互联也迅速向全球扩展。截至 2017 年 6 月，全球网民总数达 38.9 亿，普及率为 51.7%。

2. Internet 的现状

Internet 的出现是人类通信技术的一次革命，今天的 Internet 已不再是计算机人员和军事部门进行科研的领域，而是变成了一个开发和使用信息资源的覆盖全球的信息海洋。在 Internet 上从事的业务分类包括广告公司、航空公司、农业生产公司、艺术、导航设备、书店、化工、通信、计算机、咨询、娱乐、财贸、各类商店、旅馆等 100 多类，覆盖了社会生活的方方面面，构成了一个信息社会的缩影。如今，网络经济发展迅速，在经济活动中的比重也越来越高。

Internet 的最大成功不在其技术层面，而在于对人的影响。网络不仅仅是计算机之间的连接，更是把使用计算机的人连接了起来。网络的根本作用是为人们的交流服务，而不单纯是用来计算。网络中的很多热门应用（如微博、微信）都反映了人与人之间交流的需求。当前，Internet 越来越深刻地改变着人们的学习、工作及生活方式，已成为社会发展的基础设施，直接影响着整个社会的进程。

Internet 如此重要，它又是如何管理的呢？由于 Internet 的结构是按照"包交换"的方式连接的，故不存在中央控制的问题，连入网络的计算机只要遵守相同的协议就可以相互通信。所以，不可能存在某一个国家或者某一个利益集团通过某种技术手段来控制互联网的问题。然而，为了确定网络中的每一台主机，需要一个机构来为每一台主机命名（即地址）。但这仅仅是"命名权"，负责命名的机构除了命名外，并不能做更多的事情。

3. Internet 与中国

Internet 在中国最早的应用是电子邮件。早在 1987 年中国科学院高能物理研究所首先通过低速的 X.25 租用线实现了国际远程联网，并于 1988 年实现了与欧洲及北美洲地区的 E-mail 通信。

1994 年 5 月，中国科学院高能物理研究所成为第一个正式接入 Internet 的中国大陆机构，随后在此基础上发展出中国科学技术网络（CSTNET），标志着我国正式加入了 Internet。与此同时，以清华大学作为物理中心的中国教育与科研计算机网（CERNET）正式立项，并于 1994 年 6 月正式连通 Internet。1994 年 9 月，中国电信部门开始进入 Internet，中国公用计算机互联网（CHINANET）正式诞生。随后，原电子工业部系统的中国金桥信息网（CHINAGBN）也开通。经过二十几年的发展，形成了中国电信、中国联通、中国移动、中国科技网、中国教育和科研计算机网等主要骨干网络，国际出口带宽数已达 8 946 570 Mbit/s。

截至 2018 年 12 月，我国网民规模达 8.29 亿，普及率达 59.6%。手机网民规模达 8.17 亿，网民通过手机接入互联网的比例高达 98.6%。网络购物用户规模达 6.10 亿，年增长率为 14.4%，网民使用率为 73.6%。手机网络支付用户规模达 5.83 亿，年增长率为 10.7%，手机网民使用率达 71.4%。网民在线下消费时使用手机网络支付的比例达 67.2%。在跨境支付方面，支付宝和微信支付已分别在 40 个以上国家和地区合规接入；在境外本土化支付方面，我国企业已在亚洲 9 个国家和地区运营本土化数字钱包产品。网络视频、网络音乐和网络游戏的用户规模分别为 6.12 亿、5.76 亿和 4.84 亿，使用率分别为 73.9%、69.5% 和 58.4%。短视频用户规模达 6.48 亿，用户使用率为 78.2%。

6.4.2　Internet 的常见接入方式

如今，Internet 已经融入人们的日常生活当中，那么该如何接入 Internet 中呢？一般来说，用户都是通过与接入网相连接入 Internet。接入网是指骨干网络到用户终端之间的所有设备。其长度一般为几百米到几公里，因而被形象地称为"最后一公里"。

通过接入网连接 Internet，需要使用因特网服务提供方（internet service provider，ISP）提供的接入服务。ISP 通常是提供互联网接入业务、信息业务和增值业务的电信运营商。ISP 提供的接入方式很多，主要有 PSTN、ISDN、DDN、ADSL、VDSL、LAN、Cable-Modem、PON 和 LMDS。目前，个人上网最主要的接入方式是 ADSL、LAN（局域网接入）和 4G/5G 无线上网、WLAN（无线局域网接入）等方式。

1. ADSL

不对称数字用户线（asymmetrical digital subscriber line，ADSL）是一种能够通过普通电话线提供宽带数据业务的技术，也是目前极具发展前景的一种接入技术。由于普通用户上网主要是从外界的网站获取信息，而向外发送的信息量并不大，如果上行（用户向外发送数据）和下行（用户从外接收数据）的带宽相等，则可能造成上行带宽的浪费和下行带宽的不足。ADSL 的非对称，指从 ISP 到用户的高带宽支持，而用户到 ISP 的带宽较小，正好适应大部分用户的需求。

ADSL 方案的最大特点是不需要改造信号传输线路，完全可以利用普通铜质电话线作为传输介质，配上专用的调制解调器即可实现数据高速传输。ADSL 支持上行速率 640 Kbit/s～1 Mbit/s，下行速率 1～8 Mbit/s，其有效的传输距离在 3～5 km 以内。每个用户都有单独的一条线路与 ADSL 端相连，数据传输带宽是由每一个用户独享的。

2. LAN

LAN 接入是利用以太网技术，一般采用"光纤+双绞线"的方式对社区进行综合布线。从社区机房敷设光纤至住户单元楼，楼内布线采用双绞线敷设至用户家里，用户再通过双绞线将计算机与接入接口相连，就可以上网了。LAN 接入如图 6.11 所示。

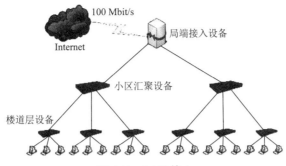

图 6.11　LAN 接入

采用 LAN 接入可以充分利用小区局域网的资源优势，为居民提供 100 Mbit/s 以上的共享带宽，随着服务运营商的技术升级，很多小区的局域网采取了"光纤入户"（fiber to the home，FTTH）的方式，直接将光纤接入家庭。这种技术速度快，稳定性高，以后还能支持更高的带宽。

以太网技术成熟、成本低、结构简单、稳定性好、可扩充性好，便于网络升级，同时可实现实时监控、智能化物业管理、小区/大楼/家庭保安、家庭自动化（如远程遥控家电、可视门铃等）、远程抄表等，可提供智能化、信息化的办公与家居环境，满足不同层次的人们对信息化的需求。LAN 接入也比其他的入网方式要经济许多。

3. 4G/5G 上网

随着 Internet 及无线通信技术的迅速普及，随时随地上网已成为移动用户迫切的需求，随之而来的是各种使用无线通信线路上网技术的出现。

4G 技术是第四代移动电信技术，是多功能集成的宽带移动通信系统，在业务上、功能上、频带上都与第三代移动通信技术（3G）不同，会在不同的固定和无线平台及跨越不同频带的网络运行中提供无线服务，比 3G 更接近于个人通信。4G 可以把上网速度提高到超过 3G 的 50 倍，可实现三维图像高质量传输。4G 能够以 100 Mbit/s 以上的速度下载。此外，4G 可以在 DSL 和有线电视调制解调器没有覆盖的地方部署，然后再扩展到整个地区。很明显，4G 有着不可比拟的优越性。截至 2018 年 7 月，我国 4G 用户总数达到 11.1 亿户，占移动电话用户的 73.5%。

5G 是第五代移动通信技术，也是 4G 的延伸，5G 网络的理论下行速度为 10 Gbit/s。2019 年 6 月 6 日，工信部正式向中国电信、中国移动、中国联通、中国广电发放 5G 商用牌照。

4. WLAN

WLAN 利用无线通信技术传输数据、话音和视频信号，能够方便地接入网络。现在的 WLAN 是基于 IEEE802.11 标准的无线局域网技术。通过配置无线路由器把有线网络信号转换成无线信号，方便手机、平板电脑等设备的上网。在这个无线路由器覆盖的有效范围内都可以采用 WALN 的方式进行联网。IEEE802.11g 标准具有的理论上最大物理速率是 54 Mbit/s。相比而言，最新的第二波 IEEE802.11ac 标准可以达到的最大理论速率为 2.34 Gbit/s。但是，在实际应用过程中，接入点的距离、连接 AP 的终端数、无线信号拥塞及物理障碍物等因素，都大大降低了实际吞吐量。

6.4.3 IP 地址和域名系统

1. IP 地址

1）什么是 IP 地址

就像我们打电话时需要知道对方的电话号码才能通信一样，在网络中为了区别不同的计算机，也需要给计算机指定一个号码，这个号码就是"IP 地址"。在 Internet 上，每一个结点都依靠唯一的 IP 地址互相区分和相互联系。在网际协议版本 4（internet protocol version 4，IPv4），又称互联网通信协议第四版中，定义的 IP 地址是一个 32 位二进制数的地址，由 4 个 8 位字段组成，用于标识 TCP/IP 宿主机。例如，湖北大学的某台主机 IP 地址表示如下：

1100101001110010 10011100 11111000

很明显，这些数字对于一般人来说不太好记忆。人们为了方便记忆，就将组成计算机的 IP 地址的四段二进制数中间用小数点隔开，然后将每八位二进制转换成十进制数，这样上述计算机的 IP 地址就变成了：202.114.156.248 。IP 地址的这种表示法叫作"点分十进制表示法"，这显然比 1 和 0 容易记忆多了。

如同电话号码由区号和本地号码两部分组成一样，一个 IP 地址也由网络号和主机号两部分组成。同一个物理网络上的所有主机都有相同的网络号，网络中的每一个主机都有一个主机号与之对应。由于不同类型网络中包含的计算机数量差别较大，于是人们按照网络规模的大小，把 32 位地址信息分成 A、B、C、D、E 几类。其中，A、B、C 是基本类，D、E 类作为多点广播（multicast）和保留使用，各类地址的结构如图 6.12 所示。

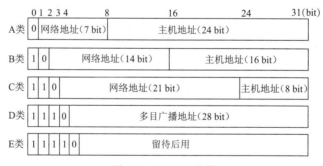

图 6.12 IP 地址分类

A 类地址：分配给规模特别大的网络使用。一个 A 类 IP 地址由 1 字节的网络地址和 3 字节的主机地址组成，网络地址的最高位必须是"0"，地址范围为 1.0.0.1～126.255.255.254（二进制表示为 **00000001** 00000000 00000000 00000001～**01111110** 11111111 11111111 11111110）。由于 127.0.0.1 是回送地址，指本地机，一般用来测试使用，故 A 类地址网络号范围从 1 到 126，而没有 127。A 类 IP 地址的后 3 字节表示主机号，即每个 A 类网络能容纳 $2^{24}-2$（1600 多万）个主机。

　　B 类地址：分配给中等规模的网络。一个 B 类 IP 地址由 2 字节的网络地址和 2 字节的主机地址组成，网络地址的最高位必须是"10"，地址范围为 128.1.0.1～191.254.255.254（二进制表示为 **10000000 00000001** 00000000 00000001～**10111111 11111110** 11111111 11111110）。每个 B 类网络能容纳 $2^{16}-2$（60 000 多）个主机。

　　C 类地址：分配给小型规模的网络。一个 C 类 IP 地址由 3 字节的网络地址和 1 字节的主机地址组成，网络地址的最高位必须是"110"。地址范围为 192.0.1.1～223.255.254.254（二进制表示为 **11000000 00000000 00000001** 00000001～**11011111 11111111 11111110** 11111110）。每个 C 类网络能容纳 $2^{8}-2=254$ 个主机。

　　D 类地址：用于多点广播。D 类 IP 地址第一字节以"1110"开始，地址范围为 224.0.0.1～239.255.255.254。D 类地址是一个专门保留的地址，它并不指向特定的网络，目前这一类地址被用在多点广播中。多点广播地址用来一次寻址一组计算机，它标识共享同一协议的一组计算机。

　　E 类地址：以"11110"开始，E 类地址保留，仅做实验和开发用。

　　在一个局域网中，有两个比较特殊的 IP 地址：网络号和广播地址。网络号代表了整个网络本身；广播地址代表了网络全部的主机。网络号是网段中的第一个地址；广播地址是网段中的最后一个地址，这两个地址是不能配置在计算机主机上的。

　　例如，某 C 类网络，IP 地址范围为 192.168.0.0～192.168.0.255。其中网络号是 192.168.0.0，广播地址是 192.168.0.255。所以，能配置在计算机中的地址比网段内的地址要少两个（除去网络号、广播地址），这些地址称为主机地址。在上面的例子中，主机地址就只有 192.168.0.1～192.168.0.254 可以配置在计算机上了。

　　所有的 IP 地址都由国际组织网络信息中心（Network Information Center，NIC）负责统一分配。目前全世界共有三个这样的网络信息中心：InterNIC（负责美国及其他地区）、ENIC（负责欧洲地区）和 APNIC（负责亚太地区）。

2）子网掩码

　　从前面的介绍我们知道，A 类地址和 B 类地址都允许一个网络中包含大量的主机，但实际上不可能有这么多主机连接到一个网络中，这不但降低了 IP 地址的利用率，也给网络寻址和管理带来了很大的困难。解决该问题的办法是在一个网络内部继续划分子网，而主机地址就被划分为子网地址和主机地址。这样 IP 地址的结构就改变了。

　　未做子网划分的 IP 地址：网络号 + 主机号

　　做子网划分后的 IP 地址：网络号 + 子网号 + 子网主机号

　　这时，判断两台主机是否在同一子网中，就需要用到子网掩码。子网掩码和 IP 地址一样，仍为 32 位的二进制，可以用点分十进制表示。在子网掩码中，1 的部分代表网络号，0 的部分代表主机号。A 类地址的默认子网掩码为 255.0.0.0；B 类地址的默认子网掩码为 255.255.0.0；C 类地址的默认子网掩码为 255.255.255.0。例如，湖北大学的一台主机的地址为 202.114.144.33，是一个 C 类地址，翻译成二进制为

　　　　　　11001010　01110010　10010000　00100001

　　由于 C 类地址网络号为前 24 位，默认的子网掩码为

11111111   11111111   11111111   00000000

子网掩码需结合 IP 地址一起使用。判断两个 IP 地址是否在同一个子网中，只要将这两个 IP 地址与子网掩码做按位逻辑"与"运算，若结果相同，则说明在同一个子网中，否则不在同一个子网中。例如，两个主机地址 202.114.157.3 和 202.114.157.129，是否处于同一子网？经判断是 C 类地址，我们使用 C 类默认的子网掩码 255.255.255.0，与两个 IP 地址进行逻辑"与"运算，得到的结果（黑体下划线表示）都是 202.114.157.0，这表示这两台计算机处于同一子网内。

子网掩码：   **11111111**   **11111111**   **11111111**   00000000（255.255.255.0）
主机 1 的 IP：   **11001010**   **01110010**   **10011101**   00000011（202.114.157.0）
主机 2 的 IP：   **11001010**   **01110010**   **10011101**   10000001（202.114.157.0）

而如果子网掩码改为 255.255.255.128，情况就完全不同了。再次进行逻辑"与"运算，结果分别是 202.114.157.0 和 202.11.157.128，这次我们判断出这两台计算机处于不同子网。

子网掩码：   **11111111**   **11111111**   **11111111**   **1**0000000（255.255.255.128）
主机 1 的 IP：   **11001010**   **01110010**   **10011101**   **0**0000011（202.114.157.0）
主机 2 的 IP：   **11001010**   **01110010**   **10011101**   **1**0000001（202.114.157.128）

通过观察子网掩码 255.255.255.128 的二进制形式，我们看到第 4 字节的第 1 位是表示子网号的，这样可以划分出两个子网，每个子网的主机可以使用剩下的 7 位编址。一个子网的 IP 为 202.114.157.0～202.114.157.127，另一个子网 IP 为 202.114.157.128～202.114.157.255，这样就把一个 C 类网络划分为了两个子网。

再比如，现在拥有一个 C 类地址，地址范围如下：202.114.156.0～202.114.156.255，现在有四个实验室，每个实验室有 60 台计算机，现要将每个实验室组成一个网络，该如何进行分配？

通过观察可以发现，C 类地址最多可以容纳 250 多台计算机，而 4 个实验室总共需要 240 个 IP 地址，我们把这个 C 类地址的主机号部分划出两位，作为这个 C 类地址的子网络号。这样每个子网络只有剩下的 6 位主机号可以分配，每个子网可以分配 $2^6=64$ 个 IP 地址，这样就可以满足需要了。

子网 1 范围从 **11001010**   **01110010**   **10011100**   **00**000000   （202.114.156.0）
　　　　到 **11001010**   **01110010**   **10011100**   **00**111111   （202.114.156.63）
子网 2 范围从 **11001010**   **01110010**   **10011100**   **01**000000   （202.114.156.64）
　　　　到 **11001010**   **01110010**   **10011100**   **01**111111   （202.114.156.127）
子网 3 范围从 **11001010**   **01110010**   **10011100**   **10**000000   （202.114.156.128）
　　　　到 **11001010**   **01110010**   **10011100**   **10**111111   （202.114.156.191）
子网 4 范围从 **11001010**   **01110010**   **10011100**   **11**000000   （202.114.156.192）
　　　　到 **11001010**   **01110010**   **10011100**   **11**111111   （202.114.156.255）
子网掩码为 **11111111**   **11111111**   **11111111**   **11**000000   （255.255.255.192）

需要注意的是，划分后的子网内，主机号全 0 和全 1 的部分也不允许分配，这样每一个子网最多容纳 $2^6-2=62$ 台主机。

3）IPv4 与 IPv6

IPv4 所面临的最大问题就是网络地址资源有限。由于理论上 IPv4 只能容纳 40 亿台主机，而互联网用户的急速增长、移动设备的大量应用使得 IPv4 面临地址枯竭问题。我国的 IPv4 地址数量仅为 33892 万个，而且从 2011 年开始，IPv4 地址池已经耗尽，没有新的 IP 地址可以分配，IPv4 地址成为网络发展的瓶颈之一，人们尝试通过网络地址转换（network address translation，NAT）、动态主机设置协议（dynamic host configuration protocol，DHCP）、无类别域间路由（classess inter-domain roating，CIDR）等技术解决这个问题。其中最常用的方式就是 DHCP。

DHCP 通常应用于局域网中，主要的作用是有效管理和分配 IP 地址。由于在 Internet 中，每一台设备都需要分配一个唯一的 IP 地址，而现在笔记本电脑、手机等移动设备广泛应用于 Internet，显然如果采用固定的 IP 地址模式显得不现实，而且当我们切换网络时如果要手工切换 IP 地址也显得不方便灵活。而 DHCP 就可以有效解决这一问题，相当于将其能管理和分配的 IP 地址作为一种资源进行租借，其工作原理：当客户需要连接网络时，该设备将向网络发送广播寻找可用的 DHCP 服务器；DHCP 服务器收到一个来自客户的 IP 租约请求后，将会给客户提供一个 IP 租约，DHCP 为客户保留一个 IP 地址并通过网络单播一个消息给客户，该消息包含客户的 MAC 地址、服务器提供的 IP 地址、子网掩码、租期，以及提供 IP 的 DHCP 服务器的 IP；客户收到该租约后同时发送一个消息给 DHCP 服务器，提示已经接受该租约；当 DHCP 服务器收到来自客户的接受租约消息后，就将发送一个包给客户，这个包包含租期和客户可能请求的其他所有配置信息。这时候，TCP/IP 配置过程就完成了，客户将根据该信息配置自己的网络设置。

DHCP 的优点在于 IP 地址采用租用方式，需要时向 DHCP 服务器申请 IP，用完后释放，使 IP 地址可以再利用，而且降低了管理 IP 地址的难度，所有 DHCP 客户的设置和变更都由客户端和服务器自动完成，不需人工干涉。但同时 DHCP 也存在不少缺点：不能发现非 DHCP 客户端已经在使用的 IP 地址；DHCP 服务器对于用户的接入没有限制，任何一台计算机只要连接到网络上，就能够通过 DHCP 服务器获得正确的网络配置，从而访问网络。

由于 DHCP 方便配置，现在在 WLAN 中广泛使用 DHCP 方式来配置 IP 地址，很多有线局域网也采取了该方式。

虽然对于 IPv4 地址枯竭的问题人们提出了很多解决的方案，但截至 2019 年 1 月，全球上网人数已达 43.88 亿，而 IPv4 仅能提供约 42.9 亿个 IP 位置，这还没有考虑今天能够接入互联网的物联网设备，如共享单车、监控探头等，因此针对 IPv4 地址不足的问题，广泛认为解决这一问题的最根本方法是将现有的 IPv4 迁移至 IPv6。

IPv6 是下一版本的互联网协议，从 1990 年开始，互联网工程工作小组（Internet Engineering Task Force，IETF）开始规划 IPv4 的下一代协议，除了要解决即将遇到的 IP 地址短缺问题外，还要发展更多的扩展。1994 年，在多伦多举办的 IETF 会议中，正式提议 IPv6 发展计划，并于 1996 年 8 月 10 日成为 IETF 的草案标准，最终 IPv6 在 1998

年 12 月由 IETF 以互联网标准规范（RFC 2460）的方式正式公布。虽然 IPv6 在 1994 年就已被指定作为 IPv4 的下一代标准，但因为从 IPv4 到 IPv6 涉及原有的路由器、防火墙、企业系统及相关程序皆须改写，所以现在技术上仍以双架构并存居多。

　　IPv6 与 IPv4 地址最大的不同在于 IPv6 采用 128 位二进制长度地址，在表示时也没有采用点分十进制表示法，而是把 128 位地址分成了 8 组，每组的 16 位二进制数用 4 位 16 进制数表示；组与组之间以冒号隔开。

　　例如，一个合法的 IPv6 地址：

　　2001：0db8：85a3：08d3：1319：8a2e：0370：7344

　　在地址分配上，IPv6 协议支持地址自动配置，这是一种即插即用的机制。IPv6 结点通过地址自动配置得到 IPv6 地址和网关地址。IPv6 支持无状态地址自动配置和状态地址自动配置两种地址自动配置方式。同时，在 IPv6 中加入了关于身份验证、数据一致性和保密性的内容。

　　IPv6 采用 128 位地址长度，几乎可以不受限制地提供地址，不但解决了网络地址资源数量的问题，而且也为物联网时代的接入问题在数量限制上扫清了障碍。除了解决地址短缺问题外，为了解决 IPv4 协议中关于安全性和服务质量的问题，IPv6 在设计时还兼顾到提高网络的整体吞吐量，改善服务质量（QoS），更好的安全性保证，支持即插即用和移动性，更好实现多播功能。

　　中共中央办公厅、国务院办公厅于 2017 年印发了《推进互联网协议第六版（IPv6）规模部署行动计划》，其中明确提出："推进 IPv6 规模部署是互联网技术产业生态的一次全面升级，深刻影响着网络信息技术、产业、应用的创新和变革。大力发展基于 IPv6 的下一代互联网，有助于提升我国网络信息技术自主创新能力和产业高端发展水平，高效支撑移动互联网、物联网、工业互联网、云计算、大数据、人工智能等新兴领域快速发展，不断催生新技术新业态，促进网络应用进一步繁荣，打造先进开放的下一代互联网技术产业生态"。并提出目标：到 2020 年末，IPv6 活跃用户数超过 5 亿，在互联网用户中的占比超过 50%，新增网络地址不再使用私有 IPv4 地址；到 2025 年末，我国 IPv6 网络规模、用户规模、流量规模位居世界第一位，网络、应用、终端全面支持 IPv6，全面完成向下一代互联网的平滑演进升级，形成全球领先的下一代互联网技术产业体系。

　　截至 2018 年 11 月，我国基础电信企业分配 IPv6 地址的 LTE 和固定宽带接入网络用户总数超 8.65 亿；中国 93 家省部级政府网站中可通过 IPv6 访问的网站共有 63 家，97 家中央企业网站中已有 92 家支持 IPv6 访问。

　　4）查看本机 IP 地址

　　查看本机 IP 地址通常有两种方法。

　　（1）查看网络连接属性。操作方法为：网上邻居→属性→本地连接→属性→TCP/IP，如图 6.13 所示。该方法除了可以查看 IP 地址外，也可以进行网络 IP 的设置。

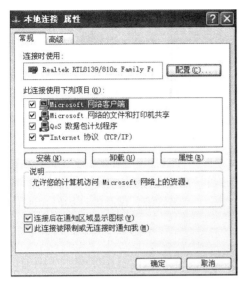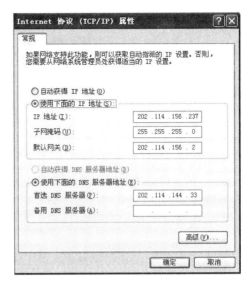

图 6.13　在连接属性对话框中查看 IP 地址

（2）在命令提示符下输入 ipconfig 指令，该指令可以查询本机的 IP 地址，以及子网掩码、网关、物理地址（Mac 地址）、DNS 等详细情况。有时机器的 IP 地址是自动获取的，第一种方法就不管用了，这时可以使用 ipconfig 指令。具体操作方法如下。

在 Win7 32 位操作系统中，打开命令提示符输入 ipconfig /all，按 Enter 键后显示结果如下：

Windows IP Configuration　　　　　　　　　　【Windows IP 配置】

Host Name . . . . : HENAME　　　　　　【域中计算机名、主机名】

Primary Dns Suffix . . . . . . :　　　　　　　　　　【主 DNS 后缀】

Node Type . . . . : Unknown　　　　　　【结点类型】

IP Routing Enabled. . . . . . : No　　　　　　　　　【IP 路由服务是否启用】

WINS Proxy Enabled. . . . : No　　　　　　　　　【WINS 代理服务是否启用】

Ethernet adapter：　　　　　　　　　　　　　　　　【本地连接】

Connection-specific DNS Suffix　:　　　　　　　　【连接特定的 DNS 后缀】

Description . . . . : Realtek RTL8168/8111 PCI-E Gigabi 【网卡型号描述】

Physical Address. . . . . . : 00-1D-7D-71-C8-D6　　　【网卡 MAC 地址】

DHCP Enabled. . . . . : No　　　　　　　　　【动态主机设置协议是否启用】

IP Address. . . . . : 192.168.1.102　　　　　【IP 地址】

Subnet Mask . . . . : 255.255.255.0　　　　　【子网掩码】

Default Gateway . . . . . . : 192.168.1.1　　　　　　【默认网关】

DHCP Server. . . . . : 192.168.1.1　　　　　　【DHCP 管理者机子 IP】

DNS Servers . . . . : 221.5.88.88　　　　　　【DNS 服务器地址】

Lease Obtained. . . . . . . : 2018 年 5 月 1 号 12：15：44　【IP 地址租用开始时间】

Lease Expires . . . . : 2018 年 5 月 10 号 12：15：44　【IP 地址租用结束时间】

2. 域名系统

1）域名地址

基于 TCP/IP 协议进行通信和连接的每一台主机都必须有一个唯一的标识（如 IP 地址），以区别在网络上成千上万个用户和计算机。但 IP 地址是数字标识，难于记忆和书写，因此在 IP 地址的基础上又发展出一种符号化的地址方案，与数字 IP 地址相对应，被称为域名地址。

主机的域名地址要求全网唯一，并且要便于管理，方便与 IP 地址映射。因此，连接在 Internet 上的主机或路由器的域名都是一个层次结构的名字。这里的"域"是名字空间中一个可被管理的划分。域还可以划分为子域，如二级域、三级域等。域名的结构形式如下：

...三级域名.二级域名.顶级域名

例如，www.hubu.edu.cn。

每级的域名都由英文字母和数字组成（不超过 63 个，不区分大小写），级别最低的域名在最左边，级别最高的域名（又称顶级域名）在最右边，完整的域名不超过 255 个字符。域名系统没有规定下级域名的个数，但一般都在 3 个左右。国际域名由互联网名称与数字地址分配机构（The Internet Corporation for Assigned Names and Number, ICANN）负责注册和管理；而国内域名则由中国互联网络信息中心（China Internet Network Information Center, CNNIC）负责注册和管理。这样，域名的分配及管理形成了一种树形结构，如图 6.14 所示。

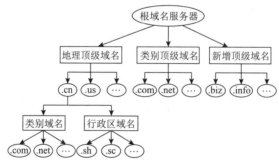

图 6.14　互联网域名层级结构

各级域名由其上一级的域名管理机构管理。例如，湖北大学校园网的域名分配层次结构见表 6.3。如果教务处要申请校园网内的域名，就要向湖北大学校园网管理中心申请，申请得到的域名就是 jwc.hubu.edu.cn。

表 6.3　湖北大学校园网的域名分配层次结构

域名层次	对应的分配机构
顶级域名（CN）	ICANN
二级域名（EDU）	中国互联网络信息中心 CNNIC
三级域名（HUBU）	CERNET 的网络中心
四级域名（www、JSZX、JWC）	湖北大学计算机网络中心

由于 Internet 最初发源于美国，最早的域名并无国家标识。国际互联网络信息中心最初设计了六类域名，分别如下。

com，用于公司企业。

net，　用于网络服务机构。

org，　用于非营利性组织。

edu，　用于教育机构（美国大学或学院）。

gov，　用于政府部门（美国专用，国内机构不能注册）。

mil，　用于军事部门（美国专用，国内机构不能注册）。

2001 年在澳大利亚召开的 ICANN 大会上，ICANN 通过决议，从近 50 个申请中遴选出 7 个新顶级域名来满足域名市场的需求，分别如下。

aero，用于航空运输业。

biz，可以商业领域，com 域名的有力竞争者。

coop，代表商业、行业协会。

Info，代表信息服务。

museum，代表博物馆。

name，代表个人网站。

pro，代表特定从业资质的专业人士和组织，如会计、医生和律师等。

随着互联网的广泛普及，对域名的需求也越来越多。目前，顶级域主要有三类：一是国家和地区顶级域名（country code top-level domains，ccTLDs），目前 200 个国家和地区都按照 ISO3166 国家和地区代码分配了顶级域名，例如 cn 代表中国，us 代表美国，hk 代表中国香港特别行政区等；二是通用顶级域名（generic top-level domains，gTLDs），如 com 代表工商企业，net 代表网络提供商，org 代表非营利组织等；三是新顶级域名（New gTLD），如 top（代表顶级、突破），xyz（代表创意创新、三维空间、无极限），loan（代表贷款）等。

我国在国际互联网络信息中心正式注册并运行的顶级域名是 cn，这也是我国的一级域名。在顶级域名之下，我国的二级域名又分为类别域名和行政区域名两类。类别域名共 6 个，包括 ac（科研机构）、com（工商金融企业）、edu（教育机构）、gov（政府部门）、net（互联网络信息中心和运行中心）、org（非营利组织）。而行政区域名有 34 个，分别对应于我国各省、自治区和直辖市。截至 2018 年底，我国域名总数有 3792.8 万个，其中.cn 域名 2124.3 万个。

2）域名解析

Internet 上的计算机是通过 IP 地址来定位的，给出一个 IP 地址，就可以找到 Internet 上的对应主机。因为 IP 地址难于记忆，所以发明了域名来代替 IP 地址。但通过域名并不能直接找到要访问的主机，中间有一个由域名查找与之对应的 IP 地址的过程，这个过程就是域名解析。域名解析就是将域名转换成 IP 地址的过程，是由 Internet 系统中的域名服务器（.domain name server，DNS）完成的。注册域名后，注册商一般会为域名提供免费的解析服务。

一个域名只能对应一个 IP 地址，而多个域名可以同时被解析到一个 IP 地址上。域名解析需要由专门的 DNS 来完成。当需要将一个主机域名映射为 IP 地址时，就将转换域名的 DNS 请求发给本地 DNS。本地的 DNS 查到域名后，将对应的 IP 地址返回。

DNS 具有连向其他服务器的能力，以支持不能解析时的转发。若 DNS 不能回答请求，则此 DNS 向根 DNS 发出请求解析，根 DNS 找到下面的所有二级域名的 DNS，这样以此类推，一直向下解析，直到查询到所请求的域名，如图 6.15 所示。

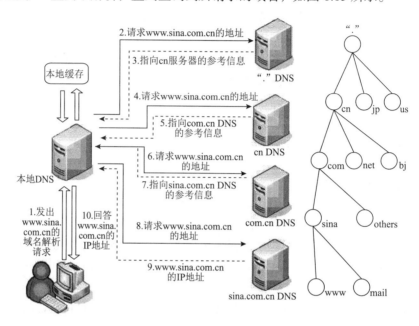

图 6.15　域名解析过程

3）中文域名

2008 年召开的 ICANN 巴黎年会上，ICANN 理事会一致通过一项重要决议，允许使用其他语言包括中文等作为互联网顶级域字符。至此，中文国家域名".中国"将正式启用。自 2009 年，全球华人上网时，在浏览器地址栏直接输入中国域名后缀".中国"，就可以在互联网上访问到相应的网站，不用安装任何插件。

中文域名是含有中文的新一代域名，同英文域名一样，作为 Internet 上计算机的字符标识。中文域名是符合国际标准的域名体系，使用和英文域名近似；作为域名的一种，可以通过 DNS 解析，支持虚拟主机、电子邮件等服务。注册的中文域名至少需要含有一个中文文字。可以选择中文、字母、数字或符号"-"命名中文域名，但最多不超过 20 个字符。目前有".com"".cn"".中国"".公司"".网络"等五种以上类型的中文顶级域名供注册，如：

中文.com　　中文.net　　　　中文.org　　　　中文.cc

中文.cn　　　中文.中国　　　　中文.公司　　　　中文.网络

使用中文域名有如下好处：①使用方便，便于记忆；②中文域名的域名资源丰富，避免了好的域名被抢先注册的现象；③中文域名有显著的标识作用，能体现用户自身的价值和定位。

中文域名的问世，是世界网络业的重大突破，它克服了互联网世界的语言障碍，使全球广大的华人网民也可以通过自己的语言上网，更加真实地体验"网络无国界"。中文域名的应用将促进华人世界的网络发展和信息交流，提高中文信息服务业的发展水平及其在全球信息服务业中的地位，进一步带动以电子商务为核心的新经济在华人世界的加速发展等诸多方面，发挥极大的推动作用。2018 年底，我国.中国域名已达 172.4 万个。

6.5　Internet　应　用

Internet 是一个把分布于世界各地不同结构的计算机网络用各种传输介质互相连接起来的网络，因此，被称为网络的网络，中文名为因特网。Internet 提供的主要服务有万维网（world wide web，WWW）、FTP、电子邮件等。

6.5.1　万维网

1. 万维网的产生和发展

20 世纪 40 年代以来，人们就梦想能拥有一个世界性的信息库，在这个信息库中，信息不仅能被全球的人们存取，而且能轻松地链接到其他地方的信息，使用户可以方便快捷地获得重要的信息。1989 年，在欧洲核子研究组织（European Organization for Nuclear Research，CERN）工作的蒂姆·伯纳斯·李（Tim Berners-Lee）出于高能物理研究的需要发明了万维网。

万维网，也叫 Web、3W，通过它可以存取世界各地的超媒体文件，包括文字、图形、声音、动画、资料库及各式各样的内容。万维网的诞生给全球信息的交流和传播带来了革命性的变化，一举打开了人们获取信息的方便之门。

万维网最早的网络构想可以追溯到 1980 年伯纳斯·李构建的 ENQUIRE 项目，这是一个类似维基百科的超文本在线编辑数据库。万维网中至关重要的概念——超文本，起源于 20 世纪 60 年代的几个项目，譬如 T.尼尔森（T. Nelson）的仙那都项目和 D.英格巴特（D. Engelbart）的 NLS（oN-Line 系统）。这两个项目的灵感都是来源于 V.布什（V. Bush）在其 1945 年的论文《和我们想的一样》（*As We May Think*）中为微缩胶片设计的"记忆延伸"系统。

伯纳斯·李的突破在于将超文本嫁接到 Internet 上，在他的书《编织网络》中，他解释说他曾一再向这两种技术的用户建议它们的结合是可行的，但是却没有任何人响应他的建议，最后他只好自己解决了这个计划。后来，他发明了一个全球网络资源唯一认证的系统：统一资源标识符。

1989 年，伯纳斯·李将自己的发明公布于众之后不久，网络公司便风起云涌。一夜之间，一批富翁呱呱坠地，宣告诞生。然而，伯纳斯·李本人却依然坚持着自己清贫的科研工作。到 1994 年，万维网已成为访问 Internet 资源最流行的手段，逐渐成为 Internet 中应用最广泛的服务。2004 年 6 月 15 日，首届"千年技术奖"被授予了有"互联网之父"之称的英国科学家伯纳斯·李教授。

今天，万维网使得全世界的人们以史无前例的巨大规模相互交流。情感经历、政治观点、文化习惯、表达方式、商业建议、艺术、摄影、文学等都能在万维网进行共享，而成本之低在人类历史上则从未有过。可以说，万维网是人类历史上最深远、最广泛的传播媒介，其连接的人数远远超过以往其他各种媒介的总和。

2. 因特网、互联网、万维网三者的区别

通常当人们想到网络，就会提起因特网、互联网和万维网这些名词，并把它们看成一个事物，但实际上三者是有区别的。简单地说，三者的关系是：互联网包含因特网，因特网包含万维网。

凡是能彼此通信的设备组成的网络就叫互联网。所以，即使仅有两台机器，不论用何种技术使其彼此通信，也叫互联网。因特网是互联网的一种，它特指由覆盖全球的上千万台设备组成的超大型互联网络。通常，用英文单词 Internet 表示"因特网"，作为专有名词，开头字母必须大写。而开头字母小写的 internet，则泛指由多个计算机网络相互连接而成一个大型网络，即互联网。

万维网是无数个网络站点和网页的集合，它们在一起构成了因特网最主要的部分（因特网还包括电子邮件、新闻组等内容）。万维网实际上是多媒体的集合，由超级链接连接而成。通常通过网络浏览器上网观看的，就是万维网的内容。万维网常被当成因特网的同义词，但万维网与因特网有着本质的差别。因特网（Internet）指的是一个硬件的网络，全球的所有电子计算机通过网络连接后便形成了因特网。而万维网更倾向于一种浏览网页的功能。

3. 万维网基本概念及工作原理

万维网是一个基于超文本方式的信息检索服务工具。信息的组织既不是采用自上而下的树状结构，也不是图书资料的编目结构，而是采用指针链接的超网状结构。超文本结构通过指针连接方式，可以使不同地方的信息产生直接或间接的联系，这种联系可以是单向的或双向的。所以超文本结构检索数据非常灵活，通过指针从一处信息资源迅即跳到本地或异地的另一处信息资源。此外，信息的重新组织（增加、删除、归并）也很方便。

万维网的核心部分是由三个标准构成的：超文本传送协议（HTTP）、超文本标记语言（HTML）和统一资源定位符（uniform resource locator，URL）。万维网是以 HTML与 HTTP 为基础，提供面向 Internet 服务的信息浏览系统。浏览的信息以网页的形式放置在不同地理位置的主机上，网页的链接由 URL 标识，万维网客户端软件（即浏览器）负责信息的显示及向服务器发送请求。

1）HTTP

HTTP 是负责规定浏览器和服务器之间的应用层通信协议。万维网是建立在客户机/服务器模型之上的。HTTP 的会话过程包括四个步骤：①建立连接，客户端的浏览器向服务端发出建立连接的请求，服务端给出响应就可以建立连接了。②发送请求，客户端按照协议的要求通过连接向服务端发送自己的请求。③给出应答，服务端按照客户端的要求给出应答，把结果（HTML 文件）返回给客户端。④关闭连接，客户端接到应答后关闭连接。

HTTP 是基于 TCP/IP 之上的协议，它不仅保证正确传输超文本文档，还确定传输文档中的哪一部分，以及哪部分内容首先显示（如文本先于图形）等。由于 HTTP 以明文的形式传送用户数据（包括用户名和密码），具有安全隐患，故对于敏感数据的传送，可以使用具有保密功能的超文本传输安全协议（hypertext transfer protocol secure，HTTPS）。

2）HTML

HTML 用来定义超文本文档的结构和格式。超文本是把信息根据需要连接起来的信息管理技术，人们可以通过一个文本的超链接打开另一个相关的文本。超链接内嵌在文本或图像中，只要单击已定义好的关键字或图形，就可以自动连上相应的其他文件。

超文本使用 HTML 编写，生成的网页文件其扩展名为 htm 或 html。网站由众多不同内容的网页构成，网页的内容体现一个网站的功能。通常把进入网站首先看到的网页称为首页或主页（homepage）。

HTML 是一种格式化语言，由于访问网页的计算机种类不同，为保证显示的正确，由浏览器负责文档显示时的格式化。HTML 文档本身是文本格式，使用任何一种文本编辑器都可以进行编辑。

3）URL

URL 是用来负责给万维网的资源（网页）定位的系统。URL 的一般格式如下。

<协议>：//<主机名>/<路径>

协议：指定使用的传输协议，最常用的是 HTTP。

主机名：是指存放资源文件的服务器域名或 IP 地址。

路径：资源文件在服务器上的相对路径。

举例来说，某网页文件的 URL 为"http://www.hubu.edu.cn/Html/hdgg246.html"，各部分含义如图 6.16 所示。

图 6.16　URL 地址组成

URL 不仅可以表示万维网文档地址，也可以描述 Internet 的其他服务（如 FTP、telnet 等）。这时 URL 中的协议就可以是除 HTTP 之外的其他形式，URL 中常用的协议如下。

（1）HTTP：通过 HTTP 访问资源。

（2）FTP：通过 FTP 文件传输协议访问资源。

（3）mailto：电子邮件地址，通过 SMTP 访问。

（4）news：新闻组，通过 NNTP 访问资源。

（5）telnet：远程登录。

（6）file：本地计算机上的文件。

6.5.2　文件传输

1. 工作原理

FTP 是 Internet 上最广泛的文件传送协议，FTP 提供交互式的访问，允许文件具有存取权限（即用户只有经过授权并输入有效口令）。Internet 将这个协议的名字 FTP 作为其服务的名字，也就是 FTP 服务。在 1995 年以前，FTP 传送文件的通信量是 Internet 各项服务中通信量最大的。只是在 1995 年以后万维网开始超过 FTP。

与大多数 Internet 服务一样，FTP 也是一个客户机/服务器系统，如图 6.17 所示。用户通过客户机程序向服务器程序发出命令，服务器程序执行用户所发出的命令，并将执行的结果返回到客户机。例如，用户发出一条命令，要求服务器向用户传送某一个文件的一份拷贝，服务器会响应这条命令，将指定文件送至用户的机器上。客户机程序代表用户接收到这个文件，将其存放在用户目录中。提供 FTP 的计算机称为 FTP 服务器，用户从 FTP 服务器上将文件复制到本地计算机的过程叫下载（download），用户将本地计算机上的文件传送到远程 FTP 服务器的过程称为上传（upload）。

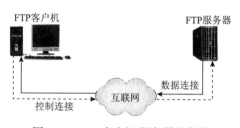

图 6.17　FTP 客户机/服务器示意图

在 FTP 中规定用户访问 FTP 服务器时需要首先利用远程服务器授权的用户名和密码登录，登录时验证用户的用户名和密码，只有正确才能访问相关的资源。但很多提供 FTP 服务的网站为了使 Internet 上的用户都能不受限制地访问自己的资源，就提供一种匿名 FTP 服务。匿名 FTP 服务一般使用一个通用的用户名（anonymous）和密码（anonymous）。匿名用户权限有限，一般只能下载部分公用的文件，而不能修改、删除和上传文件。

FTP 客户机程序主要有三种类型：FTP 命令行、浏览器和专用 FTP 程序。随着 Internet 客户机程序的丰富，命令行方式已经很少使用了，浏览器和专用客户程序已经成为 FTP 客户机两种最常用的软件。大多数的浏览器都能和 FTP 服务器建立连接，这使得在 FTP 上通过一个接口就可以操控远程文件，如同操控本地文件一样。

2. FTP 下载与其他下载方式的比较

1）HTTP 下载

浏览器浏览网页就是按照 HTTP 读取 Web 服务器上资源的过程，这些资源都通过 URL 标识访问。例如，http：//www.aaa.com/default.html 表示一个网页，http：//www.aaa.com/default.html/a.jpg 则表示该页面上的某个图片，这些都是可显示的，浏览器读取后就把它们显示出来。但有些资源是无法显示的，如 http：//www.aaa.com/default.html/a.rar，这时浏览器就会弹出一个对话框询问用户是否要将文件保存到本地，这就是 HTTP 下载。

HTTP 下载与 FTP 下载相似，也是基于客户机/服务器模式的。但 HTTP 看作"发放"文件的协议，故不需要账户名和密码等权限的设置。因此，只要指定文件，任何人都可以进行下载。由于是客户机/服务器模式，在网络带宽相同的条件下，请求下载的用户越多，下载速度越慢，故当专门提供文件下载服务时，需配置一定数量的服务器分担下载任务。

2）BitTorrent 下载

BitTorrent（BT）是目前互联网最热门的应用之一。BT 的原理是：首先在上传端把一个文件分成了 Z 个部分，甲在服务器随机下载了第 N 个部分，乙在服务器随机下载了第 M 个部分，这样甲的 BT 就会根据情况到乙的计算机上去下载乙已经下载好的第 M 个部分，乙的 BT 就会根据情况到甲的计算机上去下载甲已经下载好的第 N 个部分，这样不但减轻了服务器端的负荷，也加快了用户方（甲、乙）的下载速度，效率也提高了。

BT 是一种"我为人人，人人为我"的思想，你在下载的同时，也在上传，所以它克服了传统下载方式的局限性，具有下载的人越多，文件下载速度就越快的特点。

根据 BT 协议，文件发布者发布的文件生成提供一个 torrent 文件，即种子文件，简称为"种子"。BT 客户端首先解析 torrent 文件得到 Tracker 地址，然后连接 Tracker 服务器。Tracker 服务器回应下载者的请求，给下载者提供其他下载者（包括发布者）的 IP。下载者再连接其他下载者，根据 torrent 文件，两者分别告知对方自己已经有的块，然后交换对方没有的数据。此时不需要其他服务器参与，分散了单个线路上的数据流量，因此减轻了服务器负担。

BT 的缺点是存在热度问题，如果发布者停止发布，而上传者变少，则下载速度会大幅下载甚至无法下载，直至种子失效。所以为了 BT 资源长时间有效，仍然需要服务器的配合。

6.5.3 电子邮件

1. 工作原理

电子邮件（E-mail）是 Internet 最早提供的服务之一，也是目前 Internet 上使用最频繁的服务之一，基本上所有类型的信息，包括文本、图形、声音、文件等，都能够通过电子邮件的形式传输。电子邮件价格低廉（只需负担电费和网费即可），速度快（几秒内可以送达世界的任何角落），功能齐全（群发、抄送、附件等功能非常实用），已经成为每一个互联网用户都不可缺少的应用。

Internet 电子邮件服务也遵循客户机/服务器的工作模式，分为邮件服务器端和邮件客户端。邮件服务器端分为发送邮件服务器和接收邮件服务器，其结构如图 6.18 所示。

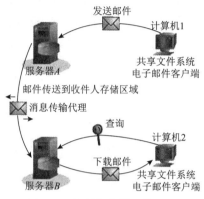

图 6.18　邮件服务器工作原理

电子邮件是如何工作的呢？与现实中邮寄包裹是很相似的，当我们要寄一个包裹时，我们首先要找到一个有这项业务的邮局，在填写完收件人姓名、地址等后包裹就寄出并送到收件人所在地的邮局，收件人必须去这个邮局才能取出包裹。

电子邮件的工作过程是：当用户发送一封电子邮件，电子邮件首先存储到了发送邮件服务器上，然后发送邮件服务器根据用户填写的收件人电子邮件地址向对应的接收邮件服务器发送。这里，发送邮件服务器遵循的是 SMTP，因此又称为 SMTP 服务器。接收邮件服务器收到邮件后将其保存在对应的电子邮箱中（在专门存放邮件的服务器中），直到收件人从 Internet 的一台计算机上连接到这台接收邮件服务器时，利用邮局协议（post office protocol version 3，POP3）或者交互式电子邮件访问协议（interactive mail access protocol，IMAP）从接收邮件服务器上读取自己电子邮箱中的信件。

2. 电子邮件地址

电子邮件和普通的邮件一样，必须拥有一个能够识别的地址，如何在电子邮件中有效地标识邮件地址呢？1971 年就职于美国国防部发展 ARPANET 的 BBN 电脑公司的汤林森（Tomlinson）找出一种电子信箱地址的表现格式。他选了一个在人名中绝不会出现的符号"@"，其发音类似于英文 at，常被作为英语"在"的代名词来使用。例如，"明天早晨在学校等"的英文便条就成了"wait you @ schoolmorning"。

电子邮件的地址格式采用了"用户名@邮件服务器域名"的格式，利用"@"将用户名和邮件服务器域名隔开。例如，某个用户的电子邮件地址是 zhangsan@sohu.com，表示用户名为"zhangsan"，邮件服务器域名为"sohu.com"。在电子邮件的地址格式中，用户名部分一般应该区分大小写，而邮件服务器域名不用区分大小写。

3. 电子邮件使用常见问题

1）附件的使用

附件是电子邮件使用很频繁的一项功能，通过附件可以将工作文档及其他文件一起发给收件人。但要注意附件大小不是无限制的，一般邮箱多为几十兆字节，随着邮箱等级的提高还有可能增大。也有的邮箱提供超大附件的使用，但一般都是中转性质，过期自动删除。同时，发送附件还要考虑对方邮箱对邮件大小的限制问题，否则可能会导致邮件发送失败。

2）病毒邮件

电子邮件本身不会产生病毒。所谓的病毒邮件一般通过附件传播病毒，收件人打开附件就会感染病毒，有的病毒邮件甚至没有附件（如病毒隐藏在信纸模板中），打开就会感染。所以，对于来历不明的邮件一定要警惕，用纯文本方式打开邮件（禁用信纸模板），对于其中的附件，不要下载打开。有时，如果好友邮箱被盗无法区分是否为病毒邮件，也应该将附件查毒后再使用。

3）垃圾邮件

垃圾邮件是指未经用户许可就强行发送到用户的邮箱中的电子邮件，多为广告性质，也有的为病毒传播邮件。垃圾邮件会浪费用户的精力，占据邮箱空间，却防不胜防。当碰到垃圾邮件时，只是删除，效果不大，因为垃圾邮件多为自动发送，过一段时间又会出现。所以，可以选择向防垃圾邮件能力强的服务商申请邮箱，对于漏网之鱼可使用邮件过滤功能拉入黑名单自动屏蔽。

4）邮箱满了怎么办

邮箱所使用的存储空间是邮件服务器分配的，也是有限的。随着使用时间的推移，邮箱就有可能会占满存储空间，从而导致新的邮件无法接收。这时可以定期清理邮箱，删除不必要的邮件；使用邮件管理软件（如 OUTLOOK、FOXmail 等）将邮件备份到本地计算机中。现在很多邮箱都有一箱多邮的功能，找个空间大使用频繁的邮箱（如 QQ邮箱），代为管理其他邮箱地址。

6.6　Internet 的发展趋势

6.6.1　Web 2.0

1. 什么是 Web 2.0

Web 2.0 是相对于 Web 1.0 的新的一类互联网应用的统称。Web 1.0 的主要特点在于用户通过浏览器获取信息，Web 2.0 则更注重用户的交互作用。在 Web 2.0 中，用户既是网站内容的浏览者，也是网站内容的制造者，网络应用的模式已经由单纯的"读"向"写"甚至"共同建设"发展，由被动地接收互联网信息向主动创造互联网信息发展，从而更加人性化！

Web 2.0 概念的出现起源于 2001 年的美国网络泡沫破裂和股市大衰退。网络泡沫和相继而来的股市大衰退标志着新的技术已经开始占领舞台，而仿冒者被淘汰。这次的互联网泡沫的破裂是互联网发展的一个转折点，那些存活下来的网络公司似乎拥有某种共同点，最后导致了诸如"Web 2.0"这种运动。随后诞生并流行开来的新程序和新网站之间有着惊人的规律性，人们发现互联网不仅没有"崩溃"，甚至比以往更加重要。

Web 2.0 是信息技术发展引发的网络革命所带来的面向未来、以人为本的创新。Web 2.0 模式下的互联网应用具有以下特点。

（1）用户参与网站内容制造。Web 1.0 网站的信息发布通常是单向服务器端发布的，而 Web 2.0 网站的内容通常是用户发布的。这使得用户既是网站内容的浏览者也是网站内容的制造者，这也意味着 Web 2.0 网站为用户提供了更多参与的机会。

（2）Web 2.0 更加注重交互性。Web 2.0 网站的交互性不仅体现在用户与服务器之间信息的交互，而且同一网站的不同用户之间甚至不同网站之间都可以进行信息的交互。

（3）符合 Web 标准的网站设计。通常所说的 Web 标准一般是指网站建设采用基于可扩展超文本标记语言（extensible hypertext mark up language，XHTML）的网站设计语言。实际上，Web 标准并不是某一标准，而是一系列标准的集合。Web 标准中典型的应用模式是"CSS+DIV"，摒弃了 HTML 4.0 中的表格定位方式。其优点是网站设计代码规范，代码得到精简，从而减少了网络带宽资源浪费，加快了网站访问速度。更重要的是，符合 Web 标准的网站对于用户和搜索引擎更加友好。

（4）Web 2.0 网站与 Web 1.0 网站没有绝对的界限。Web 2.0 技术可以成为 Web 1.0 网站的工具，一些在 Web 2.0 概念之前诞生的网站本身也具有 Web 2.0 特性。例如，B2B 电子商务网站的免费信息发布和网络社区类网站的内容很多也都是来源于用户的。

（5）Web 2.0 的核心不是技术而是在于指导思想。Web 2.0 技术本身不是 Web 2.0 网站的核心，重要的是 Web 2.0 技术体现了具有 Web 2.0 特征的应用模式。与其说 Web 2.0 是互联网技术的创新，不如说是互联网应用指导思想的革命。

2. Web 2.0 的典型例子

Web 2.0 技术主要包括 Blog（博客）、RSS、Wiki、网摘、社会网络（SNS）、P2P、即时通信（IM）等。

1）Blog

Blog 是一个易于使用的网站，用户可以在其中迅速发布想法、与他人交流及从事其他活动，所有这一切都是免费的。

Blog 能让个人在 Web 上表达自己的心声，收集和共享任何感兴趣的事物，其内容可以是政治评论、个人日记或是用户想记住的网站的链接。Blog 不仅是在 Web 上发布自己的想法，而且还包括志同道合者的反馈并与其交流。Blog 可以让来自世界各地的读者就 Blog 上的内容提供反馈意见,而博主可以选择是否允许发表评论并删除不喜欢的任何评论。对于小型团队、家庭或其他团体来说,群组 Blog 可以让一个团体在 Web 上拥有专属的空间并共享新闻、链接和想法。

Blog 可以被人关注、收听,从而在全球成千上万的浏览者中赢得影响力。2001 年 9 月 11 日,世贸大楼遭遇恐怖袭击,Blog 成为重要信息和灾难亲身体验的重要来源。从此,博客正式步入主流社会的视野。目前,很多新闻记者都喜欢使用 Blog 发布特发新闻,越来越多的社会热点事件和政治事件都通过 Blog 得到关注。

Blog 是继电子邮件、BBS、ICQ 之后出现的第四种网络交流方式,代表着新的生活方式和新的工作方式,更代表着新的学习方式。通过 Blog,让自己学到很多,让别人学到更多。

2)RSS

RSS 是站点用来和其他站点之间共享内容的一种简易方式(也叫聚合内容)的技术。最初源自浏览器“新闻频道”的技术,现在通常被用于新闻和其他按顺序排列的网站,如 Blog。

互联网上铺天盖地的海量信息和见缝插针的广告常常让浏览者深感无所适从,如何获取更多的知识并节省浏览的时间是很多人考虑的问题,而 RSS 给我们展现了解决的办法。

RSS 对网民而言,没有广告或者图片来影响标题或者文章概要的阅读;RSS 阅读器自动更新定制的网站内容,保持新闻的及时性;用户可以加入多个定制的 RSS 提要,从多个来源搜集新闻并进行整合。

RSS 对网站而言,扩大了网站内容的传播面,也增加了网站的访问量,因为访问者调阅的 RSS 文件和浏览的网页,都是从网站服务器上下载的。

RSS 文件的网址是固定不变的,网站可以随时改变其中的内容。RSS 内容一旦更新,浏览者看到的内容也随即更新。

据不完全统计,美国提供 RSS 内容的网站数目从 2001 年 9 月的 1 000 余家激增至 2004 年 9 月的 195 000 余家,短短的三年中增长了近 150 倍,市场的飞速发展令人瞩目。对于中国广大网民来说,RSS 还相对陌生,但它已逐渐成为中国互联网最热门的关键词之一。2004 年开始,随着 RSS 在美国开始呈现爆炸式增长,计世网也紧跟潮流推出了 RSS 服务,成为国内最主要的 RSS IT 新闻源。

3)Wiki

Wiki 是一种超文本系统,这种超文本系统支持面向社群的协作式写作,同时也包括一组支持这种写作的辅助工具。一个 Wiki 站点可以有多人维护,每个人(甚至访问者)都可以发表自己的意见,或者对共同的主题进行扩展或者探讨。用户在 Web 基础上对 Wiki 文本进行浏览、创建、更改,而且创建、更改、发布的代价远比 HTML 文本小。与其他超文本系统相比,Wiki 有使用方便及开放的特点,它可以帮助我们在一个社群内共享某领域的知识。

Wiki 一词来源于夏威夷语的“wee kee wee kee”,原本是“快点快点”(quick)的意思。Wiki 最适合做百科全书、知识库、整理某一个领域的知识等知识型站点，也可以让分布在不同地区的人们利用 Wiki 协同工作共同写一本书，等等。Wiki 技术已经被较好地用在百科全书、手册/FAQ 编写、专题知识库方面。

维基百科是目前世界上最大的 Wiki 系统,致力于创建内容开放的全球性多语言百科全书。该系统于 2001 年 1 月投入运行，至 2005 年 3 月，英文条目已超过 50 万条条目。中文维基百科于 2002 年成立，截至 2010 年 3 月 26 日，中文维基百科已经有了 30 万条条目。目前，维基百科包括全球所有 271 种语言的独立运作版本已超过 1500 万条条目。

百度百科是国内有名的中文百科全书系统，它是百度于 2006 年创立的中文百科全书，截至 2010 年 2 月，已有条目 200 万条。此外，还有 IT 类的 Wiki，如 ITwiki、CSDN&DoNews wiki 等；旅游类的 Wiki，如背包攻略、在杭为客等。

4）网摘

网摘提供的是一种收藏、分类、排序、分享互联网信息资源的方式。网摘存储网址和相关信息列表，并使用标签（tag）对网址进行索引，从而使网址资源得到有序分类和索引。

通俗地说，网摘就是一个放在网络上的海量收藏夹。网摘将网络上零散的信息资源有目的地进行汇聚整理然后再展现出来。网摘可以提供很多本地收藏夹所不具有的功能，它的核心价值已经从保存浏览的网页，发展成为新的信息共享中心，能够真正做到"共享中收藏，收藏中分享"。

第一个网摘站点是一家叫作 Del.icio.us 的美国网站，它自 2003 年开始提供的一项叫作"社会化书签"（Social Bookmarks）的网络服务，网友称之为"美味书签"。国内最早的专业网摘站点是 2004 年 10 月开始上线运行的 365key，它通过与内容提供商进行合作的模式向国内提供网摘服务。其他比较有名的网摘网站还有新浪 ViVi 收藏夹、百度搜藏、和讯部落等。

5）SNS

社会性网络服务（social networking services，SNS）专指旨在帮助人们建立社会性网络的互联网应用服务。SNS 的另一个常用解释是：social network site，社交网站，它依据六度分割理论，以认识朋友的朋友为基础，扩展自己的人脉。

1967 年，哈佛大学的心理学教授 Stanley Milgram 创立了六度分割理论。简单地说："你和任何一个陌生人之间所间隔的人不会超过六个，也就是说，最多通过六个人你就能够认识任何一个陌生人"。按照六度分割理论，每个个体的社交圈都不断放大，最后成为一个大型网络，这是社会性网络的早期理解。

后来人们根据这种理论，创立了面向社会性网络的互联网服务，通过"熟人的熟人"来进行网络社交拓展，如 ArtComb、Friendster、Wallop、adoreme 等。而现在一般所谓的 SNS，其含义则远不止"熟人的熟人"这个层面。例如，根据相同话题进行凝聚（如贴吧），根据爱好进行凝聚（如 Fexion 网），根据学习经历进行凝聚（如 Facebook、人人网），根据周末出游的相同地点进行凝聚等，都被纳入 SNS 的范畴。

6）P2P

P2P（peer-to-peer）称为对等联网，它是一种新的通信模式，每个参与者具有同等的能力。peer 在英语里有"（地位、能力等）同等者"、"同事"和"伙伴"等意义。P2P 也就可以理解为"伙伴对伙伴""点对点"的意思。

传统互联网基于客户机/服务器模式，处于网络中心地位的服务器为处于终端边缘的客户机提供管理和服务。当初，美国军方为防止"中枢神经系统"遭到毁灭性打击而设计出了具有分布式特性的 ARPANET，其目的是要让系统"终端"末梢承担起中心的作用。但是技术发展的结果却事与愿违，其后发展出来的传统互联网，其服务（如电子邮件、WWW 网站、FTP 下载、即时通信、网络游戏等）都有一个中心服务器，一旦服务器瘫痪，整个系统都将瘫痪。

P2P 的风暴源起于美国的一场著名官司，被告名叫 Napster。Napster 提供一种免费软件，用户安装联网后，个人计算机就变成了一台 MP3 服务器，可以实现本地 MP3 资源的全球共享，无数台这样的个人计算机手拉手，交织成一个庞大的 MP3 资源网络。Napster 最终官司缠身，被迫申请破产保护，但其后成百上千的 P2P 新秀不断涌现，宣告了 P2P 时代的到来。

P2P 的后起之秀电驴（eDonkey）及其改良品种电骡（eMule）改进了第一代 P2P 系统，其革命性突破是：它不是只在一个用户那里下载文件，而是同时从许多个用户那里下载文件。如果另一个用户仅仅只有你要的文件的一个小小片断，他也会自动地把这个片断分享给大家。反过来也一样。电驴代表了第二代 P2P 无中心、纯分布式系统的特点，它不再是简单的点到点通信，而是更高效、更复杂的网络通信。电驴开始引入强制共享机制，一定程度上避免了第一代 P2P 纯个人服务器管理带来的随意性和低效率。

继电驴之后，BT 开创了新一代 P2P 潮流。BT 批判地继承了前辈产品的优点，将中心目录服务器的稳定性同优化的分布式文件管理结合起来，从而在效率上远远超出了电驴这类产品。BT 鼓励和强制人们在下载资源的同时，自动开启相应的上传服务以回馈其他用户。下载速度取决于上传速度，上传速度越快，给他人贡献就越大，就能获得越高的下载速度。BT 里的资源提供者叫作种子，种子数量越多，表明资源越受欢迎，下载速度越快，从而形成一种良性循环。

P2P 将人们在互联网上的共享行为提升到一个更高的层次，使人们以更主动、更深入的多向互动方式参与到网络中去，正如第二代互联网之父 Doug Van Houweling 指出的那样："下一代互联网的网民将真正参与到网络中来，每个人都能为网络的资源和功能扩展做出自己的贡献"。

目前国内有名的 P2P 软件有迅雷（Thunder）、Kuro（酷乐）等。迅雷结合了多媒体引擎技术和 P2P 等特点，可以提供给用户良好的下载体验。酷乐是第一款全中文界面的 MP3 分享软件，已经赢得众多的音乐爱好者的肯定。

7）即时通信

即时通信（instant messaging，IM）是一个终端服务，允许两人或多人使用网络即时地传递文字信息、档案、语音及视频等信息。

聊天一直是网民上网的主要活动之一，网上聊天的主要工具已经从初期的聊天室、论坛变为以 MSN、QQ 为代表的即时通信软件。作为使用频率最高的网络软件，即时聊天已经突破了作为技术工具的极限，被认为是现代交流方式的象征，并构建起一种新的社会关系。它是迄今为止对人类社会生活改变最为深刻的一种网络新形态，没有极限的沟通将带来没有极限的生活。

即时通信最早是三个以色列青年于 1996 年开发出来的名叫 ICQ（英文 I seek you 的谐音）的软件。1998 年，当 ICQ 注册用户数达到 1200 万时，被美国在线服务（AOL）公司看中并以 2.87 亿美元的天价买走。目前 ICQ 有 1 亿多用户，主要市场在美洲和欧洲，已成为世界上最大的即时通信系统。而中国最有名的即时通信软件当数 QQ 了。此外，MSN、YY 语音、百度 hi、阿里旺旺、新浪 UC 等也是使用频率较高的即时通信软件。

目前，即时通信正向着更新的方向发展，主要体现在以下几个方面。

（1）由个人计算机即时通信向手机客服端转移，如微信。

（2）网页即时通信——把即时通信技术集成到社区、论坛及普通网页当中，实现用户浏览网站时即时交流，从而提高网站访客的活跃度、黏度及游客的转化率。

（3）完全基于网页的即时通信。其好处是：无须下载、安装客户端软件；聊天记录随时随地查看；可以和社区网站无缝结合，进一步提高用户之间的交流互动。

3. Web 3.0 展望

Web 2.0 继续往后发展就是 Web 3.0 了。对于 Web 3.0 到底应该是怎样的，目前充满了争议和分歧。在 Web 2.0 日益健全完善的今天，Web 3.0 何时出现，以怎样的形式出现，只有时间才能给出答案！但是毫无疑问的是，谁能够引领 Web 3.0，并且向前发展走向 Web 4.0 的时代，谁就是网络的下一任主角！目前，讲到的 Web 3.0 通常用来概括互联网发展过程中某一阶段可能出现的各种不同的方向和特征，包括将将互联网本身转化为一个泛型数据库；跨浏览器、超浏览器的内容投递和请求机制；人工智能技术的运用；语义网；地理映射网；运用 3D 技术搭建的网站，甚至虚拟世界或网络公国等。

6.6.2　物联网

1. 什么是物联网

物联网（internet of things，IoT）的概念最初起源于美国麻省理工学院在 1999 年建立的自动识别中心提出的网络无线射频识别系统，把所有的物品通过射频识别等信息传感设备与互联网连接起来，实现智能化识别和管理。2009 年美国总统奥巴马将新能源和物联网作为振兴经济的两大重点。在 2019 年 8 月，温家宝总理提出了"感知中国"，并在无锡成立了国家"感知中国"示范区（中心）。

物联网是一个基于互联网、传统电信网等信息承载体，让所有能够被独立寻址的普通物理对象实现互联互通的网络。物联网具有智能、先进、互联的特征，其目的是实现物与物、物与人、所有的物品与网络的连接，方便识别、管理和控制。物联网通过智能感知、识别技术与普适计算、泛在网络的融合应用，被称为继计算机、互联网之后世界信息产业发展的第三次浪潮。

物联网，即物物相连的互联网。这有两个意思：第一，物联网的核心和基础仍然是互联网，是在互联网基础上的延伸和扩展的网络；第二，其用户端延伸和扩展到了任何物品与物品之间，进行信息交换和通信。物联网的核心和基础依旧是互联网。

物联网架构可分为三层：感知层、网络层和应用层。

（1）感知层，由各种传感器构成，包括温湿度传感器、二维码标签、射频识别（radio frequency identification，RFID）标签和读写器、摄像头、全球定位系统（global positioning system，GPS）等感知终端。感知层是物联网识别物体、采集信息的来源。

（2）网络层，由各种网络包括互联网、广电网、网络管理系统和云计算平台等组成，是整个物联网的中枢，负责传递和处理感知层获取的信息。

（3）应用层，是物联网和用户的接口，它与行业需求结合，实现物联网的智能应用。

物联网是互联网的应用拓展，与其说物联网是网络，不如说物联网是业务和应用。应用创新是物联网发展的核心，以用户体验为核心的创新 2.0 是物联网发展的灵魂。

与传统互联网相比，物联网有以下基本特征。

（1）全面感知。各种感知技术广泛应用。物联网部署了海量的多种类型传感器，利用射频技术、二维码、传感器等感知设备按一定的频率周期性地采集信息，不断更新数据。

（2）可靠传送。通过将物体接入信息网络，依托各种通信网络，随时随地进行可靠的信息交互和共享。

（3）智能处理。物联网将传感器和智能处理相结合利用云计算、模式识别等各种智能技术，扩充其应用领域。从传感器获得的海量信息中分析加工和处理有意义的数据。

2. 物联网的应用与发展

国际电信联盟于 2005 年的报告中曾描绘"物联网"时代的图景：当司机出现操作失误时汽车会自动报警；公文包会提醒主人忘带了什么东西；衣服会"告诉"洗衣机对颜色和水温的要求；等等。如果一家物流公司应用了物联网系统后，当装载超重时，汽车会自动告诉你超载了，并且超载多少，但空间还有剩余，告诉你轻重货怎样搭配；当搬运人员卸货时，一只货物包装可能会大叫"你扔疼我了"，或者说"亲爱的，请你不要太野蛮，可以吗？"；当司机在和别人扯闲话，货车会装作老板的声音怒吼"笨蛋，该发车了！"。

物联网用途广泛，遍及智能交通、环境保护、政府工作、公共安全、平安家居、智能消防、工业监测、环境监测、老人护理、个人健康、花卉栽培、水系监测、食品溯源、敌情侦查和情报搜集等多个领域。根据物联网的实质用途一般可以归结为三种基本应用模式。

1）智能标签

智能标签通过二维码、RFID 等技术标识特定的对象，用于区分对象个体。例如，在生活中我们使用的各种智能卡、条码标签等。此外通过智能标签还可以用于获得对象物品所包含的扩展信息。例如，智能卡上的金额，二维码中所包含的网址和名称等。

2）环境监控和对象跟踪

利用多种类型的传感器和分布广泛的传感器网络，可以实现对某个对象的实时状态的获取和特定对象行为的监控。例如，使用分布在市区的各个噪声探头监测噪声污染，通过二氧化碳传感器监控大气中二氧化碳的浓度，通过 GPS 标签跟踪车辆位置，通过交通路口的摄像头捕捉实时交通流程，等等。

3）对象的智能控制

物联网基于云计算平台和智能网络，可以依据传感器网络用获取的数据进行决策，通过改变对象的行为进行控制和反馈。例如，根据光线的强弱调整路灯的亮度，根据车辆的流量自动调整红绿灯间隔，等等。

3. 中国的物联网发展

物联网将是下一个推动世界高速发展的"重要生产力"，是继通信网之后的另一个万亿级市场。物联网普及以后，用于动物、植物、机器、物品的传感器与电子标签及配套的接口装置的数量将大大超过手机的数量。按照对物联网的需求，需要按亿计的传感器和电子标签，这将大大推进信息技术元件的生产，同时增加大量的就业机会。

物联网产业是当今世界经济和科技发展的战略制高点之一。美国、欧盟等都在投入巨资深入研究探索物联网。我国也正在高度关注、重视物联网的研究，物联网已被列为七大战略新兴产业之一，是引领中国经济华丽转身的主要力量。数据表明，2018 年 6 月，我国物联网终端用户已经达到 4.65 亿户。而随着窄带物联网（narrow band internet of things，NB-IoT）技术的发展，物联网的发展得以进一步延伸。NB-IoT 构建于蜂窝网络，只消耗大约 180kHz 的带宽，可直接部署于 GSM 网络、UMTS 网络或 LTE 网络，以降低部署成本，实现平滑升级，在交通运输、环境保护、公共设施、医疗和制造业等领域广泛应用。

目前，物联网已广泛应用于我国的各行各业，如共享单车、智能公交、手机闪付。

6.6.3　云计算

1. 云计算

云是网络、互联网的一种比喻说法，通常在网络模型图中用云来表示电信网，后来也用来表示互联网和底层基础设施的抽象。云计算是一种通过 Internet 以服务的方式提供动态可伸缩的虚拟化的资源的计算模式。云计算由一系列可以动态升级和被虚拟化的资源组成，这些资源被所有云计算的用户共享并且可以方便地通过网络访问。用户无须掌握云计算的技术，只需要按照个人或者团体的需要租赁云计算的资源。

云计算的出现并非偶然，早在 20 世纪 60 年代，麦卡锡就提出了把计算能力作为一种像水和电一样的公用事业提供给用户的理念，这成为云计算思想的起源。在 20 世纪 80 年代的网格计算，90 年代的公用计算，21 世纪的初虚拟化技术、SOA、SaaS 应用的支撑下，云计算作为一种新兴的资源使用和交付模式逐渐为学界和产业界所认知。2006 年 8 月 9 日，Google 首席执行官 E.施密特（Eric Schmidt）在搜索引擎大会（SES San Jose

2006）上首次提出"云计算"（cloud computing）的概念。在 2015 年 5 月，习近平在给国际教育信息化大会的贺信中写道："当今世界，科技进步日新月异，互联网、云计算、大数据等现代信息技术深刻改变着人类的思维、生产、生活、学习方式，深刻展示了世界发展的前景。"

云计算透过网络将庞大的计算处理程序自动分拆成无数个较小的子程序，再交由多台服务器所组成的庞大系统，经计算分析之后将处理结果回传给用户。通过云计算技术，网络服务提供者可以在数秒之内，处理数以千万计甚至亿计的信息，达到和"超级计算机"同样强大的网络服务。中国云发展创新产业联盟评价云计算为"信息时代商业模式上的创新"。

如何理解云计算的模式呢？试将传统模式与云计算模式作个对比。

传统模式下，企业建立一套 IT 系统不仅仅需要购买硬件等基础设施，还要有买软件的许可证，需要专门的人员维护。当企业的规模扩大时还要继续升级各种软硬件设施以满足需要，这一切开销不菲。而对个人用户来说，个人计算机需要安装许多软件，如果都是正版的，没多少人用得起。而且实际上，这些软件的使用频率可能并不高，大部分都是偶尔使用一下。如果用户只需在使用时支付少量的"租金"来"租用"这些软件服务，显然会更加划算。

在云计算模式下，用户计算机的配置不用太好，因为计算机除了通过浏览器给"云"发送指令和接收数据外基本上什么都不用做。用户通过使用云服务提供商的计算资源、存储空间和各种应用软件来完成各种应用。云运算的一个典型例子：2007 年 10 月，Google 与 IBM 开始在美国大学校园，包括卡内基梅隆大学、麻省理工学院、斯坦福大学、加利福尼亚大学伯克利分校及马里兰大学等，推广云计算的计划，这项计划希望能降低分布式计算技术在学术研究方面的成本，并为这些大学提供相关的软硬件设备及技术支持（包括数百台个人计算机及 BladeCenter 与 System x 服务器，这些计算平台将提供 1 600 个处理器，支持包括 Linux、Xen、Hadoop 等开放源代码平台），而学生则可以通过网络开发各项以大规模计算为基础的研究计划。

目前，云计算概念被大量运用到生产环境中，国内的"阿里云"与云谷公司的 XenSystem，以及在国外已经非常成熟的 Intel 和 IBM，各种"云计算"的应服务范围正日渐扩大，影响力也无可估量。一般来说，云计算包括以下几个层次的服务：基础设施即服务（Infrastructure-as-a-Service，IaaS）、平台即服务（Platform-as-a-Service，PaaS）和软件即服务（Software-as-a-Service，SaaS）。

（1）IaaS。消费者通过 Internet 可以从完善的计算机基础设施获得服务。IaaS 通过网络向用户提供计算机（物理机和虚拟机）、存储空间、网络连接、负载均衡和防火墙等基本计算资源；用户在此基础上部署和运行各种软件，包括操作系统和应用程序。

（2）PaaS。它实际上是指将软件研发的平台作为一种服务，以 SaaS 的模式提交给用户。平台通常包括操作系统、编程语言的运行环境、数据库和 Web 服务器，用户在此平台上部署和运行自己的应用。用户不能管理和控制底层的基础设施，只能控制自己部署的应用。

（3）SaaS。它是一种通过 Internet 提供软件的模式，用户无须购买软件，而是向云服务提供商租用基于 Web 的软件，来管理企业经营活动。云服务提供商在云端安装和运行应用软件，云用户通过云客户端（通常是 Web 浏览器）使用软件。云用户不能管理应用软件运行的基础设施和平台，只能做有限的应用程序设置。

2. 云计算的应用

1）云物联

随着物联网的广泛应用，物联网中的感知识别设备（如传感器、RFID 等）会生成大量的信息，这些信息如何存储、如何检索、如何使用、如何不被滥用？这些关键问题都可以通过云计算架构来解决。随着物联网业务量的增加，云计算已成为物联网的重要技术支撑。

2）云安全

云安全融合了并行处理、网格计算、未知病毒行为判断等新兴技术和概念，通过网状的大量客户端对网络中软件行为的异常监测，获取互联网中木马、恶意程序的最新信息，传送到服务器端进行自动分析和处理，再把病毒和木马的解决方案分发到每一个客户端。

云安全是云计算技术的重要分支，已经在反病毒领域中获得了广泛应用。例如，趋势科技云安全在全球建立了五大数据中心、几万部在线服务器，可以支持平均每天 55 亿条点击查询，每天收集分析 2.5 亿个样本，每天阻断的病毒感染最高达 1000 万次。

3）云存储

云存储是指通过集群应用、网格技术或分布式文件系统等功能，将网络中大量各种不同类型的存储设备通过应用软件集合起来协同工作，共同对外提供数据存储和业务访问功能的一个系统。云存储是一个以数据存储和管理为核心的云计算系统。云计算因其出众的能力备受青睐，它以最快的效率为网络中的任何一方提供相关服务。例如，谷歌麾下单单一个为 YouTube 服务的“云团”就可以存储管理几拍字节（1PB=1024TB）的数据。

4）云呼叫中心

云呼叫中心是基于云计算技术而搭建的呼叫中心系统。使用云呼叫中心的企业无须购买任何软硬件系统，只需具备人员、场地等基本条件，就可以快速拥有属于自己的呼叫中心。云呼叫中心的软硬件平台、通信资源、日常维护与服务都由云服务提供商提供。无论是电话营销中心、客户服务中心，企业只需按需租用服务，便可建立一套功能全面、稳定、可靠，座席可分布全国各地，全国呼叫接入的呼叫中心系统。

5）云游戏

云游戏是以云计算为基础的游戏方式。在云游戏的运行模式下，所有游戏都在服务器端运行，并将渲染完毕后的游戏画面压缩后通过网络传送给用户。在客户端，用户的游戏设备不需要任何高端处理器和显卡，只需要基本的视频解压能力就可以了。

如果这种构想能够成为现实，那么主机厂商将变成网络运营商，他们不需要不断投入巨额的新主机研发费用，而只需要拿这笔钱中的很小一部分去升级自己的服务器就行了，而且达到的效果却是相差无几的。对于用户来说，他们可以省下购买主机的开支，得到的却是顶尖的游戏画面。

6）云教育

云教育是基于云计算商业模式应用的教育平台服务。云教育打破了传统的教育信息化边界，推出了全新的教育信息化概念，集教学、管理、学习、娱乐、分享、互动交流于一体，让教育部门、学校、教师、学生、家长及其他教育工作者，这些不同身份的人群，可以在同一个平台上，根据权限去完成不同的工作。

7）云会议

云会议是基于云计算技术的一种高效、便捷、低成本的会议形式。使用者只需要通过互联网界面，进行简单易用的操作，便可快速高效地与全球各地的团队及客户同步分享语音、数据文件及视频，而会议中数据的传输、处理等复杂技术由云会议服务商帮助使用者进行操作。

云会议可以让客户不必再因为一次商务交流而付出硬件设备、IT 支付、专业通信设备、差旅费用等成本。同时，也打破了时间、地域的限制，只要能够联网都能快速进行会议交流。云会议可以帮助企业有效降低系统维护与员工差旅成本，加快企业决策效率和协同效应。

8）云社交

云社交是一种物联网、云计算和移动互联网交互应用的虚拟社交应用模式，以建立"资源分享关系图谱"为目的，进而开展网络社交。云社交的主要特征，就是把大量的社会资源统一整合和评测，构成一个资源有效池向用户按需提供服务。参与分享的用户越多，能够创造的利用价值就越大。例如，一个家电集团可以利用云电视物联网和移动手机网来开展社交宣传活动。

3. 中国的云计算应用现状

2011 年铁路购票网站 12306 正式上线，系统上线不久，由于春运购票用户的庞大需求，系统无法承载过高的访问量，出现了用户体验不佳的情况。为了解决这一矛盾，12306 网站将阿里云引入了自己的系统架构，将一部分流量引导到阿里云提供查询服务，这一措施有效缓解了系统高访问量下的宕机问题，是云计算应用的经典案例。

我国对于推动云计算的发展给予了政策上的支持，2015 年国务院印发了《关于积极推进"互联网+"行动的指导意见》。工业和信息化部制定了《云计算发展三年行动计划（2017—2019 年）》、《推动企业上云实施指南（2018—2020 年）》指导和促进企业运用云计算推进企业转型升级。

以阿里云、腾讯、中国电信为代表的公有云服务商持续快速发展，阿里云已经成为仅次于亚马逊（Amazon）和微软的全球第三大公有云服务商。其中，阿里巴巴 2018 年云计算业务营收达到 213.61 亿元。

在应用方面，我国云计算应用正从互联网行业向政务、金融、工业等传统行业加速渗透。目前全国超过九成省级行政区和七成市级行政区已建成或正在建设政务云平台。金融行业积极探索云计算应用场景。由于中小银行和互联网金融机构的系统迁移成本低、云计算应用需求强，使其更倾向于通过云计算改造现有业务系统。工业云开始应用云计算于产业链的各个环节。通过与工业物联网、工业大数据、人工智能等技术进行融合，工业研发设计、生产制造、市场营销、售后服务等产业链的各个环节均开始引入云计算进行改造，从而形成了智能化发展的新兴业态和应用模式。

6.7　网　络　安　全

随着信息化日益加快，颠覆了传统思维的模式，信息作为客观世界三大基本要素之一，显得越来越重要。在信息社会里，信息甚至比物质和能源重要。而计算机网络作为信息社会中最重要的元素，网络中的安全问题也变得日趋严重。2014 年习近平在中央网络安全和信息化领导小组第一次会议上明确指出："没有网络安全就没有国家安全，没有信息化就没有现代化。"

6.7.1　计算机网络面临的安全性威胁

计算机网络上的通信面临以下四种威胁。

（1）截获——从网络上窃听他人的通信内容。

（2）中断——有意中断他人在网络上的通信。

（3）篡改——故意篡改网络上传送的报文。

（4）伪造——伪造信息在网络上传送。

其中第一种方式称为被动攻击方式，攻击者并不干扰信息流而是观察和分析网络上的协议数据单元，从而了解相应的信息，用明文传送的信息都可能被方便地截获。

而后三种均为主动攻击方式，网络中比较常见的攻击案例主要有以下几种。

分布式拒绝服务（distributed denial of service，DDoS），又称为洪水攻击方式。攻击者利用网络上已被攻陷的计算机作为"僵尸"，向某一特定的目标计算机发动密集式的"拒绝服务"要求，用以把目标计算机的网络资源及系统资源耗尽，使之无法向真正正常请求的用户提供服务。2016 年 4 月，一黑客组织对暴雪公司战网服务器发起 DDoS 攻击，包括《星际争霸 2》《魔兽世界》《暗黑破坏神 3》在内的重要游戏作品离线宕机，玩家无法登陆。

计算机蠕虫（computer worm），是一种通过网络的通信功能将自身从一个结点发送到另一个结点并自动启动运行的程序。蠕虫病毒是一种常见的计算机病毒。它是利用网络进行复制和传播，传染途径是通过网络和电子邮件。2006 年在武汉破获的熊猫烧香病毒就是一款蠕虫病毒，该文件是一个系统备份工具 GHOST 的备份文件，使用户的系统备份文件丢失。被感染的用户系统中所有 exe 可执行文件全部被改成熊猫举着三根香的模样，主要通过下载的文件传染。2007 年 2 月 12 日，湖北省公安厅宣布破获此案，这是中国警方破获的首例计算机病毒大案。

特洛伊木马（Trojan horse），是一种程序，它执行的功能并非所声称的功能而是某种恶意功能。例如，一个编译程序除了执行编译任务外，还把用户的源程序偷偷地复制下来，那么这种编译程序就是一种特洛伊木马。计算机病毒有时也以特洛伊木马的形式出现。冰河是比较典型的木马之一。

后门入侵（backdoor knocking），是指利用系统实现中的漏洞通过网络入侵系统。黑客可以绕过软件的安全性控制，而从比较隐秘的通道获取对程序或系统访问权的黑客方法。索尼游戏网络（PlayStation Network）在 2011 年被入侵，导致 7 700 万用户的个人信息，如姓名、生日、电子邮件地址、密码等被盗。

流氓软件，是未经用户允许就在用户计算机上安装运行并损害用户利益的软件，其典型特征是强制安装、难以卸载、浏览器劫持、广告弹出、恶意收集用户信息、恶意卸载、恶意捆绑等。

根据 2019 年 2 月发布的第 43 次《中国互联网络发展状况统计报告》，我国 2018 年检测到 DDoS 攻击的僵尸网络肉鸡 IP 数量达 140 万台，受攻击目标 IP 数量 9 万余台；在 2018 年共收到接到网络安全事件报告累计 106 700 件，共监测发现我国境内感染网络病毒终端累计 616 万个，我国境内被篡改网站数量累计 23 459 个，我国境内被植入后门网站数量累计 31 790 个。

6.7.2　计算机网络安全技术

1. 数据加密技术

数据加密技术是计算机通信与数据存储中的一种安全措施，指将一个信息（或称明文）经过加密钥匙及加密函数转换，变成无意义的密文，然后将密文在网络中传输或存储，而接收方则将此密文经过解密函数、解密钥匙才能还原成明文。数据加密技术的核心是密码学，加密技术是网络安全技术的基石。

如果不论截取者获得了多少密文，但在密文中都没有足够的信息来唯一地确定对应的明文，则这一密码体制称为无条件安全的，或称为理论上是不可破的。在无任何限制的条件下，目前几乎所有实用的密码体制均是可破的。因此，人们关心的是要研制出在计算上（而不是在理论上）是不可破的密码体制。如果一个密码体制中的密码，不能在一定时间内被可以使用的计算资源破译，则这一密码体制称为在计算上是安全的。

而在计算机数据加密技术中较为常见的分别是对称密码体制和公开密钥密码体制。

1）对称密码体制

对称密码体制是加密密钥和解密密钥相同的密码体制。美国的数据加密标准（data encryption standard，DES）是其中典型的代表。DES 是一种数据分组的加密算法，它将数据分成长度为 64 位的数据块，其中 8 位用作奇偶校验，剩余的 56 位作为密码的长度。第一步将原文进行置换，得到 64 位的杂乱无章的数据组；第二步将其分成均等两段；第三步用加密函数进行变换，并在给定的密钥参数条件下，进行多次迭代而得到加密密文。DES

的密钥长度为 56 位，这意味着加密时存在 2 个密钥可供选择，有 72 057 594 037 927 936 种可能性。但是，DES 依然长期面临"密钥长度过短、安全性不足"的批评。

由于上述原因，RSA 安全公司希望以实际行动向公众展示 DES 的密钥长度过短，时下已不能保证安全性，并在 1997 年举办了首届 DES 挑战赛，成功者可获得一万美元的奖金。第一届大赛被来自科罗拉多州洛夫兰的洛克·沃瑟所带领的团队破解成功，耗时 96 天。接着，RSA 安全公司随后举办了第二届挑战赛，其中的初赛由互联网最早的分布式计算平台 distributed.net 的 22 000 名志愿者挑战成功。他们使用自己的个人计算机参与计算，共历时 39 天，于 1998 年 2 月成功破解密文。1998 年，RSA 再次发起了第二次挑战赛的复赛。电子前哨基金会建造了"深译"参加了 1998 年 7 月 15 日举行的复赛，仅用 56 小时成功破解了 DES 加密，获得了 10 000 美元奖金。6 个月之后，电子前哨基金会响应了 RSA 安全公司举办的第三届挑战赛，仅用 22 小时 15 分，于 1999 年 1 月 19 日完成破解。

2002 年 5 月 26 日，高级加密标准（advanced encryption standard，AES）正式取代了 DES 数据加密标准成为新的联邦政府标准。不同于 DES，AES 不仅将密钥长度提升至 128 位与 256 位，还大幅提升了计算速度，并广泛应用于今日的互联网。

对称密码的优点是有很强的保密强度，且经受住时间的检验和攻击，但其密钥必须通过安全的途径传送。

2）公开密钥密码体制

由于在对称密码体制中加密和解密使用相同密钥，那么如何传递密钥，无论是事先约定或通过信使传递的方式在现在的信息时代都不适合，加之对于很多应用中要求对数字的信息进行签名来表明该信息是由某个特定的人所产生的，人们开始研究新的密码体制。

1976 年美国斯坦福大学的两名学者迪菲和赫尔曼提出了公开密钥密码体制的概念。所谓的公开密钥密码体制就是使用不同的加密密钥与解密密钥，是一种"由已知加密密钥推导出解密密钥在计算上是不可行的"密码体制。

在公开密钥密码体制中，加密密钥（即公开密钥，public key，PK）是公开信息，而解密密钥（即秘密密钥，secret key，SK）是需要保密的。加密算法 E 和解密算法 D 也都是公开的。虽然秘密密钥是由公开密钥决定的，但却不能根据公开密钥计算出秘密密钥。

RSA 加密算法是一种非对称加密算法。RSA 在 1977 年由 R.李维斯特（R. Rivest）、A.萨莫尔（A. Shamir）和 L.阿德曼（L. Adleman）一起提出的。该加密算法通常是先生成一对 RSA 密钥，其中之一是秘密密钥，由用户保存；另一个为公开密钥，可对外公开。与对称密钥加密相比，优点在于无需共享的通用密钥，解密的私钥不发往任何用户。即使公钥在网上被截获，如果没有与其匹配的私钥，也无法解密，所截获的公钥是没有任何用处的。

由于 RSA 密钥很长，加密速度慢，有些加密方法中将 DES 用于明文加密，RSA 用于 DES 密钥的加密。由于 DES 加密速度快，适合加密较长的报文；而 RSA 可解决 DES

密钥分配的问题。

2. 数字签名技术

书面的签名主要作用是要证明文件的真实性，而计算机网络中传送的文件也可以实现这个功能，在这里需要使用数字签名技术。该技术主要实现以下几点功能。

（1）签名者无法否定信息是自己发送的，有不可否认性。

（2）确认信息是由签名者发送，接收者可以进行报文鉴定，其他人无法伪造对该报文的签名。

（3）接收者能够核实发送者对报文的签名。也就是说，接收者能够确信该报文的确是发送者发送的。其他人无法伪造对报文的签名。

（4）接收者确信所收到的数据和发送者发送信息的完整性，未被修改过。这叫作报文的完整性。

现在比较常用的是采取公钥算法的数字签名。

3. 身份鉴别技术

身份鉴别就是身份认证，是计算机网络中确认操作者身份的有效解决方法，也就是解决如何保证以数字身份进行操作的操作者就是这个身份的合法拥有者的问题，现在主要的身份鉴别技术有以下几种。

（1）基于口令的身份认证。在这种身份认证过程中用户密码由自己设定，输入正确的密码就认为是合法的用户，为了有效防止对密码的破解，很多系统会在尝试登陆失败一定次数后阻止继续登陆，或是通过手机发送动态口令的方式加强安全性。

（2）生物识别，通过可以测量身体或行为的特征进行比对识别，如指纹识别、人脸识别、声音锁、虹膜识别。利用支付宝的人脸支付、门禁系统的指纹锁及美国军队使用的手持式虹膜识别仪都是这种生物识别的例子。

生物识别的一个安全隐患在于一旦生物特征信息被盗取，攻击者就可以利用这些特征信息进行欺骗攻击。

4. 防火墙

防火墙（firewall）作为一种访问控制技术，通过严格控制进出网络边界的分组，禁止任何不必要的通信，从而减少潜在入侵的发生，尽可能降低这类安全威胁所带来的安全风险。防火墙是一个由软件和硬件设备组合而成、在内部网和外部网之间、专用网与公共网之间的边界上构造的保护屏障，从而保护内部网免受非法用户的侵入。

防火墙安装在一个网点和网络的其余部分之间，目的是实施访问控制策略。这个访问控制策略是由使用防火墙的单位自行制定的，允许或者阻止某种类型的访问。

6.7.3　计算机网络安全的法律法规

近年来，我国互联网蓬勃发展，网络规模不断扩大，网络应用水平不断提高，成为推动经济发展和社会进步的巨大力量。与此同时，网络和业务发展过程中也出现了许多新情况、新问题、新挑战，尤其是当前网络立法系统性不强、及时性不够和立法规格不高；物联网、云计算、大数据等新技术新应用产生；数据和用户信息泄露等的网络安全问题日益突出。网络安全的立法工作显得迫在眉睫，在 2005 年 4 月 1 日，《中华人民共和国电子签名法》施行；2017 年 6 月 1 日正式施行《中华人民共和国网络安全法》。2018 年 8 月，《中华人民共和国电子商务法》正式颁布。其中具有里程碑作用的是《中华人民共和国网络安全法》。

《中华人民共和国网络安全法》是我国第一部全面规范网络空间安全管理方面问题的基础性法律，网络安全法由七个章节、79 项条款组成，涵盖范围极为广泛。其包含一个全局性的框架，旨在监管网络安全、保护个人隐私和敏感信息，以及维护国家网络空间主权和安全。

网络空间主权是一国国家主权在网络空间中的自然延伸和表现。《中华人民共和国网络安全法》第二条明确规定："在中华人民共和国境内建设、运营、维护和使用网络，以及网络安全的监督管理，适用本法。"这是我国网络空间主权对内最高管辖权的具体体现。

安全是发展的前提，发展是安全的保障。《中华人民共和国网络安全法》第三条明确规定："国家坚持网络安全与信息化发展并重，遵循积极利用、科学发展、依法管理、确保安全的方针。"

《中华人民共和国网络安全法》坚持共同治理原则，要求采取措施鼓励全社会共同参与，政府部门、网络建设者、网络运营者、网络服务提供者、网络行业相关组织、高等院校、职业学校、社会公众等都应根据各自的角色参与网络安全治理工作。

对于个人信息的保护，《中华人民共和国网络安全法》的第二十七条规定："任何个人和组织不得从事非法侵入他人网络、干扰他人网络正常功能、窃取网络数据等危害网络安全的活动；不得提供专门用于从事侵入网络、干扰网络正常功能及防护措施、窃取网络数据等危害网络安全活动的程序、工具；明知他人从事危害网络安全的活动的，不得为其提供技术支持、广告推广、支付结算等帮助。"

对于网络诈骗行为，《中华人民共和国网络安全法》第四十六条规定"任何个人和组织应当对其使用网络的行为负责，不得设立用于实施诈骗，传授犯罪方法，制作或者销售违禁物品、管制物品等违法犯罪活动的网站、通讯群组，不得利用网络发布涉及实施诈骗，制作或者销售违禁物品、管制物品以及其他违法犯罪活动的信息。"

对于用户实名制问题，《中华人民共和国网络安全法》第二十四条规定："网络运营者为用户办理网络接入、域名注册服务，办理固定电话、移动电话等入网手续，或者为用户提供信息发布、即时通讯等服务，在与用户签订协议或者确认提供服务时，应当要求用户提供真实身份信息。用户不提供真实身份信息的，网络运营者不得为其提供相关服务。"

6.7.4　网络安全的重大事件

1. 震网病毒

震网（Stuxnet）病毒于 2010 年 6 月首次被检测出来，是第一个专门定向攻击真实世界中基础（能源）设施（如核电站、水坝、国家电网）的蠕虫病毒。震网蠕虫在 2010

年7月开始爆发。它利用了Windows操作系统中至少4个漏洞，其中有3个全新的零日漏洞。"零日漏洞"，也就是0-day，是指软件中刚刚被发现、还没有被公开或者没有被修补的漏洞。伪造驱动程序的数字签名；通过一套完整的入侵和传播流程，突破工业专用局域网的物理限制；利用系统的两个漏洞，对其开展破坏性攻击。它是第一个直接破坏现实世界中工业基础设施的恶意代码。据赛门铁克公司的统计，截至2010年9月全球已有约45 000个网络被该蠕虫感染，其中60%的受害主机位于伊朗境内。伊朗政府已经确认该国的布什尔核电站遭到震网蠕虫的攻击。

2. 勒索病毒

勒索病毒WannaCry于2017年5月在全球爆发，主要以邮件、程序木马等类似于蠕虫病毒的方式传播，一旦感染将给用户带来无法估量的损失。这种病毒利用各种加密算法对文件进行加密，被感染者一般无法解密，必须拿到解密的私钥才有可能破解。要求以比特币的形式支付赎金。

勒索爆发后，至少150个国家、30万名用户中招，造成损失达80亿美元，已经影响到金融、能源、医疗等众多行业，造成严重的危机管理问题。中国部分Windows操作系统用户遭受了感染。

习 题 6

一、单选题

1. Internet的前身是（   ）。

A. ARPANET B. WWW C. HTTP D. URL

2. LAN是指（   ）。

A. 局域网 B. 城域网 C. 广域网 D. 通信子网

3. Internet的核心协议是（   ）。

A. ISO/OSI B. TCP/IP C. HTTP D. IEEE802.11

4. 下列四个IPv4地址格式正确的是（   ）。

A. 202.114.156.268 B. 202.114.144.2 C. 20.89.75.8 D. 23：76：233：9

5. IPv6地址可以用（   ）位二进制表示。

A. 32 B. 64 C. 128 D. 256

6. www.hubei.gov.cn中gov和cn分别代表（   ）。

A. 商业 中国 B. 商业 美国 C. 政府 中国 D. 非营利组织 中国

7. 下列加密协议属于非对称加密的是（   ）。

A. RSA B. DES C. AES D. 3DES

8. 下列有关计算机病毒的表述中，正确的有（   ）。

A. 计算机病毒可以通过各种渠道感染

B. 计算机病毒具有隐蔽性、感染性、潜伏性和破坏性的特点

C. 防范计算机病毒的最有效的方法是切断病毒的传播途径

D. 计算机病毒是一种人为蓄意编制的具有自我复制能力并可以制造计算机系统故障的计算机程序

9. 网络安全法规定，网络运营者应当制定（　　　），及时处置系统漏洞、计算机病毒、网络攻击、网络侵入等安全风险。

　　A. 网络安全事件应急预案　　　　　　　B. 网络安全事件补救措施

　　C. 网络安全事件应急演练方案　　　　　D. 网站安全规章制度

二、填空题

1. 信息传输速率的单位是_____。

2. IPv4 地址是一个_____位二进制地址。

3. 计算机网络按作用范围可以分为_____、_____、_____、_____。

4. 在加密系统中，原有的信息被称为_____，由_____变成_____的过程称为加密。

三、简答及论述题

1. 计算机网络的主要功能有哪些？

2. 计算机网络的拓扑结构有哪些？

3. 试说明域名地址与 IP 地址的关系。

4. 除了常见的万维网、文件传输、电子邮件，试列举至少五种计算机网络中常见的应用。

5. 试简述 URL 的基本结构。

6. 列举出现阶段比较主流的公有云平台，并谈谈物联网和云计算之间的联系。

7. 2018 年 4 月 20 日至 21 日，习近平同志在全国网络安全和信息化工作会议上发表重要讲话："没有网络安全就没有国家安全，就没有经济社会稳定运行，广大人民群众利益也难以得到保障。要树立正确的网络安全观，加强信息基础设施网络安全防护，加强网络安全信息统筹机制、手段、平台建设，加强网络安全事件应急指挥能力建设，积极发展网络安全产业，做到关口前移，防患于未然。"试谈谈你对这段话的理解，并谈谈网络安全中常见的问题，以及一些应对的技术手段。

8. 国家实行网络安全等级保护制度。网络运营者应当按照网络安全等级保护制度的要求，履行哪些安全保护义务，保障网络免受干扰、破坏或者未经授权的访问，防止网络数据泄露或者被窃取、篡改？